河岸带潜流交换理论

夏继红　林俊强　蔡旺炜　余根听 等 著

科学出版社

北京

内 容 简 介

　　本书以河岸带潜流层为研究对象，借鉴河床潜流交换理论，通过数学推导、模型试验、数值模拟，揭示了均质与非均质、有植被与无植被河岸带潜流层水动力、溶质迁移、生态学等动态机理，建立了蜿蜒河岸带坡面水压力分布方程，提出了河岸带潜流层生态修复思路、步骤和基本措施。本书从基本概念到动态机理，再到生态修复，系统地建立了河岸带潜流交换理论，进一步丰富和发展了河岸带理论与潜流理论，为岸线科学保护与利用，以及河流生态保护和治理提供了理论参考。

　　本书可供河流动力学、地下水、环境科学、农业水土工程、生态学、生态修复等专业领域的高校教师、研究生、科研人员参考。

图书在版编目（CIP）数据

河岸带潜流交换理论/ 夏继红等著. —北京：科学出版社，2020.10

ISBN 978-7-03-066311-5

Ⅰ．①河⋯　Ⅱ．①夏⋯　Ⅲ．①河岸–潜流–研究　Ⅳ．①P343.1

中国版本图书馆 CIP 数据核字（2020）第 192693 号

责任编辑：朱　丽　李秋艳　白　丹 / 责任校对：何艳萍
责任印制：吴兆东 / 封面设计：蓝正设计

科 学 出 版 社 出版
北京东黄城根北街 16 号
邮政编码：100717
http://www.sciencep.com

北京建宏印刷有限公司 印刷
科学出版社发行　各地新华书店经销

*

2020 年 10 月第 一 版　　开本：787×1092　1/16
2020 年 10 月第一次印刷　　印张：15
字数：350 000

定价：139.00 元
（如有印装质量问题，我社负责调换）

前　言

　　近年来，随着河长制、湖长制的推行，我国河流保护、治理、管理进入了新阶段，对水资源保护、河湖水域岸线管理保护、水污染防治、水环境治理、水生态修复及执法监管等均提出了更高要求，尤其是对河湖水域岸线的监管提出要坚持生态优先、绿色发展，严格管控水生态空间，恢复河湖水域岸线功能。河岸带是陆地生态系统与水域生态系统、地表水系统与地下水系统之间的交界区域，是一个典型的边缘交错带，具有显著的水动力边缘效应、环境边缘效应和生态边缘效应。现有研究和建设重点关注了河岸带地表边缘问题，对河岸带地下边缘关注较少。从河岸带结构看，河岸带下边缘区存在一层地表水与地下水相互混合的饱和过渡层，即河岸带潜流层。它是河岸带复杂边缘效应的重要体现区，对河流和地下水具有重要保护功能，尤其是能够有效调蓄洪水、削减污染、保护地表水和地下水水环境，同时它也是很多生物栖息、繁衍和避难的重要场所，对维护地表水和地下水的健康安全发挥着重要作用。

　　正由于河岸带潜流层独特的边缘效应和丰富的功能，它正成为多个学科研究的热点。"潜流"一词自 1959 年罗马尼亚动物学家 Orghidan 提出以来，人们重点关注了河床区域潜流问题，而对河岸带区域潜流问题关注较少。由于河岸带潜流层位置和结构的特殊性，它在水动力作用机理、生态学过程、物质运移等方面均与河床潜流层有所不同，河岸带潜流交换量、交换率、驻留时间等水动力特性、溶质迁移及生态学机制等尚不够明晰，这在一定程度上影响了河岸带生态修复措施的全面性，制约了河岸带功能的有效发挥。因此，深入探究河岸带潜流交换理论已成为河岸带和潜流领域的重要研究课题。

　　本书在归纳总结国内外潜流研究发展过程及主要理论的基础上，以河岸带潜流层为独立研究对象，定性分析了河岸带潜流层的概念、结构、主要功能及基本动态过程，应用小扰动理论推导了蜿蜒性河岸带坡面水压力分布方程及扰动压力理论解，通过模型试验、数值模拟，深入探究了均质与非均质、有植被与无植被河岸带潜流层水动力、溶质迁移机理，在查阅文献资料的基础上，分析了河岸带潜流层生物组成、生物多样性、生态系统构成、潜流对生态系统的影响机制，进而提出了河岸带潜流层生态修复基本步骤和措施。本书从基本概念到动态机理，再到生态修复，系统地建立了河岸带潜流交换理论，进一步丰富和发展了河岸带理论与潜流理论，为岸线保护与科学利用、河流生态保护和治理提供了理论参考。

　　本书是笔者课题组十余年来主持的国家自然科学基金项目、省级水利科技计划重大、重点项目，博士、硕士学位论文《微弯河岸带潜流侧向交换水动力学特性研究》（林俊强博士）、《蜿蜒型河岸带基质组成特点及其对潜流交换的影响》（曹伟杰硕士）、《山丘区蜿蜒型河岸带植被分布对潜流侧向交换影响研究》（余根听硕士），以及发表的学术论文等成果的总结和提升。全书共 9 章。第 1 章、第 2 章、第 8 章 8.2 节～8.4 节、第 9 章 9.3 节和 9.5 节由夏继红撰写，第 3 章～第 5 章由林俊强撰写，第 6 章由曹伟杰撰写，第 7

章由余根听撰写，第 8 章 8.1 节、第 9 章 9.1 节、9.2 节、9.4 节由蔡旺炜撰写，书中部分数据分析及图形绘制由余根听、窦传彬、曾灼等协助完成。全书由夏继红统稿。

本书研究工作得到国家重点研发计划"蓝色粮仓科技创新"重点专项课题"生态灾害对渔业生境和生物多样性的影响及其预测评估"（2018YFD0900805）、国家自然科学基金面上项目"蜿蜒型河岸带潜流层水动力学机理及溶质迁移规律"（41471069）、国家自然科学基金面上项目"生态河岸带边缘效应及适宜宽度定量计算"（40871050）、浙江省"十二五"水利科技重大项目"农村河道生态建设技术集成与示范"（RA1104）、浙江省水利科技计划重点项目"美丽河湖建设中堰坝群的布局优化及生态改造技术研究"（RB1915）、浙江省水利科技计划项目"龙游县中小河流滩地时空演化机理及生态修复技术研究"（RC1527）等项目的资助，在此表示衷心感谢！

本书研究过程中得到了河海大学严忠民教授、唐洪武教授等的悉心指导。书中数值模拟得到了美国克拉克森大学吴伟明教授、密西西比大学 Robert Holt 教授的大量指导和帮助。书中模型试验是在河海大学工程水力学实验室完成的，试验期间得到了傅宗甫老师、吕加才老师、刘明明老师、王丹硕士、丁星星硕士、刘海洋硕士、林立怀硕士、曹伟杰硕士、王金平硕士、叶继兵硕士、张琦硕士、周子晔硕士、彭苏丽硕士、刘瀚硕士、朱星学硕士、杨陆波硕士、李朝达硕士的大力支持和帮助。沈雁女士在资料整理中给予了大量帮助。在此表示衷心感谢！

河岸带潜流层涉及面广、综合性强、机理复杂。限于时间和条件，本书成果仅为初步探索，疏漏和不足之处敬请读者批评指正。

夏继红

2020 年 3 月于南京

目　　录

第1章 绪 论

1.1 研究目的与意义

河流系统是水资源、水环境和水文化的重要载体，是地球生命系统的"蓝色动脉"(韩玉玲等，2012；夏继红等，2017)。它不仅给人类提供丰富的淡水资源，还具有发电、航运和休闲娱乐等功能，对生产、生活、生态具有极其重要的作用。然而，过去几十年里，随着城镇化进程和经济社会的快速发展，农业面源污染量日趋增加，供水、灌溉、能源、航运等需求急剧增长，加快了人们对河流的改造及其周边资源的开发利用，导致河流系统生态日益衰退，地表水、地下水水环境日益恶化。如何改善地表水、地下水生态和环境以及维护河流健康已成为社会广泛关注的焦点与难点问题。近年来，我国已开始重新审视原有治河理念，思考河流的生态建设方式(宋庆辉和杨志峰，2002；夏继红和卢智灵，2006)。2016 年 12 月中共中央办公厅及国务院印发了《关于全面推行河长制的意见》，对水资源保护、河湖水域岸线管理保护、水污染防治、水环境治理、水生态修复及执法监管等提出了明确要求，尤其是对河湖水域岸线管理与保护明确指出要坚持生态优先、绿色发展，严格水生态空间管控，恢复河湖水域岸线功能。因此，加强河岸带生态修复和科学管理已成为当前河流建设和管理的迫切任务。

河流系统存在两个重要的邻河过渡带：一是河岸带；二是潜流带。河岸带是陆地生态系统与水域生态系统、地表水系统与地下水系统的交界区域，是一个典型的边缘交错带(邓红兵等，2001；夏继红和严忠民，2009；Clinton，2011)，具有显著的水动力边缘效应、环境边缘效应及生态边缘效应(夏继红等，2010)，并且具有重要的水文调蓄、生态保护、环境净化等功能(夏继红和严忠民，2006；钱进等，2009)，是河流及其周边水环境、水生态与水安全的重要屏障。正由于其独特的结构与功能特点，河岸带已成为我国河流生态建设和管理的重要内容，也正在成为多学科研究的热点(夏继红和严忠民，2004；岳隽和王仰麟，2005；饶良懿和崔建国，2008)。2000 年以来，我国对河岸带生态治理开展了大量探索，提出了多种生态建设措施，如增加河岸宽度、恢复河岸曲度、增设复式断面、减缓坡度、种植植被、应用生态防护材料与硬质材料护岸等(夏继红和严忠民，2009；李婉等，2011)。由于河岸带植被冠层可以降低降雨对地面土壤的溅蚀能力(刘诚，2008)；植被秆茎与坡面径流、河道地表水流相互作用时，植被单元附近形成涡动结构，涡动结构可以有效耗散湍流动能，减小坡面径流及地表水流的剪切应力，对水流具有延滞作用，从而减小水流对土壤的输运与侵蚀能力，减少污染物流进河流(Leonard and Luther，1995；李妍敏等，2015)；植被根系能够降低水流侵蚀速率、储碳固氮、过滤阻滞、加筋稳固土壤等。因此，植物措施是目前河岸带生态建设中常用的措施之一。这些措施对保护河岸带稳定、防止河湖岸线退化、控制非点源污染、改善生物栖息条件、维护河流生态平衡等发挥了重要作用(王灵艳等，2009；余根听等，2017)。潜流带是地表水与地下水交换过渡带。目前关于潜流层的研究大多是针对河床区域潜流层的，重点研究了河床潜流层垂向潜流交换机理、生物分布、主要功能和溶质变化等。

现有的河岸带研究和治理重点关注了河岸带地表边缘，而对河岸带地下边缘关注较少。从河岸带结构看，潜流不仅发生在河床以下区域，河岸带的下边缘区同样存在地下水与地表水作用的潜流层区域(夏继红等，2013a)，它是河岸带下层地表水与地下水相互作用的过渡区。从河岸带功能看，河岸带的重要性不仅表现在河岸带地表区域，还表现在河岸带地下区域。当河流地表水进入河岸带潜流层并与其中的地下水发生潜流交换时，可携带氧气及营养物质供给河岸带的生物群落，为河岸带潜流层内生物的新陈代谢提供保障，加快有机质的分解，降低污染物的浓度与毒性，进而改善河流及其周边地下水的水质(Harvey et al.，1996；Boulton et al.，1998；Tonina and Buffington，2009)。可见，在地表水与地下水的相互作用下，河岸带潜流层发生着复杂的水动力、溶质循环与迁移转化过程，使得河岸带潜流层具有调蓄洪水，过滤、吸收、滞留、沉积污染物质，保护地表水、地下水水环境和生态结构的功能(滕彦国等，2007，2010)。同时，河岸带潜流层也是很多生物栖息、繁衍和避难的重要场所(Leigha et al.，2013)。因此，河岸带潜流层表现出复杂的水动力边缘效应、环境边缘效应及生态边缘效应(夏继红等，2013a)，而且河岸带潜流交换进程在一定程度上决定着河岸带功能发挥及适宜结构参数选择，也是河岸带复杂边缘效应和功能的重要体现区，对保护河流生态系统的结构、功能和生物群落的分布具有重要作用。

由于河岸带景观格局的独特性，其潜流层特性与河床潜流层特性存在较大差异，例如在水流方向上，河岸带潜流层内不仅有纵向上和垂向上的潜流交换，还有横向上的潜流交换(Engelhardt et al.，2013；夏继红等，2013a，2013b)。另外，生物的活动范围、溶质的源汇特性和运动特征等方面也均与河床潜流层有较大差异。但是，目前对河岸带潜流层的动态过程、作用机理及主要功能的研究却较少。河岸带的地形地貌形态、建设方式等对潜流交换的影响机制、潜流驻留时间、潜流交换率、溶质迁移机理等尚不明晰。这给定量确定河岸带潜流层区域范围及适宜修复措施带来了很大困难，进而严重约束了潜流层及河岸带功能的有效发挥。因此，深入探讨河岸带潜流交换理论将成为潜流与河岸带领域的重要研究方向。这既是对以往仅关注河岸带地表问题的补充，也是对河床潜流研究的补充，可进一步丰富和发展河岸带理论及潜流交换理论，为生态河岸带建设提供了理论依据，对维护河流健康生命和地下水安全具有重要的理论价值和实践意义。

1.2　潜流研究发展史

1.2.1　潜流与潜流带

1959年罗马尼亚动物学家 Orghidan 首次正式提出了"潜流"(hyporheic)一词，将潜流定义为，河床以下及河床周边洪泛平原区域以下的地表水与地下水相互交换的水流(图1.1)(Orghidan，1959；White，1993；Robertson and Wood，2010)。此后，很多学者对潜流开展了大量研究，提出了多个潜流定义，并把发生潜流交换的地表水和地下水之间的"中间层"区域定义为潜流带(Schwoerbel，1961)。早期，潜流带是根据地下水和地表水中无脊椎动物的分布来定义的，例如 Schwoerbel(1961)在界定潜流生物物种类型的基础上，指出潜流带是一个独特的生态系统，将其定义为潜流带生态系统，它是河道生态系统的重要组成部分，具有重要的生态功能。很多学者在此基础上，根据潜流带的类型及潜流带无脊椎动物分布特征，提出了基于生物分布的潜流带概念(Danielopol，1989)。由于潜流交换可在多种空间和时间尺度下发生，对于不同尺度、不同研究目的和应用要求，出现了多种潜流带的概念和含义。总体而言，潜流带主要有地理化学、水力学及生物学三个方面的概念。在地理化学上，潜流带是指含有固定比例地表水水量的泥沙层(一般是 10%～98%的地表水)(Triska et al.，1989)。在水力学上，由于水压力梯度和水力传导性的差异性，潜流交换路径起始于河床与河岸的某一位置，终止于河床与河岸的另一位置，将此水流汇集与交换区域称为潜流体或潜流带(Tonina and Buffington，2007)。在生物学上，将潜流带定义为潜流生物出现的区域(Edwards，1998；Stanford，2006)。据此，可根据栖息生物特征的不同来界定潜流带。一般情况下，根据潜流生物是临时生物(外层动物群落)还是永久性生物(地下生物群落)来界定潜流层(Edwards，1998；Stanford，2006)。目前广泛认可的潜流带概念是 1993 年 White 的定义：潜流带是指河床、边滩及河岸以下，地表水与地下水相互作用的饱和沉积物层交混区(White，1993)。潜流带作为一个过渡区域，是饱和孔隙介质，在活跃的河流中均会形成，可向两侧延伸至洪泛平原以下(图 1.1)。它与深层地下水不同的是其含有部分地表水和其他物质(Marzadri et al.，2014)。

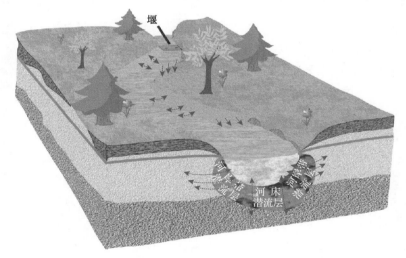

图 1.1　潜流及潜流带区域示意图(Bencala，2005)

1.2.2　潜流研究的发展阶段

20 世纪 30 年代以来，国内外学者已对潜流开展了大量研究，其发展过程大致可分为起始认识、概念完善、理论发展和体系形成四个阶段(Boulton et al.，2010；夏继红等，2013b)，潜流研究发展过程及各阶段主要文献如图 1.2 所示。

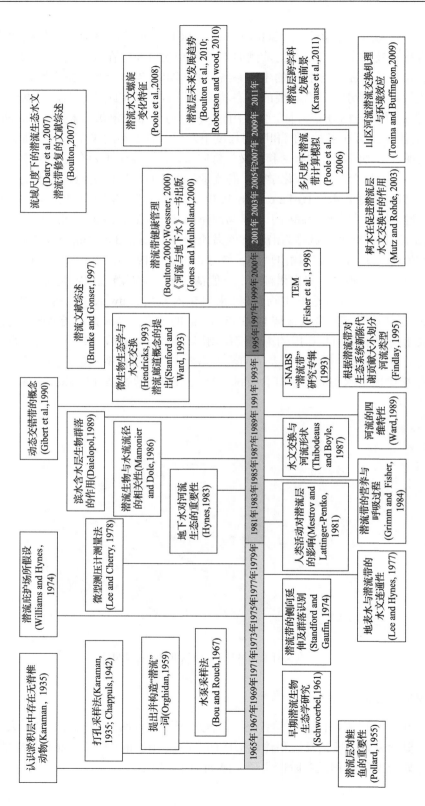

图1.2 潜流研究发展过程阶段划分及主要文献(Boulton et al., 2010)

1. 起始认识阶段(1959～1979 年)：基本概念的认识与形成

对潜流的认识源于 20 世纪三四十年代 Karaman、Chappuis 等学者对地表水与地下水过渡区的生物调查(Karaman，1935；Chappuis，1942；Boulton et al.，2010)。他们发现在河床以下地表水与周边地下水交界面存在一个重要的生态过渡区，该区域生活着一些特殊生物物种。1959 年罗马尼亚动物学家 Orghidan 撰写了 "*Ein neuer Lebensraum des unterirdischen Wassers:der hyporheische Biotop*" 一文(该文最初发布于 1953 年的罗马尼亚科学院院内公报上，1959 年正式发表于德国期刊 "*Archiv für Hydrobiologie*" 上，2010 年被翻译成英文发表于 "*Fundamental and Applied Limnology*" 上)，他用 "*hypo-*"(含义为 "地下")和 "*rheos-*"(含义为 "水流")两个希腊词根构造出了 "hyporheic"(含义为 "潜流")一词。第一次正式出现了"潜流"一词(Boulton et al.，2010；Robertson and Wood，2010)，将该区域定义为潜流带(hyporheic zone)和潜流生物圈(hyporheic biotope)，系统地提出了潜流带生物学的基本概念和基本内容。该文被认为是潜流研究的奠基性文献，Orghidan 也被认为是潜流研究领域的奠基人。20 世纪 70 年代初，人们开始关注潜流生物的栖息条件，发现潜流带是生物的良好躲避场所，潜流生物能生活于离河道几百米远的地方(Stanford and Gaufin，1974)。20 世纪 70 年代中后期，随着水文学、底栖生态学的发展，人们逐渐认识到潜流生物的生活过程与水文过程密切相关。Hynes(1975)提出了"潜流水文连接性"(hyporheic hydrological links)的概念，指出潜流带通过水文过程与河流、峡谷、地下水等相连，并发生着复杂的生物和化学作用。这一概念的提出为潜流生物学研究提供了新的思路，很大程度上促进了潜流生态学的发展。这一阶段主要以潜流生物为对象，建立了潜流、潜流生物圈的基本概念，初步引入了水文学概念，形成了潜流带水文概念，并逐渐为人们所接受。

2. 概念完善阶段(1980～1993 年)：水文学方法的引入与基本概念的完善

自引入水文学概念后，很多学者认为水文学是潜流带研究的基础。20 世纪 80 年代开始，"潜流水文连接性"概念逐渐在潜流带研究中得到了应用，例如 Hynes(1983)基于潜流水文连接性概念研究了潜流带水量与新陈代谢过程之间的关系；Triska 等(1989)应用水量平衡法界定了潜流层区域范围。这些潜流带概念大多是静态的，对解释实际水文、生物、物化现象存在一定的局限性。20 世纪 90 年代开始，人们引入了水文动态过程的思想，提出了潜流带动态性概念，例如 Gibert 等(1990)、Vervier 等(1992)认为潜流带是泥沙特性变化和水文交换过程的动态响应结果，是一个动态生态交错带(dynamic ecotone)，具有可变性、渗透性、生物多样性及连通性。随着对潜流带认识程度的深入，1991 年北美底栖生物学协会(North American Benthological Society，NABS)专门召开了潜流带学术研讨会，在该研讨会上很多学者从生态与水文角度归纳总结了不同类型河道中潜流带的作用(Stanley and Boulton，1993)，指出潜流水文过程是河道内多流路相互作用的双向连接过程(Vervier et al.，1992；Bencala，1993)，提出了"潜流横向和纵向模型"(White，1993)、"潜流廊道"(Stanford and Ward，1993)等概念模型。该研讨会成果于 1993 年在 J-NABS (*Journal of the North American Benthological Society*)期刊以 "*Perspectives of the Hyporheic Zone*:

Integrating Hydrology and Biology"（潜流带的前景：水文学与生物学的集成）为题出版潜流研究专辑（J-NABS，1993 年 12 卷第 1 期）。这次研讨会成果是潜流概念的丰富和拓展，对潜流理论的发展具有重要的影响和推动作用，是潜流研究的重要里程碑。

3. 理论发展阶段（1994～2000 年）：多学科的应用与基本理论的发展

1993 年 J-NABS 潜流研究专辑出版后，很多学者开始探索应用水文学、生态学方法研究潜流带生态、水文机制，形成了两个重要的研究方向：一是潜流水文学；二是潜流生态学。在潜流水文学方向上，形成了潜流交换的概念模型、数学模型等理论，例如 Valett 等（1996）针对不同地理条件和水力传导性，研究建立了潜流带对营养物质的滞留作用理论。Wondzell 和 Swanson（1996）利用现场数据和地下水模型定量研究了山区河流沙砾坎中潜流对流和地下水入流量，建立了潜流交换的基本理论。在潜流生态学方向上，有学者基于潜流带生物学的基本概念研究了潜流带物理要素、水文要素对生态过程的影响机制，形成了潜流生态学基本理论，例如 Findlay（1995）提出了潜流带对河流系统新陈代谢贡献率理论。Fisher 等（1998）基于河流新陈代谢两层概念模型，提出了伸缩性生态系统模型（telescoping ecosystem model，TEM）。Boulton 和 Foster（1998）应用 TEM 提出了泥沙、河流、流域等不同尺度下多变量对潜流生态功效的影响机制。尤其是 2000 年 Jones 和 Mulholland 在他们的专著"*Stream and Ground Waters*"（《河流与地下水》）中归纳了以往地表水与地下水相互作用的相关研究，探讨了潜流垂向交换量和潜流带大小对潜流层生态机制的影响，提出了生态学、水文学方法综合应用于潜流带研究的思想（Jones and Mulholland，2000）。这阶段构建出了潜流理论的基本构架，初步形成了生态学、水文学交叉综合应用于潜流研究的基本思想，为潜流研究奠定了很好的理论和方法基础。

4. 体系形成阶段（2001 年以后）：多尺度、多技术、多学科交叉集成

尽管水文学、生态学、地理学等学科理论已经在潜流带研究中得到了较好的应用，但是由于各学科研究尺度不一致，现有的单一方法、单一技术或单一学科无法解决尺度变化和融合问题，例如泥沙尺度或更小尺度的研究成果很难外推到河流尺度或流域尺度。自 21 世纪初以来，一些学者针对这一问题研究了适用于尺度变化的理论方法，例如 Malard 等（2002）在 TEM 模型基础上研究建立了潜流功能与不同景观尺度的关系模型。Stanford 等（2005）在 Boulton 提出的潜流带生态功效概念的基础上，研究建立了不同时间尺度、空间尺度的潜流带生态功效模型。另外，在研究技术手段上，针对不同尺度要求，传统技术和现代技术相互结合，多技术集成，实现多尺度问题的有机兼容。对于河段尺度或更小尺度的问题，通过野外监测和室内试验，集成应用示踪剂法和化学分析法进行定量研究。对于大尺度或多尺度融合的问题，在野外监测和室内试验的基础上，集成应用数值模拟技术进行定量研究，例如 Poole 等应用数值模拟方法，描述了不同时段潜流带三维空间的对流过程（Poole et al.，2006；Poole，2010）。可见，21 世纪以来，由于多学科理论的交叉融合、多技术的集成应用，不同尺度河流潜流带理论得到了发展，形成了较为完整的河床潜流层理论体系（Krause et al.，2011）。

1.3 现有潜流研究的主要理论

近 20 年来，潜流带的重要性越来越被人们认识和重视，它已成为河流系统领域研究的重要内容，通过大量野外监测、室内试验和数值模拟（夏继红等，2013b），取得了丰富的成果，尤其是在河床区域潜流层的概念模型、潜流流径、交换通量、驻留时间、溶质运移规律等方面形成了多个理论，主要包括潜流及潜流带的概念模型、潜流交换理论与数学模型、潜流驻留时间分布理论、潜流溶质迁移规律等。

1.3.1 潜流及潜流带的概念模型

由于受空间和时间尺度的影响，不同学者根据不同的研究目的提出了不同的潜流交换概念模型（Robertson and Wood，2010），例如 Stanford 和 Ward（1993）研究建立了适应不同尺度的潜流交换过程的概念模型；袁兴中和罗固源（2003）探讨了溪流潜流带的定义、生态特征及干扰响应；吴健等（2006）归纳总结了河流潜流带在影响地表水水质和生态过程中的重要作用；Fleckenstein 等（2008）、金光球和李凌（2008）、Buss 等（2009）归纳了潜流带和潜流交换的定义、潜流交换机理、影响因素及物质运移的规律。主要形成了三类概念模型：一是地理化学上的地表水含量比例确定的泥沙层模型（Wondzell，2006）；二是水动力学上的压力梯度和水力传导性模型（Cardenas et al.，2004；Tonina and Buffington，2007）；三是生物学上的潜流微生物生存模型（Stanford，2006）。总体而言，从潜流与潜流带的基本含义、结构组成、基本作用机制和主要功能等角度构建了潜流与潜流带的基本概念模型，其基本构架如图 1.3 所示。在地貌、气候变化、地质异质性作用下，地表水、地下水水动力条件均会发生动态时空变化。在地表水、河床形态、沉积层及地下水共同作用下，交界面上会形成水头梯度，动态变化的地表水与地下水相互混掺、交换形成了潜流交换（Boulton et al.，2010）。尤其是遇到特殊地形时，例如弯道、浅滩-深潭、堰坝及地形起伏等，均会发生潜流交换（Wondzell et al.，2009）。地表水与地下水混掺交换的过渡带为潜流带，潜流带具有地下水补给、污染拦截、环境净化、营养转化等功能，是鱼类产卵孵化的重要场所，也是很多生物的良好栖息地和躲避场所。

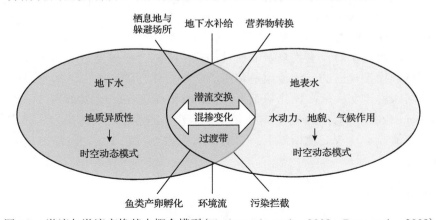

图 1.3 潜流与潜流交换基本概念模型（Fleckenstein et al.，2008；Buss et al.，2009）

1.3.2　潜流交换理论与数学模型

目前，主要通过模型试验、现场监测和数值模拟方法，研究形成了河床区潜流交换的主要影响因子、发生位置和流径以及交换通量理论等。

（1）潜流交换的主要影响因子。很多学者通过野外调查、室内试验和数值模拟，归纳总结了不同类型河道中潜流发生的基本机制和主要影响因素。总体而言，潜流交换主要受空间尺度、地貌形态、基质组成、淤积体变化、水力传导性、河流类型等因素的影响（Sawyer et al.，2011，2012）。在不同类型河道中，各因素对潜流带的温度场变化、热交换过程、下降流与上升流的转化过程以及周期性变化特征的影响机制、作用程度存在较大差异。

（2）潜流交换发生位置和流径。潜流交换主要是由交界面上水压力梯度引起的。在不同河岸、河床形态作用下，形成高压区和低压区，潜流交换发生于高压区与低压区之间，而且流径从高压区向低压区流动，从而在交界面上形成上升流和下降流（Buffingtong and Tonina，2009；Endreny et al.，2011a）。潜流交换发生的位置及流径会随水文季、河道曲率、建设方式等的变化而发生动态变化（Cardenas，2009；Stonedahl et al.，2013）。

（3）交换通量理论。河流地表水从河床或河岸表面的水力高压区进入地下，穿越一定距离的沉积物孔隙区，与其中的地下水进行混掺与交换，再从水力低压区返回地表。这种交换机理又称为泵吸交换（pumping exchange）（Elliott and Brooks，1997）。根据泵吸交换原理，针对河床内的潜流交换，主要形成了河床区域潜流垂向交换通量、交换率大小、潜流发生位置的潜流交换通量理论，例如 Mutz 等（2007）研究建立了地表水与地下水垂直交换通量模型；Revelli 等（2008）、Cardenas（2009）、Stonedahl 等（2013）研究了弯曲河流中的潜流特性，指出潜流交换通量随着曲率的增大而增大。

（4）潜流交换数学模型。在潜流交换通量理论研究基础上，研究形成了瞬时存储模型（transient storage model，TSM）和孔隙介质模型（porous media model，PMM）两类潜流交换机理的数学模型。瞬时存储模型是 1983 年 Bencala 和 Walters 用一维对流扩散方程，耦合一阶质量通量方程建立的，该模型是将潜流层看作瞬时存储介质，用于模拟潜流交换和溶质扩散规律（Bencala and Walters，1983；Harvey and Bencala，1993）。在此基础上，Chol 等（2000）、Poole（2010）、Harvey 等（2013）耦合多阶溶质扩散方程，建立了非恒定二维、三维潜流交换瞬时存储模型，较好地模拟了潜流交换在不同时间、三维空间上的潜流交流规律，解决了潜流交换复杂非线性问题。孔隙介质模型是 Elliott（1990）应用二维方法修正达西模型建立的，该模型是将潜流交换看作孔隙介质内的地下水流，主要用于估算沙质河床潜流交换量。在此基础上，Tonina 和 Buffington（2007）、He 等（2009）、Han 和 Endreny（2013）耦合地下水运动、地表水运动、泥沙输运、污染物运移方程，建立了三维孔隙介质模型，较好地模拟了河床潜流层压力场、流速场、泥沙输运、污染物等的变化规律。

1.3.3　潜流驻留时间分布理论

近年来的研究表明潜流的温度变化、水动力特点、养分浓度、生物活性等均与潜流驻留时间分布(residence time distribution，RTD)密切相关(Cardenas and Wilson，2007；Cardenas et al.，2008；Mason et al.，2012)，它是表征潜流生物、地理和化学变化的重要指标(Bardini et al.，2012；Gomez et al.，2012)。例如 Pinay 等(2009)在对美国阿拉斯加两个弯曲型河流研究后发现氮的去除量与潜流运移时间成指数关系；Boano 等(2010)通过数值模拟研究河道凹凸位置分布状况与驻留时间的关系，研究提出了驻留时间对潜流生物、地理和化学过程变化的响应机理；Zarnetske 等(2011)对新奥尔良西北砾石潜流中硝酸盐浓度动态变化过程开展观测，研究建立了硝化和反硝化量的转换与潜流驻留时间之间的函数关系，指出潜流驻留时间具有阈值性。目前，潜流驻留时间研究大多针对河床区域，应用地形动态模型和粒子跟踪法，以温度、氢同位素及其他窦性示踪剂浓度变化来表征(Bhaskar et al.，2012；Lamontagne and Cool，2007；Cranswick et al.，2014)。尤其是针对微地形变化的特点，采用试验和数值模拟方法开展研究(Ward et al.，2013)，例如，Cardenas 等(2004)、Ward 等(2013)将弯曲的河道概化为正弦函数形状，模拟分析潜流驻留时间的变化特点，将潜流驻留时间分离为瞬时特征时间(决定交换通量大小)和幂率分布时间(决定区域停留时间长短)两部分，建立了起伏区域的潜流驻留时间分布模型和潜流交换通量的预测方法；Jackson 等(2013)根据河岸结构特点，研究了河岸区地表水瞬时存储的流动机制，定量分离了潜流和地表水驻留时间，提出了潜流瞬时存储时间可以通过总驻留时间(由示踪剂测得)减去地表水瞬时存储时间得到，地表水瞬时存储时间与地表水流速以及混合交界面的宽度、长度和深度密切相关。总体而言，潜流驻留时间受到河道形态、水文条件、泥沙组成、局部地形、覆盖物条件、涉水建筑物的影响，其分布规律仍有待深入研究。

1.3.4　潜流溶质迁移规律

溶质迁移变化特征是影响地表水、地下水、土壤环境的决定性因素。地表水中的溶质随水流进入地下，滞留一段时间后，再随潜流流入地表水，溶质在潜流运动、交换的驱动下会发生浓度变化(Hester et al.，2013)。例如 Stonedahl 等(2010)的研究表明，地表水、地下水之间的相互作用对金属、放射性物质、砷以及从泥沙颗粒表面释放的污染物质起着非常重要的作用。由于潜流交换会影响养分输运、有机质的微生物处理过程，因此它也会对河流生态学过程产生很大影响。研究分析潜流层中溶质的迁移是评估污染物、养分或其他水体物质输运的关键，也是评估河流系统健康的重要内容。目前，常用的潜流溶质迁移规律的描述模型主要包括以下两类。

一是通过野外现场观测研究建立的拟合性溶质迁移基本模型。例如 Zarnetske 等(2011)采用稳定同位素方法，对美国俄勒冈州西部的 Willamette 河流域开展野外监测，研究潜流带中硝酸盐的输运、硝化与反硝化过程，分析提出了 NO_3^-、NH_3、DOC、DO、Cl^- 等物质的迁移变化规律及其与潜流驻留时间的函数关系。

二是通过室内模型试验和数值模拟研究建立的过程性溶质迁移基本模型。例如 Mutz 等(2007)应用水槽试验和数值模拟方法研究了河段尺度下，大型木质碎屑引起的潜流中溶质浓度衰减的过程。O'Connor 和 Harvey(2008)通过室内试验和数值模拟，在研究潜流交换机理的基础上，修正了泵吸模型，建立了溶质迁移、扩散方程。

1.4　潜流研究的主要方法

1.4.1　野外监测方法

1) 野外示踪法

示踪法是选用一定的化学试剂或参照指标,研究潜流交换速率、交换量大小、潜流层地化反应、生化反应和生物特性(Zarnetske et al.,2008)。示踪法通常包括地下水示踪法和地表水示踪法。常用的示踪剂主要包括 NaCl、LiBr、KI、罗丹明等。在河段尺度或更小尺度下,常用盐、罗丹明等惰性试剂作为示踪剂,定量研究潜流交换速率和交换量的大小(Gooseff et al.,2007;Zarnetske et al.,2008),例如 Salehin 等(2003)通过在河流地表水中注入 KI 溶液分析了季节性的植被变化以及人为因素对潜流交换的影响。于靖和张华(2015)以 LiBr 作为保守性示踪剂进行野外现场示踪试验,结合一维溶质运移存储模型(one-dimensional transport with inflow and storage model,OTIS),分析了城市小型河流的潜流纵向弥散系数、潜流交换面积、潜流交换系数以及溶质驻留时间等的变化规律。还有学者以有机碳、氮素、水温等作为示踪指标研究潜流层地化反应、生化反应以及生物特性(Gooseff,2003;Packman and Macky,2003),野外监测中重点监测指标主要包括有机碳、氮素、磷素、氧、水温等环境指标以及潜流物种类型。

2) 野外地下测量法

地下测量法是研究潜流带特性的最直接方法,通常是沿河流方向在河床或河岸内布置一系列压力计、渗透计或测井,测量地下水头分布、渗透系数等水文地质参数,抽取水样和土壤样品,研究潜流流径、流速、流量、溶解氧、区域面积、生物种类等的分布规律以及潜流交换对生物栖息地的影响等(Harvey and Bencala,1993;Sliva and Willianms,2005),例如朱思静等(2013)通过测量河床温度的变化,用热追踪方法推求潜流交换在河床垂向的交换通量。这种方法可以同时确定潜流交换的方向和潜流交换量的大小。另外,也可通过直接抽取不同位置的孔隙水,化验其化学成分或生物组成,研究潜流交换或溶质迁移情况(Franken et al.,2001)。虽然用地下测量法能够掌握现场实际情况,但是监测获得的水头、渗透系数等参数只能代表局部条件。为了克服空间异质性问题,需要布设大量的测点,但布设的测点范围和密度受到一定限制,所以潜流研究的空间连续性不强,这将不利于充分刻画空间变化特性和效应机理。

1.4.2　数值模拟方法

潜流交换数值模拟是选择适宜理论模型和参数建立控制方程,利用现场数据进行数值模型验证,数值求解潜流交换通量、交换速率、驻留时间、溶质运移等。常用的数学模型有 TSM、PMM 和 OTIS。TSM 是采用对流扩散方法,将存储单元看作黑箱,计算沿水流方向固定体积单元内的交换量(Bencala,2005;Harvey and Gorelick,2000;Runkel,1998)。该方法适用于近床面浅层与地表水充分交换,且流径较短的潜流交换,可以近似估算交换水量(Harvey and Wagner,2000;Tonina and Buffington,2007;Zaramella et al.,2003)。但用这一模型在模拟河流死水区(如静水漩涡、池塘底部的滞水、流经植被的水流等)时,不能从总的存储水量中将潜流交换水量分离出来,因此,难以准确描述潜流交换的空间和时间上的交换率,尤其是无法确定具有重要生物化学作用的长距离交换路径的潜流交换量大小(Bencala,2005;Gooseff,2003;Harvey et al.,1996;Wondzell,2006;Zaramella et al.,2003)。PMM 是将潜流交换看作孔隙介质内的地下水流,最初是应用二维达西模型确定沙质河床潜流交换通量(Marion,et al.,2002;Packman and Bencala,2000;Packman et al.,2004;Salehin et al.,2004;Zaramella et al.,2003),后经扩展,建立了浅滩-深潭交错型砾石河床区域三维压力场与潜流交换通量模型(Tonina and Buffington,2007)。该模型能够较好地分析潜流压力场三维结构、交换路径和交流通量,分析河道流量变化、地表水压力变化对潜流交换的影响,以压力为纽带较好地耦合了地表水与地下水的相互作用。这一模型也被用于地下水或地表水的数值模拟商用软件中,如 MODFLOW(Wondzell and Swanson,1996;Wroblicky et al.,1998;Cardenas et al.,2004)和 FLUENT(Tonina and Buffington,2007)等。鲁程鹏等(2012)利用该模型模拟了河床不同深浅层潜流易发生的区域。该模型应用中首先需要掌握河床区域泥沙的水力传导特性,以测量或预测河床、洪泛平原内的压力分布特征为基础。

1.4.3　室内试验方法

因野外监测或试验易受时空尺度的限制,而且野外监测试验区域的边界条件、相关变量复杂多变,不易控制,为了增加可控性,国内外学者开展了一系列室内试验研究(表 1.1)。研究通常以水槽试验为主,通过沙、砾石、原木等塑造不同的河床(岸)形态[如平坦河床(岸)、浅滩-深潭、弯曲边坡等],研究地表水条件(如流速、水深、流量)、河床形态、河岸形态、沉积物均质性条件(如渗透系数、孔隙度、中值粒径)等对潜流交换的影响机理,如 Sawyer等(2011,2012)利用水槽试验研究了大型枯木对潜流带温度动态变化和热交换过程;林俊强(2013)、林俊强等(2013)、曹伟杰(2016)、余根听(2018)通过水槽模型研究了微弯河岸的沿岸压力分布及河岸形态对侧向潜流交换的影响;陈孝兵等(2013,2014)通过水槽试验研究了不同河床形态下垂向潜流交换的规律,应用扩散理论分析了地表水条件和河床沉积物渗透性对垂向潜流交换的影响。室内试验方法可以根据研究目的,设置不同试验工况组合,试验研究控制变量条件下的潜流交换机理、溶质运移特征,有利于潜流交换机理的发展,但是由于室内空间的限制,其研究尺度、边界条件等均与实际河道存在一定差异。

表 1.1　室内潜流带水槽试验

文献	试验目的	形态和材料	示踪剂	水槽尺寸/m	粒径/mm
Savant(1987)		三角沙丘	染色剂	0.35×0.04×0.5	$d_g=0.037$
Packman(2004)		平坦+三角形	NaCl	2.5×0.2×0.5	$d_{50}=6$
Jin(2010)	河床潜流交换	三角形	NaCl	11.5×0.3×0.5	$d_{50}=0.3$
Sawyer(2011,2012)		原木	CaCl$_2$	5×0.3×0.7	$d_{50}=2.4$
Endrency(2011b)		阶梯	染色剂	2.5×0.075×0.16	$d_{mean}=10$
陈孝兵等(2014)		平坦+三角形	NaCl	5×0.4×1.2	$d_{50}=1.10$
林俊强(2013b)		均质、正弦型	NaCl	10×2×0.8	$d_{50}=0.78$
曹伟杰(2016)	河岸带潜流交换	非均质、正弦型	NaCl	10×2×0.8	$d_{50}=0.78$ 和 15
余根听(2018)		植被、均质、正弦型	NaCl	10×2×0.8	$d_{50}=0.78$

1.5　未来研究方向

自"潜流"一词正式提出以来，很多学者对潜流交换开展了大量探讨，重点研究了河床潜流层潜流垂向交换的影响因素、交换过程等，取得了丰富的成果，这对我国相关领域的研究具有重要的借鉴意义。我国应在现有研究的基础上，针对我国河流的特点，借鉴国外研究成果，深入研究河流潜流层作用机制和动态过程，为我国河流保护提供理论依据。

1）深入探究河岸带区域潜流交换机理，拓展研究方向

由于河岸带潜流层的位置和结构的特殊性，河岸带潜流层研究不能完全应用河床潜流层理论，而应根据河岸带自身特点，借鉴河床潜流交换理论，探索河岸带潜流层潜流运动、溶质迁移、生态过程，建立适用于河岸带潜流层特点的边缘效应理论。在研究内容上，着眼于实际生产需要，注重机理研究，重点探索河岸带特性、河岸建筑物、建设方式、植被分布等对潜流驻留时间、交换速率、交换通量、生物变化、溶质迁移等的影响机制，建立能准确描述河岸带潜流层潜流运动、泥沙输送、溶质迁移、生态响应等动态过程的描述模型。这将是未来河岸带研究和潜流研究的新内容、新方向。

2）深入探究潜流层健康机制，加强潜流区域生态修复研究

潜流层具有重要的水文调蓄、环境缓冲、生态保护功能，是地下水、地表水系统的重要屏障，所以保持潜流层的健康状态对维护河流系统、地下水系统的健康运行具有十分重要的意义，但目前还未开展潜流层健康机制的研究。因此，应深入研究不同条件下潜流层生态学过程和响应机制，研究潜流生物适宜生存的生境条件和区域大小，探索潜流层健康诊断指标、判断标准和诊断方法。在潜流层机理研究的基础上，针对退化原因，加强潜流层生态修复机理和方法的研究。

3）多学科交叉融合，拓展研究方法

潜流层作为地表水与地下水的交界区，同时受河流流量、水深、地形、地貌、沉积物渗透系数、地下水位、土地利用、覆盖物条件等诸多因素的影响，其水动力学过程、水文交换及其物理、化学、生物进程极其复杂，未来研究中，在研究方法上，着眼于基本动力学方法应用和拓展，以现代水力学、河流动力学、地理学、生态学、环境学、数学等学科理论为基础，采用多学科交叉的方法开展研究。尤其是对河岸带潜流层的研究，应借鉴河床潜流交换理论，应用多学科、多领域、多尺度耦合的方法开展研究，形成河岸带潜流层独特的研究方法和理论，拓展现有河岸带和潜流研究方法。

4）集成应用现代技术，拓展研究手段

河流潜流层动态过程涉及多因素、多尺度、大数据量，研究中应着眼于传统技术与现代技术的综合应用与拓展，加强新技术的开发。在现场监测、室内试验和数值模拟的基础上，集成数字仿真技术、GIS 技术、网络技术、大数据、云计算、通信技术等现代技术，开发三维实时动态仿真系统，为用户准确、直观、实时地提供模拟、预测和决策

信息，有效指导实际生产。

1.6 本书内容组织架构

第1章：概述潜流、潜流带的基本概念，系统归纳总结潜流研究的发展历史、主要理论、研究方法，阐述潜流研究的未来发展方向。

第2章：概述河岸带的结构和功能，界定河岸带潜流层的概念、结构特征，重点阐述河岸带潜流层水动力学、溶质迁移与循环及生态学基本过程。

第3章：概述流体运动描述方法、基本方程和数值求解方法，重点阐述河岸带潜流交换的基本水动力方程、主要因素的基本影响机制、主要描述变量和描述模型。

第4章：概述河岸带的扰动特性，详细阐述基于小扰动理论的河岸带坡面扰动压力分布方程及其解析解的推导过程，讨论解析解的适用性和参数敏感性，重点论述蜿蜒型河岸带的数值模型建立、近岸区压力场分布规律及主要因素对压力场的影响机制。

第5章：概述蜿蜒型河岸带潜流交换物理模型试验和数值模拟方法，讨论顺直与蜿蜒河岸带潜流交换的差异，重点阐述讨论潜流交换路径、交换界面及交换范围和主要影响因素，论述不同影响因素对交换范围特征参数的影响机理及潜流交换泵吸效应机理。

第6章：概述河岸带基质组成现场调查方法和非均质蜿蜒型河岸带潜流交换室内模型试验方法，讨论河岸带滩地基质组成、空间分布特征和变化规律。重点阐述基质组成、地表水流速、河岸带形态对潜流交换的复合作用机理，讨论组合因素对潜流交换宽度的影响机理。

第7章：概述有植被蜿蜒型河岸带潜流交换室内模型试验方法和数值模拟方法，讨论植被分布方式与蜿蜒性共同作用下，河岸带潜流层侧向交换的复合响应机理。重点阐述有植被河岸带近岸区水压力场变化规律，植被密度与蜿蜒性对潜流交换通量、交换宽度、驻留时间的复合影响机理。论述潜流交换的评判量的识别方法及潜流驻留时间的寻踪方法。

第8章：概述河岸带潜流层溶质迁移转化的基本过程及环境效应，归纳总结溶质迁移过程的数值模拟、野外监测和室内试验方法。重点阐述非均质河岸带、有植被河岸带中，基质组成、植被分布方式、河岸蜿蜒形态对河岸带潜流层内溶质迁移过程、溶质驻留时间的影响机理。

第9章：论述河岸带潜流层生态系统的生物组成、多样性、分布特征、食物链、食物网结构特征、营养循环与新陈代谢特点，讨论河岸带潜流层的生态交错性与连通性特点，重点阐述潜流对潜流层生物栖息条件的影响特点、基于河流健康思想的河岸带潜流层健康诊断与生态修复步骤和基本措施。

参 考 文 献

陈孝兵. 2013. 河床非均质及微地貌特征对潜流交换影响的试验和模拟研究. 南京：河海大学博士学位论文.

陈孝兵, 赵坚, 李英玉, 等. 2014. 床面形态驱动下潜流交换试验. 水科学进展, 25(6): 835-841.

邓红兵, 王青春, 王庆礼. 2001. 河岸植被缓冲带与河岸带管理. 应用生态学报, 12(6): 951-954.

韩玉玲, 夏继红, 陈永明, 等. 2012. 河道生态建设: 河流健康诊断技术. 北京: 中国水利水电出版社.

金光球, 李凌. 2008. 河流中潜流交换研究进展. 水科学进展, 19(2): 285-293.

李婉, 张娜, 吴芳芳. 2011. 北京转河河岸带生态修复对河流水质的影响. 环境科学, 32(1): 80-87.

李妍敏, 安翼, 刘青泉. 2015. 植被分布对小流域产流影响的数值实验. 水科学进展, 26(2): 187-195.

林俊强. 2013. 微弯河岸潜流侧向交换水动力学特性研究. 南京: 河海大学博士学位论文.

林俊强, 严忠民, 夏继红. 2013. 弯曲河岸侧向潜流交换试验. 水科学进展, 24(1): 118-124.

刘诚. 2008. 水沙运动及植被影响的三维固液两相双流体湍流模型. 大连: 大连理工大学博士学位论文.

鲁程鹏, 束龙仓, 陈洵洪. 2012. 河床地形影响潜流交换作用的数值分析. 水科学进展, 23(6): 789-795.

钱进, 王超, 王沛芳, 等. 2009. 河湖滨岸缓冲带净污机理及适宜宽度研究进展. 水科学进展, 20(1): 139-144.

饶良懿, 崔建国. 2008. 河岸植被缓冲带生态水文功能研究进展. 中国水土保持科学, 6(4): 121-128.

宋庆辉, 杨志峰. 2002. 对我国城市河流综合管理的思考. 水科学进展, 13(3): 377-382.

滕彦国, 左锐, 王金生. 2007. 地表水-地下水的交错带及其生态功能. 地球与环境, 35(1): 1-8.

滕彦国, 左锐, 王金生, 等. 2010. 区域地下水演化的地球化学研究进展. 水科学进展, 21(1): 127-136.

王灵艳, 郑景明, 张萍. 2009. 洞庭湖滩地植被功能及保护. 中国林业, (6): 37.

吴健, 黄沈发, 唐浩, 等. 2006. 河流潜流带的生态系统健康研究进展. 水资源保护, 22(5): 5-8.

夏继红, 陈永明, 王为木, 等. 2013a. 河岸带潜流层动态过程与生态修复. 水科学进展, 24(4): 589-597.

夏继红, 陈永明, 周子晔, 等. 2017. 河流水系连通性机制及计算方法综述. 水科学进展, 28(5): 780-787.

夏继红, 林俊强, 陈永明, 等. 2013b. 国外河流潜流层研究的发展过程及研究方法. 水利水电科技进展, 33(4): 73-77.

夏继红, 林俊强, 姚莉, 等. 2010. 河岸带结构特征及边缘效应. 河海大学学报(自然科学版), 38(2): 265-269.

夏继红, 卢智灵. 2006. 河流生命健康仿生学研究. 水科学与工程技术, (5): 44-46.

夏继红, 严忠民. 2004. 生态河岸带研究进展与发展趋势. 河海大学学报(自然科学版), 32(3): 252-255.

夏继红, 严忠民. 2006. 生态河岸带的概念及功能. 水利水电技术, 37(5): 14-18.

夏继红, 严忠民. 2009. 生态河岸带综合评价理论与修复技术. 北京: 中国水利水电技术出版社.

于靖, 张华. 2015. 城市小型河流水动力弥散和潜流交换过程. 水科学进展, 26(5): 714-721.

余лесь听, 夏继红, 毕利东, 等. 2017. 山丘区中小河流边滩植被分布驱动因子及响应关系. 中国水土保持科学, 15(2): 51-61.

袁兴中, 罗固源. 2003. 溪流生态系统潜流带生态学研究概述. 生态学报, 23(5): 133-139.

岳隽, 王仰麟. 2005. 国内外河岸带研究的进展与展望. 地理科学进展, 24(5): 33-40.

张建春. 2001. 河岸带功能及管理. 水土保持学报, 15(6): 143-146.

朱静思, 束龙仓, 鲁程鹏. 2013. 基于热追踪方法的河道垂向潜流通量的非均质性研究. 水利学报, 44(7): 818-825.

Bardini L, Boano F, Cardenas M B, et al. 2012.Nutrient cycling in bedform induced hyporheic zones. Geochimica et Cosmochimica Acta, 84(5): 47-61.

Bencala K E.1993.A perspective on stream-catchment connections. Journal of the North American Benthological Society, 12(1): 44-47.

Bencala K E.2005.Hyporheic exchange flows.//Anderson M G, McDonnell J J. Encyclopedia of Hydrological Sciences. London: John Wiley and Sons.

Bencala K E, Walters R A.1983.Simulation of solute transport in a mountain pool-and-riffle stream: a transient storage model. Water Resources Research, 19(3): 718-724.

Bhaskar A S, Harvey J W, Henry E J.2012.Resolving hyporheic and groundwater components of streambed water flux using heat as a tracer. Water Resources Research, 48: W08524.

Boano F, Demaria A, Revelli R, et al.2010.Biogeochemical zonation due to intrameander hyporheic flow. Water Resources Research, 46: W02511.

Bou C, Rouch R. 1967. Un nouveau champ de recherches sur la faune aquatique souterraine. Comptes Rendus de l'Acadé-mie des Sciences de Paris, 265: 369-370.

Boulton A J. 2000. River ecosystem health down under: assessing ecological condition in riverine groundwater zones in Australia. Ecosystem Health, 6: 108-118.

Boulton A J. 2007. Hyporheic rehabilitation in rivers: restoring vertical connectivity. Freshwater Biology, 52: 632-650.

Boulton A J, Datry T, Kasahara T, et al.2010.Ecology and management of the hyporheic zone: stream-groundwater interactions of running waters and their floodplains. Freshwater Science, 29(1): 26-40.

Boulton A J, Findlay S, Marmonier P, et al. 1998.The functional significance of the hyporheic zone in streams and rivers. Annual Review of Ecology and Systematics, 29: 59-81.

Boulton A J, Foster J G. 1998.Effects of buried leaf litter and vertical hydrologic exchange on hyporheic water chemistry and fauna in a gravel-bed river in northern New South Wales, Australia. Freshwater Biology, 40: 229-243.

Brunke M, Gonser T.1997.The ecological significance of exchange processes between rivers and groundwater. Freshwater Biology, 37:1-33.

Buffingtong J M, Tonina D.2009.Hyporheic exchange in mountain rivers II: effects of channel morphology on mechanics, scales, and rates of exchange. Geography Compass,3(3): 1038-1062.

Buss S, Cai Z, Cardenas B, et al.2009.The Hyporheic Handbook-A handbook on the groundwater-surface water interface and hyporheic zone for environment managers. Environment Agency,UK, Integrated Catchment Science Programme Science Report: SC050070.

Cardenas M B. 2009. A model for lateral hyporheic flow based on valley slope and channel sinuosity. Water Resources Research, 45: W01501.

Cardenas M B, Wilson J L.2007. Dunes, turbulent eddies, and interfacial exchange with permeable sediments. Water Resources Research, 43: W08412.

Cardenas M B , Wilson J L, Haggerty R.2008.Residence time of bedform-driven hyporheic exchange. Advances in Water Resources, 31:1382-1386.

Cardenas M B, Wilson J L, Zlotnik V A.2004.Impact of heterogeneity, bed forms, and stream curvature on subchannel hyporheic exchange. Water Resources Research, 40:474-480.

Chappuis P A. 1942. Eine neue methode zur Untersuchung der Grundwasser-fauna. Acta Scientiarum Mathematicarum et Naturalium, 6: 3-7.

Chol J, Harvey J D, Conklin M H. 2000. Characterizing multiple timescales of stream and storage zone interactions that affect solute fate and transport in streams. Water Resources Research, 36: 1511-1518.

Clinton B D. 2011. Stream water responses to timber harvest: riparian buffer width effectiveness. Forest Ecology and Management, 261(6): 979-988.

Cranswick R H, Cook P G, Lamontagne S. 2014. Hyporheic zone exchange fluxes and residence times inferred from riverbed temperature and radon data. Journal of Hydrology, 519: 1870-1881.

Danielopol D L.1989. Groundwater fauna associated with riverine aquifers. Journal of the North American Benthological Society, 8(1):18-35.

Datry T, Larned S T, Scarsbrook M R. 2007. Responses of hyporheic invertebrate assemblages to large-scale variation in flow permanence and surface-subsurface exchange. Freshwater Biology, 52:1452-1462.

Desbonnet A P, Lee P V, Wolff N.1994.Vegetated Buffers in the Coastal Zone. Rhode Island: PhD Dissertation of University of Rhode Island, Rhode Island Sea Grant, Coastal Resources Center.

DiStefano R J, Magoulick D D, Imhof E M, et al.2009. Imperiled crayfishes use hyporheic zone during seasonal drying of an intermittent stream. Journal of the North American Benthological Society, 28(1): 142-152.

Edwards R T. 1998. The hyporheic zone.// Naiman R J, Bilby R E. River Ecology and Management: Lessons from the Pacific Coastal Ecoregion. New York: Springer-Verlag.

Elliott A H. 1990. Transport of Solutes into and out of Stream Beds. Pasadena: Ph D Dissertation of W. M. Keck Laboratory of Hydraulics and Water Resources, California Institute of Technology.

Elliott A H, Brooks N H. 1997. Transfer of nonsorbing solutes to a streambed with bed forms: laboratory experiments. Water Resources Research, 33: 137-151.

Endreny T, Lautz L, Siegel D.2011a.Hyporheic flow path response to hydraulic jumps at river steps: flume and hydrodynamic models. Water Resources Research, 47: W02517.

Endreny T, Lautz L, Siegel D.2011b.Hyporheic flow path response to hydraulic jumps at river steps: hydrostatic model simulations. Water Resources Research, 47: W02518.

Engelhardt I, Prommer H, Moore C, et al. 2013. Suitability of temperature, hydraulic heads, and acesulfame to quantify wastewater-related fluxes in the hyporheic and riparian zone. Water Resources Research, 49: 426-440.

Findlay S. 1995. Importance of surface-subsurface exchange in stream ecosystems: the hyporheic zone. Limnology and Oceanography, 40: 159-164.

Fisher S G, Grimmn B, Marti E, et al.1998.Material spiraling in stream corridors: a telescoping ecosystem model. Ecosystems, 1: 19-34.

Fleckenstein J H, Frei S, Niswonger G G. 2008. Simulating River Aquifer Exchange: The Missing Scale. Birmingham: British Hydrological Society National Meeting on Hyporheic Hydrology.

Franken R J M, Storey R G, Williams D D. 2001. Biological, chemical and physical characteristics of downwelling and upwelling zones in the hyporheic zone of a north-temperate stream. Hydrobiologia, 444: 183-195.

Gibert J, Dole-Olivier M J, Marmonier P, et al.1990.Surface water-groundwater ecotones.// Naiman R J, Decamps H. The Ecology and Management of Aquatic-terrestrial Ecotones. Carnforth UK: United Nations Educational, Scientific, and Cultural Organization, Paris and Parthenon Publishers.

Gomez J D, Wilson J L, Cardenas M B. 2012. Residence time distributions in sinuosity-driven hyporheic zones and their biogeochemical effects. Water Resources Research, 48: W09533.

Gooseff M N. 2003. Comparing transient storage modeling and residence time distribution (RTD) analysis in geomorphically varied reaches in the Lookout Creek basin, Oregon, USA. Advances in Water Resources, 26: 925-937.

Gooseff M N, Hall R J, Tank J L. 2007. Relating transient storage to channel complexity in streams of varying land use in Jackson Hole, Wyoming. Water Resources Research, 43: W01417.

Grimm N B, Fisher S G. 1984. Exchange between interstitial and surface water: implications for stream metabolism and nutrient cycling. Hydrobiologia, 111:219-228.

Han B, Endreny T A. 2013. Spatial and temporal intensification of lateral hyporheic flux in narrowing intra-meander zones. Hydrological Processes, 27: 989-994.

Harvey C, Gorelick S M. 2000. Rate-limited mass transfer or macrodispersion: which dominates plume evolution at the Macrodispersion Experiment (MADE) site? Water Resources Research, 36: 637-650.

Harvey J W, Bencala K E. 1993. The effect of streambed topography on surface-subsurface water interactions in mountain catchments. Water Resources Research, 29: 89-98.

Harvey J W, Bohlke J K, Voytek M A, et al.2013.Hyporheic zone denitrification: controls on effective reaction depth and contribution to whole-stream mass balance. Water Resources Research, 49:6298-6316.

Harvey J W, Wagner B J, Bencala K E. 1996. Evaluating the reliability of the stream tracer approach to characterize stream-subsurface water exchange. Water Resources Research, 32(8): 2441-2451.

Harvey W H, Wagner B J. 2000. Quantifying hydrologic interactions between streams and their subsurface hyporheic zones. // Jones J B, Mulholland P J. Streams and Ground Waters. San Diego: Academic Press, 3-44.

He Z, Wu W, Wang S S Y. 2009. An integrated 2D surface and 3D subsurface contaminant transport model considering soil erosion and sorption. Journal of Hydraulic Engineering-ASCE, 135(12): 1028-1040.

Hendricks S P.1993.Microbial ecology of the hyporheic zone: a perspective integrating hydrology and biology. Journal of the North American Benthological Society, 12(1): 70-78.

Hester E T, Gooseff M N.2010.Moving beyond the banks: hyporheic restoration is fundamental to restoring ecological services and functions of streams. Environmental Science and Technology, 44: 1521-1525.

Hester E T, Young K I, Widdowson M A. 2013. Mixing of surface and groundwater induced by riverbed dunes: Implications for hyporheic zone definitions and pollutant reactions. Water Resources Research, 49: 5221-5237.

Hynes H B N. 1975. The stream and its valley. Verhandlungen der Internationalen Vereinigung für theoretische und angewandte Limnologie, 19: 1-15.

Hynes H B N. 1983. Groundwater and stream ecology. Hydrobiologia, 100: 93-99.

Jackson T R, Haggerty R, Apte S V.2013.A fluid-mechanics-based classification scheme for surface transient storage in riverine environments: quantitatively separating surface from hyporheic transient storage. Hydrology and Earth System Sciences Discussions, 10(7): 2747-2779.

Jin G, Tang H, Gibbes B, et al.2010.Transport of nonsorbing solutes in a streambed with periodic bedforms. Advances in Water Resources, 33(11): 1402-1416.

Jones J B, Mulholland P J. 2000. Streams and Ground Waters. San Diego: Academic Press.

Karaman S L. 1935. Die Fauna unterirdischen Gewässer Jugoslawiens. Verhandlungen der Internationalen Vereinigung für theoretische und angewandte Limnologie, 7: 46-53.

Kellie A C. 1996. Rivers, streams, and riparian boundaries. Surveying and Land Information Systems, 56(4): 219-227.

Krause S, Hannah D M, Fleckenstein J H, et al. 2011. Inter-disciplinary perspectives on processes in the hyporheic zone. Ecohydrology, 4(4): 481-499.

Lamontagne S, Cool P G.2007. Estimation of hyporheic water residence time in situ using 222Rn disequilibrium. Limnology Oceanography: Methods, 5: 407-416.

Lee D R, Cherry J.1978.A field exercise on groundwater flow using seepage meters and mini-piezometers. Journal of Geological Education, 27: 6-10.

Lee D R, Hynes H B N.1977.Identification of groundwater discharge zones in a reach of Hillman Creek in southern Ontario. Water Pollution Research in Canada, 13: 121-133.

Leigha C, Stubbington R, Sheldon F, et al.2013.Hyporheic invertebrates as bioindicators of ecological health in temporary rivers: a meta-analysis. Ecological Indicators, 32: 62-73.

Leonard L A, Luther M E.1995.Flow hydrodynamics in tidal marsh canopies. Limnology and Oceanography, 40(8):1474-1484.

Lowrance R, Aitier L S, Williams R G, et al. 2000. REMM: The riparian ecosystem management model. Journal of Soil and Water Conservation, 55(1): 27-34.

Lowrance R, Altier L S, Williams R G, et al. 1998. The Riparian Ecosystem Management Model (REMM): simulator for ecological processes in buffer systems.//Las Vegas: Proceedings of the First Federal Interagency Hydrologic Modeling Conference.

Lowrance R, Leonard R, Sheridan J.1985.Managing riparian ecosystems to control nonpoint pollution. Journal of Soil and Water Conservation, 40(1): 87-91.

Malanson G P. 1993. Riparian Landscapes. Cambridge: Cambridge University Press.

Malard F, Tockner K, Dole-Olivier M J, et al. 2002. A landscape perspective of surface-subsurface hydrological exchanges in river corridors. Freshwater Biology, 47: 621-640.

Marion A, Bellinello M, Guymer I, et al. 2002. Effect of bed form geometry on the penetration of nonreactive solutes into a streambed. Water Resources Research, 38(10): 1209.

Marmonier P, Dole M J. 1986. Les amphipodes des se´diments d'un bras court-circuite´ du Rhoˆne: Logique de re´partition et re´action aux crues. Sciences de l'Eau, 5: 461-486.

Marzadri A, Tonina D, Mckean J A, et al. 2014. Multi-scale streambed topographic and discharge effects on hyporheic exchange at the stream network scale in confined streams. Journal of Hydrology, 519: 1997-2011.

Mason S J K, McGlynn B L, Poole G C.2012.Hydrologic response to channel reconfiguration on Silver Bow Creek, Montana. Journal of Hydrology, 438-439(4): 125-136.

Massachusetts Department of Environmental Protection.1997.Comparative impact evaluation relative to proposed regulatory revisions for the River Protection Act Amendments to the Wetlands Protection Act. Boston: Massachusetts Department of Environmental Protection.

Mestrov M, Lattinger-Penko R.1981. Investigation of the mutual influence between a polluted river and its hyporheic. International Journal of Speleology, 11:159-171.

Mutz M, Kalbus E, Meinecke S.2007.Effect of instream wood on vertical water flux in low-energy sand bed flume experiments.Water Resources Research, 43:W10424.

Mutz M, Rohde A. 2003. Processes of surface-subsurface water exchange in a low energy sand-bed stream. Internationale Review of Hydrobiology, 88: 90-303.

Naiman R J, Décamps H. 1997. The ecology of interfaces: riparian zones. Annual Review of Ecology and Systematics, 28:621-678.

Naiman R J, Décamps H, Pollock M. 1993. The role of riparian corridors in maintaining regional biodiversity. Ecological Applications, 3 (2): 209-212.

O'Connor B L, Harvey J W. 2008. Scaling hyporheic exchange and its influence on biogeochemical reactions in aquatic ecosystems. Water Resources Research, 44: W12423.

Orghidan T. 1959. Ein neuer Lebensraum des unterirdischen Wassers: Der hyporheische biotop. Archiv für Hydrobilogie, 55: 392-414.

Packman A I, Bencala K E. 2000. Modeling methods in study of surface-subsurface hydrological interactions. //Jones J B, Mulholland P J. 2000. Streams and ground waters. San Diego: Academic Press, 45-80.

Packman A I, Macky J S. 2003. Interplay of stream subsurface exchange, clay particle deposition, and streambed evolution. Water Resources Research, 39: 1097-1105.

Packman A I, Salehin M, Zaramella M. 2004. Hyporheic exchange with gravel beds: basic hydrodynamic interactions and bedform-induced advective flows. Journal of Hydraulic Engineering, 130 (7): 647-656.

Pinay G, O'Keefe T C, Edwards R T, et al. 2009. Nitrate removal in the hyporheic zone of a salmon river in Alaska. River Research Application, 25: 367-375.

Pollard R A.1955.Measuring seepage through salmon spawning gravel. Journal of the Fisheries Research Board of Canada, 12:706-741.

Poole G C. 2010. Stream hydrogeomorphology as a physical science basis for advances in stream ecology. Journal of the North American Benthological Society, 29 (1): 12-25.

Poole G C, O'Danel S J, Jones K L, et al. 2008. Hydrologic spiraling: the role of multiple flow paths in stream ecosystems. River Research and Applications, 24: 1018-1031.

Poole G C, Stanford J A, Running S W, et al. 2006. Multiscale geomorphic drivers of groundwater flow paths: subsurface hydrologic dynamics and hyporheic habitat diversity. Journal of the North American Benthological Society, 25 (2): 288-303.

Revelli R, Boano F, Camporeale C, et al. 2008. Intra-meander hyporheic flow in alluvial rivers. Water Resources Research, 44: W12428.

Robertson A L, Wood P J. 2010. Ecology of the hyporheic zone: origins, current knowledge and future directions. Fundamental and Applied Limnology, 176 (4): 279-289.

Runkel R L. 1998. One Dimensional Transport with Inflow and Storage (OTIS): A Solute Transport Model for Streams and Rivers. Denver, Colorado: U.S. Geological Survey Water-Resources Investigation Report.

Salehin M, Packman A I, Paradis M. 2004. Hyporheic exchange with heterogeneous streambeds: laboratory experiments and modeling. Water Resources Research, 40: W11504.

Salehin M, Packman A I, Wörman A. 2003. Comparison of transient storage in vegetated and unvegetated reaches of a small agricultural stream in Sweden: seasonal variation and anthropogenic manipulation. Advances in Water Resources, 26 (9): 951-964.

Savant S A, Reible D D, Thibodeaux L J. 1987. Convective transport within stable river sediments. Water Resources Research, 23: 1763-1768.

Sawyer A H, Cardenas B M, Buttles J. 2012. Hyporheic temperature dynamics and heat exchange near chanel-spaning logs. Water Resources Research, 48: W01529.

Sawyer A H, Cardenas M B, Buttles J. 2011. Hyporheic exchange due to channel-spanning logs. Water Resources Research, 47: W08502.

Schwoerbel J. 1961. Über die Lebensbedingungen und die Besiedlung des hyporheischen Lebensraumes. Archiv für Hydrobiologie Supplement, 25: 182-214.

Sliva L, Willianms D D. 2005. Responses of hyporheic meiofauna to habitat manipulation. Hydrobiologia, 548: 217-232.

Stanford J A. 2006. Landscapes and riverscapes.// Hauer F R, Lamberti G A. Methods in Stream Ecology. San Diego: Academic Press.

Stanford J A, Gaufin A R. 1974. Hyporheic communities of two Montana rivers. Science, 185: 700-702.

Stanford J A, Lorang M S, Hauer F R. 2005. The shifting habitat mosaic of river ecosystems. Verhandlungen der Internationalen Vereinigung für Limnologie, 29: 123-136.

Stanford J A, Ward J V. 1993. An ecosystem perspective of alluvial rivers: connectivity and the hyporheic corridor. Journal of the North American Benthological Society, 12(1): 48-60.

Stanley E H, Boulton J. 1993. Hydrology and the distribution of hyporheos: perspectives from a mesic river and a desert stream. Journal of the North American Benthological Society, 12(1): 79-83.

Stonedahl S H, Harvey J W, Packman A I. 2013. Interactions between hyporheic flow produced by stream meanders, bars, and dunes. Water Resources Research, 49: 5450-5461.

Stonedahl S H, Harvey J W, Worman A, et al. 2010. A multiscale model for integrating hyporheic exchange from ripples to meanders. Water Resources Research, 46: W12539.

Thbodeaus L J, Boyle J D. 1987. Bedform-generated convective transport in bottom sediment. Nature, 325: 341-343.

Tonina D, Buffington J M. 2007. Hyporheic exchange in gravel-bed rivers with pool riffle morphology: laboratory experiments and three-dimensional modeling. Water Resources Research, 43: W01421.

Tonina D, Buffington J M. 2009. Hyporheic exchange in mountain rivers I: mechanics and environmental effects. Geography Compass, 3(3): 1063-1086.

Triska F J, Kennedy V C, Avanzino R J, et al. 1989. Retention and transport of nutrients in a third-order stream in Northwestern California: hyporheic processes. Ecology, 70(6): 1893-1905.

Valett H M, Morice J A, Dahm C N, et al. 1996. Parent lithology, surface-groundwater exchange, and nitrate retention in headwater streams. Limnology and Oceanography, 41: 333-345.

Vervier P, Gibert J, Marmonier P, et al. 1992. A perspective on the permeability of the surface freshwater groundwater ecotone. Journal of the North American Benthological Society, 11(1): 93-102.

Volpi J A. 2003. A Landscape Ecology Approach to Functionality-based Riparian Classification and Land-use Planning. Kent: PhD dissertation of Kent State University.

Ward A S, Gooseff M N, Singha K. 2013. How does subsurface characterization affect simulations of hyporheic exchange. Ground Water, 51(1): 14-28.

Ward J V. 1989. The four dimensional nature of lotic ecosystems. Journal of the North American Benthological Society, 8(1): 2-8.

Warner R E, Hendrix K M. 1984. California Riparian Systems. Los Angeles: University California Press.

White D S. 1993. Perspectives on defining and delineating hyporheic zones. Journal of the North American Benthological Society, 12(1): 61-69.

Williams C O, Lowrance R, Potter T, et al. 2016. Atrazine Transport within a coastal zone in southeastern Puerto Rico: a sensitivity analysis of an agricultural field model and riparian zone management model. Environmental Modeling and Assessment, 21(6): 751-761.

Williams D D, Hynes H B N. 1974. The occurrence of benthos deep in the substratum of a stream. Freshwater Biology, 4: 233-256.

Woessner W W. 2000. Stream and fluvial plain ground-water interactions: rescaling hydrogeologic thought. Ground Water, 38: 423-429.

Wondzell S M. 2006. Effect of morphology and discharge on hyporheic exchange flows in two small streams in the Cascade Mountains of Oregon, USA. Hydrological Processes, 20: 267-287.

Wondzell S M, LaNier J, Haggerty R, et al. 2009. Changes in hyporheic exchange flow following experimental wood removal in a small, low-gradient stream. Water Resources Research, 45: W05406.

Wondzell S M, Swanson F J. 1996. Seasonal and storm dynamics of the hyporheic zone of a 4th-order mountain stream II: nutrient cycling. Journal of the North American Benthological Society, 15(1): 20-34.

Wroblicky G J, Campana M E, Valett H M, et al. 1998. Seasonal variation in surface-subsurface water exchange and lateral hyporheic area of two stream-aquifer systems. Water Resources Research, 34: 317-328.

Zaramella M, Packman A I, Marion A. 2003. Application of the transient storage model to analyze advective hyporheic exchange with deep and shallow sediment beds. Water Resources Research, 39: 1198.

Zarnetske J P, Gooseff M N, Bowden W B, et al. 2008. Influence of morphology and permafrost dynamics on hyporheic exchange in arctic headwater streams under warming climate conditions. Geophysical Research Letters, 35: L02501.

Zarnetske J P, Haggerty R, Wondzell S M., et al. 2011. Dynamics of nitrate production and removal as a function of residence time in the hyporheic zone. Journal of Geophysical Research, 116: G01025.

第2章 河岸带潜流层结构及基本动态过程

2.1 河岸带的结构与功能

2.1.1 河岸带的概念

"河岸"(Riparian)一词起源于拉丁词"Riparius"(Lowrance et al., 1985), 后经英语化形成了"Riparian"(Naiman et al., 1993; Naiman and Décamps, 1997; 夏继红和严忠民, 2009)。1785 年瑞典植物学家 Carolus Linnaeus 在研究燕子以河岸为筑巢栖息地时首先使用了"Riparian", 将其定义为河湖岸的生物群落(Volpi, 2003)。后经逐步拓展形成了多个河岸带定义。Warner 和 Hendrix 等(1984)将河岸带定义为包围着水道、河口、泉水、渗漏水等水体的河岸及其相邻陆地区域。Malanson(1993)指出河岸区为水域和高地生态系统的交错带或边缘区, 包括一定区域的陆地区域和地表水区域。美国农业部自然资源保护署(1996)和马萨诸塞州环境保护局(1997)把河岸带定义为沿水体岸边的土地, 如洪泛平原、岸坡等(USDA-NRCS, 1996; Massachusetts Department of Environmental Protection, 1997)。Kellie(1996)从权属范围角度将河岸带定义为水流覆盖过的土地区或边界区。张建春(2001)认为河岸带是河流两旁特有的植被带, 它是陆地生态系统和水生生态系统的交错区。夏继红和严忠民(2006, 2009)认为河岸带是水域生态系统与陆域生态系统的生态交错区和过渡区, 是一个完整的生态系统, 由多种生物群落组成, 并形成了复杂的食物链和食物网, 生物与土壤、水流及相邻生态系统间进行着复杂的信息、能量和物质交换, 具有明显的动态边缘效应。Lowrance 等(1998, 2000)、Williams 等(2016)将河岸带分为三个区, 建立了河岸带三区管理模型 REMM(riparian ecosystem management model)。

另外, 与河岸带相近的一个名词——植被缓冲带(riparian buffer), 也常被很多学者和管理人员使用。植被缓冲带是欧美国家专门针对河岸带植被区域提出的, 它是指河道两岸的植被带, 是缓冲径流(坡面径流、河流径流、地下径流)、消减或缓冲面源养分、沉积物、有机质、杀虫剂及其他污染物进入河流系统的缓冲区域(USDA-FS, 1991; 邓红兵等, 2001)。植被缓冲带的显著特点是通过植物和微生物的吸收、降解和转化, 以及物理拦截和化学吸收来去除径流中的污染物质(Desbonnet et al., 1994)。相对于河岸带, 河岸植被缓冲带是一个管理概念, 通常又称为河岸缓冲带, 它包含了河岸带的一些含义和属性。由于河岸植被缓冲带在缓冲水流、消减非点源污染方面的有效作用, 它在美国已被推荐为最优管理模式。1991 年美国农业部林业局为防治农业污染、保护水质, 提出应为河流保留河岸植被缓冲带, 制定了《河岸植被缓冲带区划标准》, 规范了河岸植被缓冲带系统的规划、设计和管理方法(USDA-FS, 1991)。

2.1.2 河岸带的结构

河岸带在地理空间上是典型的三维结构边缘交界区(图 2.1)(Leep et al.，2004；夏继红等，2010)，纵向上多个功能区蜿蜒交错，垂向上地表水与地下水相互交换，横向上地表水系统与陆地系统在此交汇。在空间结构上，河岸带是水陆交界区域，既有地表径流与陆地之间的交界区，又有地下水与陆地之间的交界区；在生态系统结构上，河岸带是水生生态系统与陆生生态系统的生态过渡区或生态交错带，既具有水域生态系统的特点，又具有陆域生态系统的特点，特别是在生物群落的构成上，河岸带既有陆生生物，也有水生生物，还有兼性生物。这一结构特点决定了河岸带存在着较为复杂的水文、水动力、生态和溶质迁移转化等边缘效应(Lowrance et al.，2000；陈利顶等，2004；夏继红等，2010)。因此，河岸带是一个典型的边缘性区域，具有纵向空间的镶嵌性、横向空间的过渡性、垂向空间的成层性与时间分布的动态性等边缘特征(夏继红等，2010)。

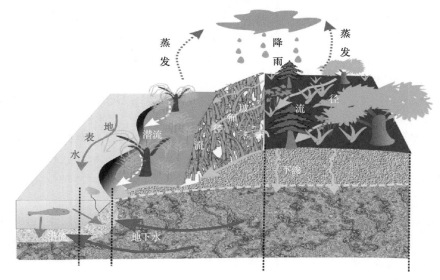

图 2.1 河岸带结构示意图

1. 纵向空间的镶嵌性

从纵向结构看，河岸带由自然保护区(湿地、人文历史保留区、珍稀生物保护区等)、治理保护区(增殖禁渔区、禁采区、防护林带、缓冲区等)、资源开发利用区(港口、景观旅游区、休闲娱乐区、工农商业区、居民区、养殖区、矿产资源开发利用区等)及特定功能区(科学试验区、蓄洪排涝区、污水处理区、水源区等)等不同的景观斑块组成。各斑块交错连接，相互嵌套，呈连续的带状(廊道)分布，具有明显的镶嵌特征。

2. 横向空间的过渡性

从横向结构看，河岸带可分为近岸水域(大型水生植物生长的下限)、浅滩区域(湿地、浅滩、沼泽)、岸坡区域、近岸陆域四个区域，如图 2.2 所示，其中近岸陆域也称为缓冲区或缓冲带。河岸带叠加了陆地和水域两类地理景观的特点，兼有相邻两侧地理单元各有的部分特征。从陆域到水域，陆域生态特征逐渐减弱，而水域生态特征逐渐增强，具有显著的过渡性特征。

近岸陆域　　　　岸坡区域　　　　浅滩区域　　近岸水域

图 2.2　河岸带横向空间结构示意图

3. 垂向空间的成层性

从垂向结构看，由于土壤与水分的相互作用，土壤与水流分布存在一定的垂直梯度，这一垂直梯度的存在使得河岸带在垂向上可以分成不同层区，包括非饱和土壤层、地表水层、饱和土壤层、地下水层上层。在垂向上，河岸带有两个边缘，上层边缘为土壤层与地表水层的交界边缘，下层边缘为土壤层与地下水层的交界边缘。

4. 时间分布的动态性

随着时间的变化，由于自然或人为的作用，河岸带边缘区的结构形态、生态系统状态、水文条件、主要功能等都处于不断变化过程中，呈现了动态变化的特性。

2.1.3　河岸带的功能

河岸带作为自然生态系统的重要组成部分，是一个非常特殊的生态子系统，是河流生态系统与陆地生态系统之间的过渡区，在调节气候、保持水土、保护水源、防洪等方面均具有重要的作用，甚至其生态状况的好坏对整个流域生态系统的生态状况起着决定性作用(张建春，2001)。所以，河岸带对水域和陆域均具有保护作用，对水陆生态系统间的物流、能流、信息流和生物流发挥着廊道、过滤器和屏障功能。同时河岸带对增加物种种源、提高生物多样性和生态系统生产力、防治水土污染、稳定河岸、调节微气候和美化环境、开展旅游活动均有重要的现实和潜在价值。河岸带的这些作用可以归纳为以下三方面的功能：自然保护功能、社会保护功能及休闲娱乐功能(夏继红和严忠民，2006)。

1. 自然保护功能

河岸带的自然保护功能主要指它的生物物理功能，主要包括保护岸坡稳定性、保护生物多样性、改善水环境等。

1)减缓水流冲刷，减轻地表侵蚀，保护岸坡稳定性

河岸带的保护功能主要是通过河岸带植被来实现的。河岸带植被的茎叶可以减缓地表径流，减少侵蚀。坡脚的植被层可以减小河岸一侧水流流速，减轻水流对河岸的剪切作用，降低水流的冲刷强度。河岸带植被的枝干和根系与土壤的相互作用，增大了根际

土层的机械强度，直接加固土壤，起到固土护坡的作用。侧根加强土壤的聚合力，在土壤本身内摩擦角度不变的情况下，通过土壤中根的机械束缚增强根际土层的抗张强度；同时垂直生长的根系将根际土层稳固地锚固到深处的土层上，增大了土体的迁移阻力，提高土层对滑移的抵抗力(Greenway，1987；周德培和张俊云，2003)。

2) 提供生物栖息地，丰富物种基因，保护生物多样性

河岸带为一些生物提供了良好的栖息地，如一些鸟类选择河边芦苇丛作为其夜晚栖息地，近岸水域较平缓的水流为幼种提供了较好的生存与活动环境；同时，河岸带又为生物繁衍提供了重要的场所，一些鱼类喜欢将卵产在水边的草丛中，河岸带复杂的环境条件和水流条件为鱼卵的孵化、幼鱼的生长及鱼类躲避捕食提供了良好的环境。河岸带是水陆交错带，它具有生境、传输通道、过滤和阻抑作用，可作为能量、物质和生物的源或汇。不同的区域环境、气候条件及交替出现的洪水和干旱水文季使河岸带在不同的时间和位置具有很强的不均一性和异质性，这种不均一性和异质性形成了众多的小环境，为种间竞争创造了不同的条件，使物种的组成和结构也具有很大的分异性，也使得众多的植物、动物物种能在这一交错区内可持续生存繁衍，从而使物种的多样性得以保持。因此，河岸带可以看作重要的物种基因库。据调查，我国水陆交错带中仅药用植物就有250 多种(马学慧和牛焕光，1991)。另外，河岸带也有丰富的动物资源，据不完全统计，在水陆交错区，鸟类有 160 多种，鱼类有 500 多种(尹澄清，1995)，其中有些还是世界和国家保护的珍稀物种。

3) 溶质缓冲，减轻污染，改善水环境

河岸带在陆地与水域之间起着一定的缓冲作用。由于河岸带中生物量大，根际微生物活动强烈，径流中所携带的有机物较多地在这种环境中被降解，并过滤和消灭大部分有害微生物和寄生虫，正由于这些物理化学效应，一定宽度的河岸带可以过滤、渗透、吸收、滞留、沉积物质和能量，减弱进入地表和地下水的污染物毒性，降低污染程度。Lowrance 等(1985)研究发现经河岸带植被的过滤和被林地滞留的总氮量是流进河流中总氮量的 6 倍，此外，1/2 的磷被植物滞留。Mannder 等(1997)研究认为河岸带可滞留89%的总氮和 80%的总磷。河岸带的缓冲作用大小受其宽度、植被覆盖度及土壤中腐殖质含量的影响。尹澄清等(1995)对白洋淀周边岸带进行研究后发现 290m 长的有植被小沟对地表径流总氮的截留率是 92%，对总磷的截留率是 65%，4m 芦苇根区土壤对地表下径流总氮的截留率是 64%，对总磷的截留率是 92%。因此，河岸带是控制非点源污染极其有效的缓冲区域，可以使进入水体的污染量大为减少，从而有效净化水体(钱进等，2009)。但河岸带对污染物的截留比率与河岸带自身特点(如河岸带宽度、结构形式、土壤特点、植物组成等)相关，也与其外部条件(如水流流速、径流中营养物质的含量、酸碱度、水中有机质含量、气候及周围土地利用格局等)密切相关。

4) 调节微气候，保护生态系统平衡

调节水体温度主要通过植被对水体形成的阴影，防止阳光直射。不间断的河岸植被带能维持诸如水温低、含氧高的生境条件，有利于某些鱼类生存。沿河两岸的植被覆盖可以减缓洪水影响，并为水生生物提供有机质，为鱼类和洪泛平原稀有种群提供适宜生

境，保持生态系统的动态平衡。

2. 社会保护功能

河岸带在一定程度上可以保证周边居民的安全，而且具有明显的社会经济价值。

1) 减少洪涝危害

丰富的河岸带植物群落具有较大的水力糙率，使得河岸带对水流具有较强的减缓作用，降低洪水流速，保护岸坡免受洪水冲刷；同时促进洪水中泥沙和其他固体悬浮物的沉降，从而形成新的覆盖层。随着植物根茎的生长，这一覆盖层又变成根茎的分布层。这种周而复始的运动促使了岸坡和堤坝的加固。大面积相对平缓的河岸边滩能够增强季节性洪水的调蓄能力，降低洪峰高程，减弱洪水的威胁和危害性，可有效保护周边居民生命财产的安全，维护社会安定。

2) 增强生态服务价值

河岸带提供了与人和谐的、优美的河流廊道景观和河岸环境，改善了人居环境；河岸带保护了水域生态系统和陆地生态系统，为人类的生产生活提供了高质量的土地和水体资源。从而提高了河岸带的生态服务价值，提升了河岸带周边的经济效益。

3) 提高物质资源丰富度

河岸带常常是高等植物资源的宝库，其中纤维植物分布广泛，多样性极为丰富，丰富的纤维植物可作为造纸和编织的原料。河岸带上的高大乔木和灌木可用于生产木材和纤维板，很多草本植物营养很高，是食草动物的良好食物。这为社会可持续发展提供了丰富的物质资源。

3. 休闲娱乐功能

河岸带的建筑、人文历史、休闲娱乐设施、工程设施等景观斑块均具有线条、质地和土地利用的和谐性等景观美学意义，它是景观适宜性的区域，同时又是人与水和谐相处的过渡平台，具有休闲、旅游、娱乐功能和观赏价值(夏继红和严忠民，2006)。

(1) 河岸带的名胜古迹、人文建筑、旅游景观及河边公园等给人们提供了旅游休闲的场所。

(2) 通过在河岸带上设置一定的景观休闲娱乐设施(如漫步小径、休憩椅、亲水平台)，居民、游客可以在河岸带休闲娱乐，河岸带为人们提供了教育、休闲、娱乐的场所。

2.2 河岸带潜流层的结构与功能

2.2.1 河岸带潜流层的概念

近 50 多年来，人们主要关注了河床下层的潜流交换，重点研究了河床潜流垂向交换机理、主要功能、溶质循环等。而潜流交换不仅会发生于河床以下，在河岸带和洪泛平原区域也会发生(Butturini et al.，2002；Boulton et al.，2010)。河岸带与潜流带存在一定的交叉区域,这一交叉区称为河岸带潜流层。河岸带潜流层是指河岸带内地表水、地下水相互交换的过渡区域,它是河岸带的下边缘区。该边缘区内存在着复杂的地表水、地下水、土壤、生物、溶质之间的相互作用(夏继红等,2013a)。由于不同学科所关注的重点不同,不同学科对河岸带潜流层有不同的理解和含义。从水文地理学上看,河岸带潜流层是指由地形、土壤、覆盖物等条件变化引起水压力梯度而形成的地表水与地下水的交换区域,该区域内具有独特的水动力学特性。从生态学上看,在特殊水动力条件的驱动下,河岸带潜流层的温度、含氧量和营养条件为生物生存、繁衍、避难提供了良好的栖息条件(Dole-Olivier,2011),如鲑鱼选择河岸带潜流层作为其生活、产卵、孵化的场所(Robertson and Wood,2010)。河岸带潜流层内生活着独特的生物物种,既有临时的,也有永久的,还有两栖的(袁兴中和罗固源,2003;滕彦国等,2010)。所以,生态学上的河岸带潜流层是指存在地下水生物与地表水生物相互过渡的生态交错带。从环境化学上看,当潜流交换发生时,河岸带潜流层内温度、氧气、养分、有机质、矿物质等环境指标会发生变化,从而促使生物的吸收或分解,以及物质之间的氧化还原反应的发生(Williams et al.,2010)。所以,环境化学上的河岸带潜流层是指河岸带内存在一定化学梯度的地表水与地下水交换区域。

2.2.2 河岸带潜流层的结构

由于河岸带结构的独特性,其内部潜流交换不仅有垂向交换,还有横断面方向(横向或侧向)交换和沿河方向(纵向)交换,其交换范围是随地形、覆盖物、水文、土壤、生物分布等条件的不同而发生动态变化的,它在垂向上可深达几十米,在横向上可延伸几百米,甚至几公里(夏继红等,2013b)。河岸带潜流层在纵向、横向、垂向上具有独特的结构特征。

1. 垂向结构特征

河岸带潜流层垂向结构包括浅层潜流层和深层潜流层,如图 2.3 所示。浅层潜流层和深层潜流层的界定有以下三种方法。

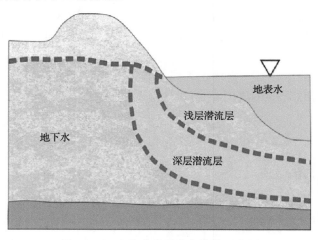

图 2.3　河岸带潜流层垂向结构示意图

1）地理化学方法

潜流层是指含有一定比例地表水的地下沉积物层（Triska et al.，1989）。地表水与地下水的相对含量可通过示踪法确定（Bencala and Walters，1983；Castro and Hornberger，1991；Wondzell and Swanson，1996；Jonsson et al.，2004），或可通过测定地表水与地下水的物理指标（如 pH、电导率、温度等）来确定（Hendricks and White，1991；White et al.，1987）。据此，河岸带潜流层浅层与深层范围也可根据相关环境化学指标值变化来确定，最常用的环境指标为温度指标，但目前还没有具体划定阈值。

2）水文水力学方法

潜流层是能返回地表的潜流流径所包络的地下范围，具有独特的潜流流径，它们起始于河流地表，从河床或河岸表面进入地下，穿越一定距离的地下区域，又从河床或河岸表面返回地表。通常潜流流径的包络范围则需借助地下水计算模型，通过追踪潜流流径的轨迹线来确定（Cardenas et al.，2004；Tonina and Buffington，2007）。Triska 等（1989）通过示踪剂试验，根据地表水含量不同，将地表水含量超过 98%的区域定义为潜流表层，地表水含量在 10%～98%的区域定义为潜流下层。因此，可根据潜流层地表水含量的变化来确定浅层和深层。目前还没有明确的划分阈值。

3）生物学方法

从生物组成上看，潜流层是潜流生物出现的区域（Stanford and Ward，1988）。潜流生物以无脊椎动物和微生物为主，其群落结构在时空上的差异性较大。影响潜流生物群落的因素主要有潜流流径、溶解氧浓度、溶质浓度、温度、营养物分布等。潜流生物的出现区域需通过采集沉积物土样、地下水水样、识别生物组成来确定（Williams and Hynes，1974；Danielopol and Niederreiter，1987；Marion et al.，2002）。通常认为泥沙上层的 0～25cm 内微生物密度最高，这个区域内新陈代谢活动强度最大（Buriánková et al.，2012）。按照潜流层生态廊道模型的观点（Stanford and Ward，1993），结合生态学、微生物新陈代谢、水文学等学科认识，92%的无脊椎动物都会出现在浅层潜流层内（James，2011）。因此，可根据含有潜流生物的多少来确定浅层潜流层和深层潜流层。

2. 横向、纵向结构特征

在横断面上，河岸带包括近岸水域、浅滩区、岸坡区及近岸陆域（也称为缓冲区）四个区域（夏继红等，2010），每个区域位置都可能发生潜流交换。相应地，河岸带潜流层横向结构包括近岸区潜流层、浅滩区潜流层、岸坡区潜流层、缓冲区潜流层四个部分，如图 2.4 所示。其结构范围可根据潜流侧向流径变化和潜流生物活动空间确定。河岸带潜流层纵向形态与河岸带形态基本保持一致，根据水流进出河岸的区域不同，河岸带潜流层的纵向结构包括进流区、出流区和中间混掺区，如图 2.5 所示。

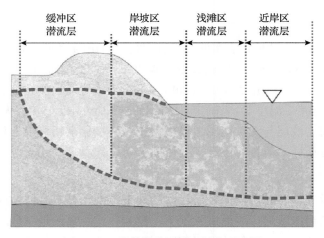

图 2.4　河岸带潜流层横向结构示意图

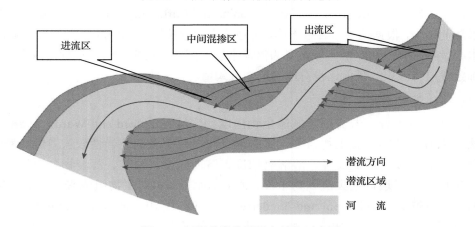

图 2.5　河岸带潜流层纵向结构示意图

2.2.3　河岸带潜流层的功能

1. 水文调蓄功能

潜流层是地表水与地下水之间的过渡区，通过水文交换实现地下水与地表水的连接。研究表明，有完整潜流层的河流比没有潜流层的河流能存储更多的水量，而且水的停留时间也相对较长（Bencala，2000；滕彦国等，2007）。当河流中浅滩-深潭的深度和坡度、河道糙率、河岸形态、植被分布、岸边设施、河岸带基质渗透系数、水文条件等发生变化时，地表水流流入和流出河岸或河床砾石隆起位置，地表水与地下水发生交换，形成上升流和下降流。在流动过程中，由于其流动速度比地表水水流速度慢得多，这一交换和流动过程具有一定的水文迟滞作用（Boulton et al.，1998）。这一交换过程的迟滞作用可使潜流层能够在丰水期存储一定的水量，能够在枯水期释放一定的水量，补充地表水，从而发挥水文调蓄功能。

2. 提供适宜生境条件

泥沙、地表水、潜流及深层地下水之间的混掺交换会使潜流层温度、pH、电导率、营养物质、溶解氧等形成梯度变化，为生物的生活、繁衍提供了良好的栖息环境和躲避场所，如当水流流进潜流层时，水体携带着氧气，能为生物孵化提供理想环境，所以鲑鱼往往选择潜流层作为繁殖抚育的重要场所；再如，滨水区的营养物质也可以通过潜流输运进入潜流层，从而可以促进河岸带植物的生长，提高河岸植物的生长效率(Bencala，2000；滕彦国等，2007)。潜流层具有较高的生物多样性，潜流层生活着细菌、真菌、原始生物等微生物，以及大型无脊椎动物、鱼类等。据统计，潜流层栖息着浮游甲壳类、寡毛类、水螨类、石蝇类及蜉蝣类等多达 80 多种无脊椎动物(Ann and Mae，2004)。

3. 环境缓冲与净化功能

由于特殊的水文和地化条件，在潜流交换的同时，也伴随着溶质迁移、交换和转化过程。当潜流流过地表水与地下水交界面时，生活在潜流层的植物、动物可以吸收营养物质，潜流层内的细菌、真菌、原生生物等微生物能有效地分解潜流中的污染物质，降低污染物质浓度，从而可以净化水体环境。另外，潜流层内的硝化和反硝化化学转化过程能有效提高养分循环，潜流层内的土壤能够吸附重金属及其他污染物质，有效降低水体污染物质浓度，从而起到改善水环境的作用(Boulton et al.，1998；Ann and Mae，2004；滕彦国等，2007)。所以，在潜流、土壤、泥沙、生物的共同作用下，潜流所携带的营养物、污染物质的浓度和性质均会发生变化，潜流层往往被看作污染物的缓冲带，具有净化水体环境的功能。

2.3　河岸带潜流层的基本动态过程

由于河岸带独特的地理条件，存在多个环流单元，潜流能从地表进入淤积层(称为下降流)，又能回到地表水(称为上升流)，这个过程统称为潜流交换(或交换流)。潜流混合的时空尺度主要取决于潜流层的区域范围，它可以在一个小山坡河流范围内存在，也可以在一个很广阔的洪泛平原内发生，而且随着地表水和地下水季节性变化，潜流层区域可以扩大也可以缩小。可见，潜流层具有很强的时间、空间变化特性(Tonina and Buffington，2009)。河岸带潜流层内地表水、地下水、土壤、生物、溶质之间存在着复杂的水动力作用、生物作用、物质迁移、化学反应等基本动态过程，其中水动力动态过程是其他动态过程的驱动条件(夏继红等，2013a)。

2.3.1　水动力动态过程

河岸带潜流层水动力动态过程是指河岸带内地表水-地下水相互作用的动态过程，其动态过程与河岸带潜流层结构特征密切相关。河岸带潜流层独特的垂向、横向、纵向结构特征决定了它具有显著的边缘效应。相应地，河岸带潜流层水动力动态过程包括纵向的动态过程、横向的动态过程、垂向的动态过程及局部动态过程(夏继红等，2013a)。

在纵向上，河岸带总体呈蜿蜒"S"形。当地表水从上游向下游流动时，凹岸处易出现环流，凹岸迎水面压力增大，背水面压力减小，使部分地表水进入河岸带。流进河岸带的地表水与地下水发生交换，形成潜流，潜流在河岸带内向下游运动，并在下游某一凹岸背水面流出河岸，进入地表水。其动态过程如图2.5所示。

在横向上，河岸带各区域(近岸水域、浅滩区、岸坡区、近岸陆域)的基质组成、植被覆盖、水位等均存在差异性，河流地表水与远离水边方向的河岸带各区域地下水发生相互作用，形成了不同压力梯度的水动力交换过程，从而促进了河岸带潜流层的侧向交换，如图2.6所示。研究表明，潜流侧向交换动态过程受河岸带结构类型、季节性洪水变化的影响极为显著(Wondzell and Swanson，1996；Wroblicky et al.，1998；Cardenas，2009b)，但这一动态机理仍需要深入研究。

在垂向上，由于河岸边坡地形特征、土壤渗透系数的空间差异性及水压力的作用，地表水在垂向上进入河岸与地下水发生交换，形成垂向潜流交换，其作用过程如图2.6所示，如由于基质组成不同，会形成不同的河岸带分层，引起各层的压力梯度差异，从而形成局部孔隙对流，对流运动比分子扩散运动所引起潜流交换强度更强(Savant et al.，1987；Thibodeaux and Boyle，1987；Elliott and Brooks，1997a，1997b)。据研究，三角形河岸凸起沙波表面压力分布形成压力梯度，促进潜流交换(Fehlman，1985；Shen et al.，1990)，由对流引起的潜流交换也称为泵吸交换(Elliott and Brooks，1997a，1997b)。当河岸形态起伏变化时，河岸带内也会发生垂向潜流交换，这主要是由地表水与孔隙水之间的紊流作用和微循环(微对流)作用引起的(Nagaoka and Ohgaki，1990；Shimizu et al.，1990；Packman and Salehin，2003；鲁程鹏等，2012)。

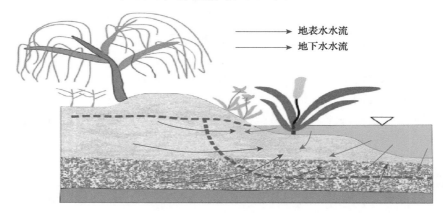

图2.6　横向和垂向水动力动态过程示意图

局部地形的变化也会引起浅层潜流交换(Stonedahl et al.，2010)，例如在河岸局部位置，存在大型树根、大体积倒伏树干、大块砾石、台阶、河埠头、码头、河岸淘刷、河岸带水生植被及河岸带土壤渗透系数的空间差异性等现象，使河岸带局部区域出现不规则地形，地表水在该区段内会形成局部环流，引起水压力梯度，促使水流流入河岸带，与地下水交换后流出河岸带，形成河岸带潜流交换，基本机制如图2.7所示。

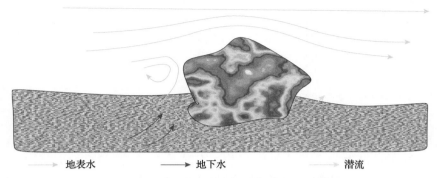

地表水　　　　地下水　　　　潜流

图 2.7　河岸障碍物位置的局部环流动态过程示意图

2.3.2　溶质循环与化学动态过程

由于河岸带景观结构、基质组成、植被分布的异质性，河岸带潜流交换具有多种环境效应。氧气、营养物质、污染物质会随水流、植被根系进入河岸带潜流层，各物质之间，以及物质与水体、土壤和生物之间会发生复杂的循环与化学过程。下降流能将溶质和地表水向地下泥沙中输运，改变地下水的溶质浓度，从而影响地下水水环境质量，进而影响适宜生物生存的栖息环境。生活在河岸带的生物吸收部分转移来的营养物质，同时也会产生一些垃圾，这些垃圾会随着潜流的运动而被带入地下水中，进而也会改变地下水溶质浓度。在河岸生存的一些生物主要包括生活在泥沙表面的细菌、真菌、原生生物等微生物，以及大型无脊椎动物、鱼类和其他某一生活阶段生存在潜流层的生物。下降流在向地下泥沙流动时，也会携带大量的溶解氧(dissolved oxygen，DO)，从而可以在浅层地下水中建立有氧环境使水生生物能在此环境中生存。然而潜流层内有机物的分解过程也会消耗部分氧气，使氧气浓度存在一定梯度，这一梯度与反应时间、初始氧气浓度、流速大小及潜流流径长度密切相关(Tonina and Buffington，2009)。

相反，上升流可以将潜流环境中的溶质带入河流地表水中，例如洪水以后，待恢复河流可以从上升潜流中获得营养物和藻类，上升流也是河流营养物的重要来源之一；同时，河岸带植被生长也受潜流交换方式及上升流营养物富集方式的影响，而且不同的河岸带特性也会影响潜流特性，如树根从潜流层吸收水分而形成的上升流，以及洪泛平原区季节性洪水作用会改变潜流的化学特性(Tonina and Buffington，2009)。

河岸带潜流层内的溶质主要包括碳、氮、磷等元素，主要生化过程包括稀释、生物根系吸收、微生物吸收、硝化、反硝化、氧化-还原反应等(Navel et al.，2012)。河岸带潜流层中的碳主要以溶解态碳(dissolved organic carbon，DOC)和有机质(树叶、根系、残枝、碎屑)形式存在，转化过程主要通过生物吸收养分完成，并随食物链传递。河岸带潜流层中的氮随水流进入地下，通过微生物、硝化、反硝化等生化反应，将溶质转化为氧化或还原性物质，进而改变水中氮的形态与浓度，从而影响地表水和地下水中的化学物质组成和浓度，影响水环境质量。另外，不同类型的溶质受潜流作用的过程存在差异，如惰性污染物在潜流层中的迁移主要受对流传输的影响，污染前锋位置与泵吸作用下流管迁移的前锋位置一致，而吸附性污染物质除了受对流传输影响外，还受到泥沙吸附作用的影响，吸附性强的污染物进入泥沙的净交换量要比吸附性弱的污染物大（金光球，2009）。正是由于潜流层的物理过程、吸附及生物化学反应，河岸带潜流层对碳、氮、磷具有一定的去除率，能够有效净化水环境。

2.3.3　生态学动态过程

河岸带潜流层独特的地理和水动力条件、泥沙组成、地表水、潜流及深层地下水之间混掺交换量大小等因素会影响潜流温度、pH、电导率、溶解性物质的浓度等，从而影响鱼类、大型无脊椎动物及其他敏感生物生存环境中的物理化学物质浓度梯度变化（Tonina and Buffington，2009）。在物理化学物质浓度梯度的变化下，会形成一个复杂环境和不同的生物生境，为多种潜流生物生存提供了良好的生存环境，很多生物选择潜流层作为其避难、栖息和繁殖的场所，从而可提高生物多样性。在某些情况下，潜流特性受到地表水与地下水交换的影响，在另一些情况下，深层地下水系统也会控制或改变潜流特性，如峡谷河流水面坡降会引起深层地下水水流的水面坡降，从而会影响潜流循环流速，当地表水流速很大时，会促使潜流在垂直方向流动，也会改变潜流流径长度、物理化学物质的浓度梯度及化学反应时间；同样，潜流层的侧向宽度也受进入河流的地下水的季节变化跨度的影响。在某些情况下，地下水水流对潜流与河道水流的水温高低和变化方式起着决定性作用。相对而言，促使潜流交换形成的河岸压力梯度变化会改变区域地下水流场。这些条件的变化都会改变潜流生物的生境条件，从而影响潜流生物的种类。因此，掌握地表水与区域地下对潜流层及其生物物理特性的相对影响程度是非常重要的。

河岸带潜流层在生物组成、分布、多样性、食物链、新陈代谢等方面与地表水和地下水生态系统存在较大差异，是一个典型的生态交错带（Williams et al.，2010）。该交错带具有较高的生物多样性，主要生存着微生物、原生生物、无脊椎动物和植被根系。根据生物生长期对地表水的依赖程度，河岸带潜流层生物也可分为临时性潜流生物、两栖类潜流生物及永久性潜流生物等类型（袁兴中和罗固源，2003；Boulton，2007）。其分布特征如图 2.8 所示。不同生物之间的消费关系形成了河岸带潜流层的食物链、食物网，通过食物链和食物网完成物质、能量转化过程（Sudheep and Sridhar，2012）。详细动态过程将在第 9 章介绍。

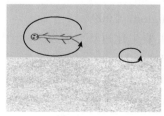 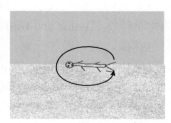 

(a) 临时性潜流生物　　　　　　　　(b) 两栖类潜流生物　　　　　　　　(c) 永久性潜流生物

图 2.8　河岸带潜流层生物类型示意图

2.3.4　主要影响因素

在地表水、河岸形态、淤积层、植被、建设方式及地下水的共同作用下，由于水头梯度的存在，形成了潜流层，并伴随着复杂的潜流交换过程（Tonina and Buffington，2009）。潜流层的水流条件、物理、化学、生物等各种进程极其复杂，会受多种因素的影响。河岸带潜流交换主要受地表水条件、河岸形态、淤积层特性、地下水条件、植被分布、溶质条件等因素的影响（Buffington and Tonina，2009；Tonina and Buffington，2009）。

1. 地表水条件

从大区域范围看，潜流交换由地表水水位的变化引起（Buffington and Tonina，2009）。现场调查及室内试验研究表明，地表水流速、流量、相对淹没深度等地表水条件对潜流交换影响显著，如地表水流速的增大对潜流交换具有促进作用（Reidy，2004）。当河道的地表水流速越大时，地表水在河岸区域产生的水头梯度也越大，从而促进更强的潜流交换（夏继红等，2013a），而且潜流交换强度和地表水的水深、流速成正相关关系（Aubeneau et al.，2015），与雷诺数的平方成正比（Packman and Salehin，2003）。周期性水文洪水强度不同也会对潜流交换产生显著影响，在低淹没度的临界流或非恒定流条件下，流速和动态压力水头梯度的变化也会促进潜流交换。当地表水水位增大时，河岸凸起部分非完全淹没，河岸和水流的相互作用会引起河道水流的流速和压力水头梯度空间变化，潜流交换会更显著（Tonina and Buffington，2007）。随着地表水流量的增加，在流速不变的条件下，湿周会增加，此时地表水和潜流交换界面有更多的接触面积，从而增强潜流交换。但当流量增大到一定程度，使滩地区域完全淹没时，河岸对地表水的影响就会减小，地表水越来越接近均匀流，同时动态压力的空间变化减小，潜流交换将会减弱（Tonina and Buffington，2009）。可见，随着地表水流量的增加，动态压力水头变化既可增大，也可减小，这取决于河岸形态特征及凸起的背水面是否会发生紊动水流，当出现紊动水流时，通常会形成潜流层。因此，如果仅用常水位下的流量来预测潜流交换强度，则结果会存在较大偏差（吕辉等，2015）。

2. 河岸形态

在一定区域范围内，潜流交换是由河流形态变化与水流的相互作用引起的（Buffington and Tonina，2009；Kasahara et al.，2009）。蜿蜒河流是自然界中最常见的河流类型。河流的弯曲程度通常可用河流曲率（河流曲线长度与直线长度的比值）表征。一般将曲率小于 1.3 的河流定义为微弯河流（倪晋仁和王随继，2000）。据统计，黄河的平均曲率为 1.30，长江的平均曲率为 1.28，虽然黄河和长江有许多强弯河段，但从整体来看，它们约 50% 的河段曲率小于 1.3，属于微弯河流（白玉川等，2008）。河流地形地貌变化主要包括河床地形地貌变化（如浅滩深潭、沙砾凸起、枯树枝等）及河岸地形地貌变化（如蜿蜒河岸、洪泛平原、河岸边滩沙洲、岸边设施等）。在一定河段内，河流中出现不规则地形变化会引起泥沙和水体交界面压力变化，从而使水流流入或流出河岸（床）（Elliott and Brooks，1997a，1997b）。自然情况下河岸形态大多为不规则蜿蜒型，由于蜿蜒河岸在水流作用下产生了局部的水压力梯度，因此，蜿蜒河岸产生的潜流交换量明显大于顺直河岸（Marion et al.，2002）。在有边滩的蜿蜒河段中，当水流漫过边滩时，水深降低，产生水力高压区，入渗流进入滩地沉积物中取代了原有滩地基质中的孔隙水，孔隙水穿过一定距离后从低压区流出。在微小尺度下，河岸带局部位置常会存在泥沙凸起、大块砾石、部分埋于泥沙的树根及树枝、岸边设施、水生植物团等微地形，这些障碍物的存在会改变河岸微地形，改变局部水流特性，引起泥沙和水体交界面上压力的变化，从而使水流流入或流出河床或河岸而形成潜流交换(Cardenas，2009a)。其交换强度主要取决于局部水头梯度，局部水头梯度的变化又受障碍物的大小、间距及方向的影响(Wondzell，2006)，如用多根枯树做成的大型踏步比用单个枯树或漂石做成的踏步所形成的潜流交换更显著(Lautz et al.，2006；Wondzell，2006)。因此，蜿蜒河岸带是潜流侧向交换最为活跃的地区之一。

3. 淤积层特性

近岸区淤积体的变化是影响潜流的重要因素。当淤积体减少时，多余的地下水会向河流中渗透，从而形成上升流；当淤积体扩大时，则会吸收地表水以补充地下水水量，从而形成下降流(Tonina and Buffington，2009)，上升流、下降流的强度大小均会改变潜流交换强度。这一现象在枯水季节尤其明显(Malard et al.，2002)。潜流交换还受淤积层的渗透能力的控制，淤积体的渗透能力主要与淤积物组成、厚度、粒径、渗透系数的空间差异性密切相关。当渗透系数低于一定阈值后，将不再发生潜流交换(Packman and Mackay，2003；Storey et al.，2003)。当淤积层的组成及厚度不同时，其渗透系数也会存在差异，使水流容易在沉积物渗透系数大的地方穿过(Packman and Salehin，2003)，形成渗透压力梯度，从而影响潜流交换强度(Tonina，2005)。潜流交换还与沉积物粒径大小有关，潜流交换率与沉积物粒径平方成正比，交换强度与沉积物的空隙度成反比。因此，量化河岸带近岸区淤积量和组成对准确掌握潜流交换变化规律非常重要。

4. 地下水条件

很多野外调查研究表明，地下水水头分布、地下水流速和补排关系等地下水条件对潜流交换有显著影响。Wroblicky 等(1998)在研究两条不同岩性河流的潜流带季节性变化时，发现较高基流时潜流层的侧向面积均减少了约50%。这主要由于在丰水季节，地下水位较高，地下水存在补给河流水量的趋势，从而抑制了潜流层的侧向交换，而且地下水流速变化也会对潜流交换产生显著影响，随着地下水流速增大，潜流渗透深度将减小，潜流平均驻留时间也会缩短(Tonina，2005)。

5. 溶质条件

溶质特性不同也会影响潜流交换特征。一般情况下，惰性污染物和吸附性污染物的潜流交换规律不同(金光球，2009)。惰性污染物在潜流交换过程中主要通过泵吸交换的方式进出潜流层。而吸附性污染物不仅受泵吸交换的影响，还与其自身的吸附条件相关，更容易被潜流层吸收，因此吸附性污染物与潜流层的净交换量要大于惰性污染物，如相对于硅胶体而言，锌更容易被高岭土的河岸沉积物吸附(Ren and Packman，2005)。溶质平均驻留时间也进一步反映潜流交换强度的变化。一般而言，溶质平均驻留时间越短，潜流交换强度越大。潜流交换强度与溶质平均驻留时间呈负相关关系(Aubeneau et al.，2015)。

参 考 文 献

白玉川, 黄涛, 许栋. 2008. 蜿蜒河流平面形态的几何分形及统计分析. 天津大学学报, 41(9): 1052-1056.

陈利顶, 徐建英, 傅伯杰, 等. 2004. 斑块边缘效应的定量评价及其生态学意义. 生态学报, 24(9): 1827-1832.

邓红兵, 王青春, 王庆礼. 2001. 河岸植被缓冲带与河岸带管理. 应用生态学报, 12(6): 951-954.

金光球. 2009. 河流中水流沙波作用下潜流交换机制. 南京: 河海大学博士学位论文.

鲁程鹏, 束龙仓, 陈洵洪. 2012. 河床地形影响潜流交换作用的数值分析. 水科学进展, 23(6): 789-795.

吕辉, 赵坚, 陈孝兵, 等. 2015. 洪水过程对垂向潜流交换作用的影响. 水电能源科学, 33(3): 14-18.

马学慧, 牛焕光. 1991. 中国的沼泽. 北京: 科学出版社.

倪晋仁, 王随继. 2000. 论顺直河流. 水利学报, 12: 14-20.

钱进, 王超, 王沛芳, 等. 2009. 河湖滨岸缓冲带净污机理及适宜宽度研究进展. 水科学进展, 20(1): 139-144.

滕彦国, 左锐, 王金生. 2007. 地表水-地下水的交错带及其生态功能. 地球与环境, 35(1): 1-8.

滕彦国, 左锐, 王金生, 等. 2010. 区域地下水演化的地球化学研究进展. 水科学进展, 21(1): 127-136.

夏继红, 陈永明, 王为木, 等. 2013a. 河岸带潜流层动态过程与生态修复. 水科学进展, 24(4): 589-597.

夏继红, 林俊强, 陈永明, 等. 2013b. 国外河流潜流层研究的发展过程及研究方法水利水电科技进展, (4): 73-77.

夏继红, 林俊强, 姚莉, 等. 2010. 河岸带结构特征及边缘效应. 河海大学学报(自然科学版), 38(2): 265-269.

夏继红, 严忠民. 2006. 生态河岸带的概念及功能. 水利水电技术, 37(5): 14-18.

夏继红, 严忠民. 2009. 生态河岸带综合评价理论与修复技术. 北京: 中国水利水电出版社.

尹澄清. 1995. 内陆水-陆地交错带的生态功能及其保护与开发前景. 生态学报, 15(3): 331-335.

尹澄清, 兰智文, 晏维金. 1995. 白洋淀水陆交错带对陆源营养物质截留作用的初步研究. 应用生态学报, 6(3): 76-80.

袁兴中, 罗固源. 2003. 溪流生态系统潜流带生态学研究概述. 生态学报, 23(5): 133-139.

张建春. 2001. 河岸带功能及管理. 水土保持学报, 15(6): 143-146.

周德培, 张俊云. 2003. 植被护坡工程技术. 北京: 人民交通出版社.

Ann R C, Mae C S. 2004. Hyporheic zones and their function. https://digital.lib.washington.edu/researchworks/bitstream/handle/1773/17080/Hyporheic%20Zones.pdf?sequence=1. [2012-8-12]

Aubeneau A F, Drummond J D, Schumer R, et al. 2015. Effects of benthic and hyporheic reactive transport on breakthrough curves. Freshwater Science, 34(1): 301-315.

Bencala K E. 2000. Hyporheic zone hydrological processes. Hydrological Processes, 14: 2797-2798.

Bencala K E, Walters R A. 1983. Simulation of solute transport in a mountain pool-and-riffle stream: a transient storage model. Water Resources Research, 19(3): 718-724.

Boulton A J. 2007. Hyporheic rehabilitation in rivers: restoring vertical connectivity. Freshwater Biology, 52: 632-650.

Boulton A J, Datry T, Kasahara T, et al. 2010. Ecology and management of the hyporheic zone: stream-groundwater interactions of running waters and their floodplains. Journal of the North American Benthological Society, 29(1): 26-40.

Boulton A J, Findlay S, Marmonier P, et al. 1998. The functional significance of the hyporheic zone in streams and rivers. Annual Review of Ecology, Evolution, and systematics, 29: 59-81.

Buffington J M, Tonina D. 2009. Hyporheic exchange in mountain rivers II: effects of channel morphology on mechanics scales and rates of exchange. Geography Compass, 3(3): 1038-1062.

Buriánková I, Brablcová L, Mach V, et al. 2012. Methanogens and methanotrophs distribution in the hyporheic sediments of a small lowland stream. Fundamental and Applied Limnology, 181(8): 87-102.

Butturini A, Bernal S, Sabater S, et al. 2002. The influence of riparian-hyporheic zone on the hydrological responses in an intermittent stream. Hydrology and Earth System Sciences, 6(3): 515-525.

Cardenas M B. 2009a. Stream-aquifer interactions and hyporheic exchange in gaining and losing streams. Water Resources Research, 45: W06429.

Cardenas M B. 2009b. A model for lateral hyporheic flow based on valley slope and channel sinuosity. Water Resources Research, 45: W01501.

Cardenas M B, Wilson J F, Zlotnik V A. 2004. Impact of heterogeneity, bed forms, and stream curvature on subchannel hyporheic exchange. Water Resources Research, 40: W08307.

Castro N M, Hornberger G M. 1991. Surface-subsurface water interaction in an alluviated mountain stream channel. Water Resources Research, 27(7): 1613-1621.

Danielopol D L, Niederreiter R A. 1987. A sampling device for groundwater organisms and oxygen measurements in multi-level monitoring wells. Stygologia, 3: 252-263.

Desbonnet A P, Lee P V, Wolff N. 1994. Vegetated Buffers in the Coastal Zone. Rhode Island: PhD Dissertation of University of Rhode Island, Rhode Island Sea Grant, Coastal Resources Center.

Dole-Olivier M J. 2011. The hyporheic refuge hypothesis reconsidered: a review of hydrological aspects. Marine and Freshwater Research, 62(11): 1281-1302.

Elliott A, Brooks N H. 1997a. Transfer of nonsorbing solutes to a streambed with bed forms: theory. Water Resources Research, 33: 123-136.

Elliott A, Brooks N H. 1997b. Transfer of nonsorbing solutes to a streambed with bed forms: laboratory experiments. Water Resources Research, 33: 137-151.

Fehlman H M. 1985. Resistance Components and Velocity Distribution of Open Channel Flows over Bed Form. Colorado, USA: PhD Dissertation of Colorado State University.

Greenway D R. 1987. Vegetation and slope stability.//Anderson M G, Richards K S. Slope Stability: Geotechnical Engineering and Geomorphology. New York: John Wilay and Sons Ltd.

Hendricks S P, White D S. 1991. Physico-chemical patterns within a hyporheic zone of a northern Michigan river, with on surface water patterns. Canadian Journal of Fisheries and Aquatic Sciences, 48: 1645-1654.

James P D. 2011. The Hyporheic Zone of Scottish Rivers: Its Ecology, Function and Importance. Stirling: PhD Dissertation of University of Stirling.

Jonsson K, Johansson H, Worman A. 2004. Sorption behavior and long-term retention of reactive solutes in the hyporheic zone of streams. Journal of Environmental Engineering, 130(5): 573-585.

Kasahara T, Datry T, Mutz M, et al. 2009. Treating causes not symptoms: restoration of surface-groundwater interactions in rivers. Marine and Freshwater Research, 60: 976-981.

Kellie A C. 1996. Rivers, streams, and riparian boundaries. Surveying and Land Information Systems, 56(4): 219-227.

Lautz L K, Siegel D I, Bauer R L. 2006. Impact of debris dams on hyporheic interaction along a semi-arid stream. Hydrological Processes, 20: 183-196.

Leep P, Smyth C, Boutin S. 2004. Quantitative review of riparian buffer width guidelines from Canada and the United States. Journal of Environmental Management, 70: 165-180.

Lowrance R, Aitier L S, Williams R G, et al. 2000. REMM: the riparian ecosystem management model. Journal of Soil and Water Conservation, 55(1): 27-34.

Lowrance R, Altier L S, Williams R G, et al. 1998. The riparian ecosystem management model (REMM): simulator for ecological processes in buffer systems. Las Vegas, NV: Proceedings of the First Federal Interagency Hydrologic Modeling Conference.

Lowrance R, Leonard R, Sheridan J. 1985. Managing riparian ecosystems to control nonpoint pollution. Journal of Soil and Water Conservation, 40(1): 87-91.

Malanson G P. 1993. Riparian Landscapes. Cambridge: Cambridge University Press.

Malard F, Tockner K, Dole-Olivier M J, et al. 2002. A landscape perspective of surface-subsurface hydrological exchanges in river corridors. Freshwater Biology, 47: 621-640.

Mander U, Kuusemets V, Krista L, et al. 1997. Efficiency and dimensioning of riparian buffer zones in agricultural catchments. Ecological Engineering, 8: 299-324.

Marion A, Bellinello M, Guymer I. 2002. Effect of bedform geometry on the penetration of nonreactive solutes into a streambed. Water Resources Research, 38(10): 12091.

Marion A, Bellinello M, Guymer I, et al. 2002. Effect of bed form geometry on the penetration of nonreactive solutes into a streambed. Water Resources Research, 38(10): 1209.

Massachusetts Department of Environmental Protection. 1997. Comparative impact evaluation relative to proposed regulatory revisions for the River Protection Act Amendments to the Wetlands Protection Act. Massachusetts, USA.

Nagaoka H, Ohgaki S. 1990. Mass transfer mechanism in a porous riverbed. Water Research, 24(4): 417-425.

Naiman R J, Décamps H. 1997. The ecology of interfaces: riparian zones. Annual Review of Ecology and Systematics, 28: 621-678.

Naiman R J, Décamps H, Pollock M. 1993. The role of riparian corridors in maintaining regional biodiversity. Ecological Applications, 3(2): 209-212.

Navel S, Sauvage S, Delmotte S, et al. 2012. A modelling approach to quantify the influence of fine sediment deposition on biogeochemical processes occurring in the hyporheic zone. Annales de Limnologie-International Journal of Limnology, 48(3): 279-287.

Packman A I, Mackay J S. 2003. Interplay of stream-subsurface exchange, clay particle deposition, and streambed evolution. Water Resources Research, 39(4): 122-137.

Packman A I, Salehin M. 2003. Relative roles of stream flow and sedimentary conditions in controlling hyporheic exchange. Hydrobiologia, 494: 291-297.

Reidy C A. 2004. Variability of Hyporheic Zones in Puget Sound Low land Streams. Washington: PhD Thesis of University of Washington.

Ren J, Packman A I. 2005. Stream-subsurface exchange of zinc in the presence of silica and kaolinite. Environmental Science and Technology, 38(24): 6671-6681.

Robertson A L, Wood P J. 2010. Ecology of the hyporheic zone: origins, current knowledge and future directions. Fundamental Application Limnology, 176(4): 279-289.

Savant A S, Reible D D, Thibodeaux L J. 1987. Convective transport within stable river sediment. Water Resources Research, 23: 1763-1768.

Shen H W, Fehlman H M, Mendoza C. 1990. Bed form resistances in open channel flows. Journal of Hydraulic Engineering, 8(1): 69-78.

Shimizu Y, Tsujimoto T, Nakagawa H. 1990. Experiments and macroscopic modeling of flow in highly permeable porous medium under free-surface flow. Journal of Hydraulic Engineering, 8: 69-78.

Stanford J A, Ward J V. 1988. The hyporheic habitat of river ecosystems. Nature, 335: 64-65.

Stanford J A, Ward J V. 1993. An ecosystem perspective of alluvial rivers: connectivity and the hyporheic corridor. Journal of the North American Benthological Society, 12(1): 48-60.

Stonedahl S H, Harvey J W, Wörman A, et al. 2010. A multiscale model for integrating hyporheic exchange from ripples to meanders. Water Resources Research, 46: W12539.

Storey R G, Howard K W F, Williams D D. 2003. Factors controlling riffle-scale hyporheic exchange and their seasonal changes in a gaining stream: A three-dimensional groundwater flow model. Water Resources Research, 39(2): 1034.

Sudheep N M, Sridhar K R. 2012. Aquatic hyphomycetes in hyporheic freshwater habitats of southwest India. Limnologica-Ecology and Management of Inland Waters, 42(2): 87-94.

Thibodeaux L J, Boyle J D. 1987. Bedform-generated convective transport in bottom sediment. Nature, 325(22): 341-343.

Tonina D. 2005. Interaction between River Morphology and Intra-gravel Flow Paths within the Hyporheic Zone. Idaho: PhD Dissertation of University of Idaho.

Tonina D, Buffington J M. 2007. Hyporheic exchange in gravel bed rivers with pool-riffle morphology: Laboratory experiments and three-dimensional modeling. Water Resources Research, 43: W01421.

Tonina D, Buffington J M. 2009. Hyporheic exchange in mountain rivers Ⅰ: mechanics and environmental effects. Geography Compass, 3(3): 1063-1086.

Triska F J, Kennedy V C, Avanzino R J, et al. 1989. Retention and transport of nutrients in a third-order stream in Northwestern California: hyporheic processes. Ecology, 70(6): 1893-1905.

U. S. Deparatment of Agriculture-Natural Resources Conservation Service(USDA-NRCS). 1996. Riparian Areas: Environmental Uniqueness, Functions, and Values. Washington, D. C. NRCS/RCA Issue Brief 11.

U. S. Department of Agriculture Forest Service (USDA-FS). 1991. Riparian Forest Buffers. Washington D. C. Publication NA-PR-07-91.

Volpi J A. 2003. A Landscape Ecology Approach to Functionality-based Riparian Classification and Land-use Planning. Kent: PhD Dissertation of Kent State University.

Warner R E, Hendrix K M. 1984. California Riparian Systems. Los Angeles: University California Press.

White D S, Elzinga C H, Hendricks S P. 1987. Temperature patterns within the hyporheic zone of a northern Michigan river. Journal of the North America Benthological Society, 6(2): 85-91.

Williams C O, Lowrance R, Potter T, et al. 2016. Atrazine transport within a coastal zone in southeastern Puerto Rico: A sensitivity analysis of an agricultural field model and riparian zone management model. Environmental Modeling and Assessment, 21(6): 751-761.

Williams D D, Febria C M, Wong J C Y. 2010. Ecotonal and other properties of the hyporheic zone. Fundamental and Applied Limnology, 176(4): 349-364.

Williams D D, Hynes H B N. 1974. The occurrence of benthos deep in the substratum of stream. Freshwater Biology, 4(8): 233-256.

Wondzell S M. 2006. Effect of morphology and discharge on hyporheic exchange flows in two small streams in the Cascade Mountains of Oregon, USA. Hydrological Processes, 20: 267-287.

Wondzell S M, Swanson F J. 1996. Seasonal and storm dynamics of the hyporheic zone of a 4th-order mountain stream: Hydrologic processes. Journal of the North America Benthological Society, 15: 3-19.

Wroblicky G J, Campana M E, Valett H M, et al. 1998. Seasonal variation in surface-subsurface water exchange and lateral hyporheic area of two stream-aquifer systems. Water Resources Research, 34(3): 317-328.

第3章　河岸带潜流层基本水动力学机制

3.1　流体运动的描述方法与基本方程

3.1.1　运动场的描述方法

1. 静水压力、动水压力和总压力

静水压力是指静止水体相邻两部分之间及水体与固体壁面之间表面相互作用的力。在静止水体中，质点之间没有相对运动，不存在切力，同时水体又不能承受拉力，只存在静水压力。一般静水压力用大写字母 P 表示，单位是 N 或者 kN。P 与作用面积 A 成正比。

在静止水体中任取一点 M，围绕 M 点取一微小面积 ΔA，作用在该面积上的静水压力为 ΔP，面积 ΔA 上的平均压强为 $\Delta P/\Delta A$。如果将面积 ΔA 围绕 M 点无限缩小，当 ΔA 趋近于 0 时，比值 $\Delta P/\Delta A$ 的极限称为 M 点的静水压强。一般静水压强用小写字母 p 表示，单位是 Pa 或者 kPa，即 $p = \lim\limits_{\Delta A \to 0} \dfrac{\Delta P}{\Delta A}$。

静水压强具有两个特性：①静水压强的方向垂直指向作用面；②静止水体中任一点处各个方向的静水压强的大小都相等，与作用面的方位无关，即 $p_x = p_y = p_z = p_n$，式中，p_x、p_y、p_z、p_n 为任一点上三个相互垂直方向的压强和任意方向的压强。

当质量力只有重力时，水体中任一点的静水压强 p 由表面压强 p_0 和 $\rho g h$ 两部分组成，即

$$p = p_0 + \rho g h \tag{3.1}$$

式中，p 为静水压强；p_0 为表面压强；ρ 为水的密度；g 为重力加速度；h 为水深。

在工程技术领域，习惯将压强直接称为压力，下文的压力实际上也是压强的概念。

在流动的液体中，当流体受阻时，流体的动能将转化为压能，这部分被转化的动能称为动水压力。而总压力为静水压力和动水压力之和，可表示为式(3.2)。

$$p_{\text{total}} = p + \frac{1}{2}\rho v^2 \tag{3.2}$$

式中，p_{total} 为总压力；p 为静水压力；ρ 为水的密度；v 为压力测点位置的水体流动速度。

2. 流场、压力场和速度场

场是物质存在的空间，表现为物质时空环境中各种因素的相互作用。场的物理性质可以用定义在全空间的一些物理量描述，如流场表示流体运动的空间分布，可以用流体

的压力、速度、温度、浓度等变量描述。压力、速度的空间分布分别称为压力场、速度场，分别是应用场的概念对流体压力空间分布和速度空间分布的描述。一般来说，压力场和速度场都是空间和时间的函数。

压力场是标量场，表示空间内压力分布的状态，只有大小，没有方向，数学上只需要用一个代数量来描述。

速度场是矢量场，表示空间内流速分布的大小和方向，数学上需要用一个向量来描述。

3. 连续介质假设

连续介质假设是流体力学中的基本假设之一。尽管流体本身存在分子结构、分子运动和分子作用力，但在宏观上可以近似认为流体所占有的全部空间连续地、无空隙地充满着"质点"。质点所具有的宏观物理量(如质量、速度、压力、温度等)都是确定的有限数值，在一般情况下也是连续分布、连续变化的。这些宏观物理量满足一切应该遵循的物理定律(如质量守恒定律、动量守恒定律、能量守恒定律、热力学定律)，以及扩散、黏性和热传导等输移性质。

基于连续介质假设就可以应用连续函数这一强有力的数学分析工具开展流场数值模拟。

4. 流体运动的描述方法

流体运动是一个动力学问题，描述流体运动一般可以采用拉格朗日法或欧拉法。

1) 拉格朗日法的基本原理

拉格朗日法是理论力学中质点运动的描述方法在流体力学中的推广。它研究的是流体质点在运动过程中物理量随时间的变化规律，通过追踪和记录所有质点的运动状态，来描述流体系统的运动规律。

应用起始 t_0 时刻流体质点的起始坐标 (ξ, ς, η) 或位置矢量 $\boldsymbol{r_0}$ 来区分质点，则质点位置随时间变化的方程可表示为式(3.3)。

$$
\begin{aligned}
\boldsymbol{r} &= \boldsymbol{r}(\boldsymbol{r_0}, t) \\
x &= x(\xi, \varsigma, \eta, t) \\
y &= y(\xi, \varsigma, \eta, t) \\
z &= z(\xi, \varsigma, \eta, t)
\end{aligned}
\tag{3.3}
$$

式中，$\boldsymbol{r}$ 及 x、y、z 为任意 t 时刻流体质点的位置矢量和位置坐标，$\boldsymbol{r} = x\boldsymbol{i} + y\boldsymbol{j} + z\boldsymbol{k}$，$\boldsymbol{r_0} = \xi\boldsymbol{i} + \varsigma\boldsymbol{j} + \eta\boldsymbol{k}$，$\boldsymbol{i}$、$\boldsymbol{j}$、$\boldsymbol{k}$ 为 x、y、z 坐标轴方向的单位矢量。

由式(3.3)所描述的空间曲线就是流体质点的运动轨迹，式(3.3)为流体质点的迹线方程，因此，拉格朗日法也称为迹线法。

2) 欧拉法的基本原理

欧拉法是从运动流体所占据的空间入手，研究这个空间不同位置上流体质点的物理量随时间的变化规律。对于某个空间位置而言，不同时间可能被不同流体质点所占据。它应用场的概念，把表征流动状态的物理量表示为空间和时间的函数，可表示为式（3.4）。

$$
\begin{aligned}
u &= u(x, y, z, t) \\
v &= v(x, y, z, t) \\
w &= w(x, y, z, t) \\
p &= p(x, y, z, t) \\
T &= T(x, y, z, t) \\
C &= C(x, y, z, t) \\
&\cdots\cdots
\end{aligned}
\tag{3.4}
$$

式中，u、v、w 分别为 x、y、z 三个方向的速度分量大小；t 为时间；p 为压力；T 为温度；C 为浓度。

欧拉法是从流场空间的各个固定点处观察和描述流体运动，因此也称为流场法。

3.1.2 流体运动的基本方程

在大多数流体运动问题中，我们关注的往往只是表征流动的物理量在空间的分布及其随时间的变化特性，这种情况下欧拉法以空间和时间参数作为自变量描述物理量的处理方式，在数学求解上具有显著优势。下面将重点阐述欧拉法框架下的流体运动基本方程。

流体流动现象大量存在于自然界及多种工程领域中，往往在一些地形和边界复杂变化或特殊初值的流域内，会导致流态多变或产生间断的复杂液体流运动现象。任何流体运动都要遵循质量守恒定律、动量守恒定律和能量守恒定律等基本物理守恒定律（Patankar，1980；王昆，2009）。同时，如果流动包含不同成分（组元）的混合或相互作用，系统还要遵守组分守恒定律。控制方程（governing equation）是这些守恒定律的数学描述，通常包括质量守恒方程、动量守恒方程和能量守恒方程。如果流动处于湍流状态，系统还要遵守附加的湍流输运方程（Anderson et al.，1984；王福军，2004）。

1. 质量守恒方程

任何流动问题都必须满足质量守恒定律，该定律可表述为单位时间内流体控制体积内质量的增加等于同一时间间隔内流入该控制体积的净质量。由该定律可得出如式（3.5）所示的质量守恒方程（mass conservation equation），又称连续性方程（continuity equation）（Versteeg and Malalasekera，1995）。

$$
\frac{\partial \rho}{\partial t} + \frac{\partial(\rho u)}{\partial x} + \frac{\partial(\rho v)}{\partial y} + \frac{\partial(\rho w)}{\partial z} = 0
\tag{3.5}
$$

式中，u、v、w 分别为 x、y、z 三个方向的速度分量大小；t 为时间；ρ 为密度。

若流体不可压，密度 ρ 为常数，则式(3.5)变为如下形式：

$$\frac{\partial u}{\partial x}+\frac{\partial v}{\partial y}+\frac{\partial w}{\partial z}=0 \tag{3.6}$$

式(3.6)即为不可压缩流体的连续性方程。

2. 动量守恒方程

动量守恒定律也是任何流动问题都必须满足的基本定律，其本质为牛顿第二定律。该定律可表述为流体微元的动量对时间的变化率等于外界作用于该微元体上的各种力之和，可推导出式(3.7)的 x、y、z 三个方向的动量守恒方程(momentum conservation equation)（Versteeg and Malalasekera，1995）。

$$\rho\left(\frac{\partial u}{\partial t}\right)+\nabla\cdot(\rho u\boldsymbol{u})=-\frac{\partial p}{\partial x}+\frac{\partial \tau_{xx}}{\partial x}+\frac{\partial \tau_{xy}}{\partial y}+\frac{\partial \tau_{xz}}{\partial z}+\rho f_x \tag{3.7a}$$

$$\rho\left(\frac{\partial v}{\partial t}\right)+\nabla\cdot(\rho v\boldsymbol{u})=-\frac{\partial p}{\partial y}+\frac{\partial \tau_{yx}}{\partial x}+\frac{\partial \tau_{yy}}{\partial y}+\frac{\partial \tau_{yz}}{\partial z}+\rho f_y \tag{3.7b}$$

$$\rho\left(\frac{\partial w}{\partial t}\right)+\nabla\cdot(\rho w\boldsymbol{u})=-\frac{\partial p}{\partial z}+\frac{\partial \tau_{zx}}{\partial x}+\frac{\partial \tau_{zy}}{\partial y}+\frac{\partial \tau_{zz}}{\partial z}+\rho f_z \tag{3.7c}$$

式中，$\boldsymbol{u}$ 为速度矢量；p 为流体微元的压力；τ_{xx}、τ_{xy}、τ_{xz}、τ_{yx}、τ_{yy}、τ_{yz}、τ_{zx}、τ_{zy}、τ_{zz} 是由分子黏性作用产生的作用在流体微元表面的黏性应力 τ 的分量；f_x、f_y 和 f_z 为 x、y、z 三个方向的单位质量力，若单位质量力只受重力作用，且 z 轴垂直向上的方向为正，则 $f_x=0$，$f_y=0$，$f_z=-g$。

对于牛顿流体，根据流体应力与应变率的关系，即流体变形律或本构方程，存在如下关系式：

$$\tau_{xx}=2\mu\frac{\partial u}{\partial x}+\lambda\nabla\cdot\boldsymbol{u} \tag{3.8a}$$

$$\tau_{yy}=2\mu\frac{\partial v}{\partial y}+\lambda\nabla\cdot\boldsymbol{u} \tag{3.8b}$$

$$\tau_{zz}=2\mu\frac{\partial w}{\partial z}+\lambda\nabla\cdot\boldsymbol{u} \tag{3.8c}$$

$$\tau_{xy}=\tau_{yx}=\mu\left(\frac{\partial u}{\partial y}+\frac{\partial v}{\partial x}\right) \tag{3.8d}$$

$$\tau_{xz}=\tau_{zx}=\mu\left(\frac{\partial u}{\partial z}+\frac{\partial w}{\partial x}\right) \tag{3.8e}$$

$$\tau_{yz} = \tau_{zy} = \mu\left(\frac{\partial v}{\partial z} + \frac{\partial w}{\partial y}\right) \tag{3.8f}$$

式中，$\boldsymbol{u}$ 为速度矢量；μ 为动力黏度，通常取为–2/3。

将式(3.8)代入式(3.7)中可得

$$\frac{\partial(\rho u)}{\partial t} + \nabla \cdot (\rho u \boldsymbol{u}) = -\frac{\partial p}{\partial x} + \nabla \cdot (\mu \mathrm{grad}u) + S_u \tag{3.9a}$$

$$\frac{\partial(\rho v)}{\partial t} + \nabla \cdot (\rho v \boldsymbol{u}) = -\frac{\partial p}{\partial y} + \nabla \cdot (\mu \mathrm{grad}v) + S_v \tag{3.9b}$$

$$\frac{\partial(\rho w)}{\partial t} + \nabla \cdot (\rho w \boldsymbol{u}) = -\frac{\partial p}{\partial z} + \nabla \cdot (\mu \mathrm{grad}w) + S_w \tag{3.9c}$$

式中，$\mathrm{grad}(\ ) = \partial(\ )/\partial x + \partial(\ )/\partial y + \partial(\ )/\partial z$；$S_u$、$S_v$ 和 S_w 是动量守恒方程的广义源项。

式(3.9a)、式(3.9b)、式(3.9c)可分别展开写成如下形式：

$$\begin{aligned}
&\frac{\partial(\rho u)}{\partial t} + \frac{\partial(\rho uu)}{\partial x} + \frac{\partial(\rho uv)}{\partial y} + \frac{\partial(\rho uw)}{\partial z} = \\
&-\frac{\partial p}{\partial x} + \frac{\partial}{\partial x}\left(\mu\frac{\partial u}{\partial x}\right) + \frac{\partial}{\partial y}\left(\mu\frac{\partial u}{\partial y}\right) + \frac{\partial}{\partial z}\left(\mu\frac{\partial u}{\partial z}\right) + S_u
\end{aligned} \tag{3.10a}$$

$$\begin{aligned}
&\frac{\partial(\rho v)}{\partial t} + \frac{\partial(\rho vu)}{\partial x} + \frac{\partial(\rho vv)}{\partial y} + \frac{\partial(\rho vw)}{\partial z} = \\
&-\frac{\partial p}{\partial y} + \frac{\partial}{\partial x}\left(\mu\frac{\partial v}{\partial x}\right) + \frac{\partial}{\partial y}\left(\mu\frac{\partial v}{\partial y}\right) + \frac{\partial}{\partial z}\left(\mu\frac{\partial v}{\partial z}\right) + S_v
\end{aligned} \tag{3.10b}$$

$$\begin{aligned}
&\frac{\partial(\rho w)}{\partial t} + \frac{\partial(\rho wu)}{\partial x} + \frac{\partial(\rho wv)}{\partial y} + \frac{\partial(\rho ww)}{\partial z} = \\
&-\frac{\partial p}{\partial z} + \frac{\partial}{\partial x}\left(\mu\frac{\partial w}{\partial x}\right) + \frac{\partial}{\partial y}\left(\mu\frac{\partial w}{\partial y}\right) + \frac{\partial}{\partial z}\left(\mu\frac{\partial w}{\partial z}\right) + S_w
\end{aligned} \tag{3.10c}$$

式中，$S_u = \rho f_x + s_x$，$S_v = \rho f_y + s_y$，$S_w = \rho f_z + s_z$，其中 s_x、s_y 和 s_z 的表达式如下：

$$s_x = \frac{\partial}{\partial x}\left(\mu\frac{\partial u}{\partial x}\right) + \frac{\partial}{\partial y}\left(\mu\frac{\partial v}{\partial x}\right) + \frac{\partial}{\partial z}\left(\mu\frac{\partial w}{\partial x}\right) + \frac{\partial}{\partial x}(\lambda\nabla\cdot\vec{u}) \tag{3.11a}$$

$$s_y = \frac{\partial}{\partial x}\left(\mu\frac{\partial u}{\partial y}\right) + \frac{\partial}{\partial y}\left(\mu\frac{\partial v}{\partial y}\right) + \frac{\partial}{\partial z}\left(\mu\frac{\partial w}{\partial y}\right) + \frac{\partial}{\partial y}(\lambda\nabla\cdot\vec{u}) \tag{3.11b}$$

$$s_z = \frac{\partial}{\partial x}\left(\mu\frac{\partial u}{\partial z}\right) + \frac{\partial}{\partial y}\left(\mu\frac{\partial v}{\partial z}\right) + \frac{\partial}{\partial z}\left(\mu\frac{\partial w}{\partial z}\right) + \frac{\partial}{\partial z}(\lambda\nabla\cdot\vec{u}) \tag{3.11c}$$

一般情况下，s_x、s_y 和 s_z 是相对小量，对于黏性为常数的不可压流体，s_x、s_y 和 s_z 通常取 0。

式(3.10)和式(3.11)的动量守恒方程也称为纳维-斯托克斯方程(Navier-Stokes 方程，简称 N-S 方程)。

3. 能量守恒方程

任何流动系统的热交换问题都必须满足能量守恒定律，其本质是热力学第一定律，该定律可表述为流体微元中能量的增加率等于进入微元的净热流通量加上质量力与表面力对微元所做的功。

流体的能量 E 通常是内能 i、动能 $K=\frac{1}{2}(u^2+v^2+w^2)$ 和势能 P 三项之和，可针对总能量 E 建立能量守恒方程。在流场模拟中，我们所关注的能量问题主要为水温变化的影响。因此，我们通过内能 i 与温度 T 之间的定量关系($i=c_pT$)，将以流体能量 E 为变量的能量守恒方程转换为以温度 T 为变量的能量守恒方程(energy conservation equation)(Versteeg and Malalasekera, 1995)，如式(3.12)所示。

$$\frac{\partial(\rho T)}{\partial t}+\nabla\cdot(\rho \boldsymbol{u}T)=\nabla\cdot\left(\frac{k}{c_p}\mathrm{grad}T\right)+S_T \qquad (3.12)$$

上式也可展开写成如下形式：

$$\frac{\partial(\rho T)}{\partial t}+\frac{\partial(\rho uT)}{\partial x}+\frac{\partial(\rho vT)}{\partial y}+\frac{\partial(\rho wT)}{\partial z}=\frac{\partial}{\partial x}\left(\frac{k}{c_p}\frac{\partial T}{\partial x}\right)+\frac{\partial}{\partial y}\left(\frac{k}{c_p}\frac{\partial T}{\partial y}\right)+\frac{\partial}{\partial z}\left(\frac{k}{c_p}\frac{\partial T}{\partial z}\right)+S_T$$
$$(3.13)$$

式中，c_p 为比热容；T 为温度；k 为流体的传热系数；S_T 为流体的热源项。

由于质量守恒方程、动量守恒方程和能量守恒方程中含有 u、v、w、p、T 和 ρ 六个未知变量，但方程数只有 5 个(质量守恒方程 1 个，动量守恒方程 3 个，能量守恒方程 1 个)，还需要补充一个联系压强 p 和密度 ρ 的状态方程才能使方程组闭合：

$$p=p(\rho,T) \qquad (3.14)$$

对于理想气体，该状态方程可以写为

$$p=\rho RT \qquad (3.15)$$

式中，R 为摩尔气体常数。

4. 雷诺方程

前面描述的流体运动的基本方程组是针对三维瞬态的，适用于层流和湍流，该方程组是封闭的。对于湍流运动，如能直接求解三维瞬态的控制方程，则可得到湍流的瞬时流场(包含各种尺度的随机运动)，从而获取湍流的全部信息。但是由于湍流的直接求解法对计算机的内存和速度要求很高，目前只能求解一些低雷诺数的简单流体运动，对于工程和实际河道中的复杂流动问题，难以广泛应用该方法。为此，实际数值模拟过程中，通常对瞬态的控制方程做时间平均处理，同时补充反映湍流特性的其他方程使方程组封闭(王福军，2004)。雷诺平均法是解决这一问题的目前使用最为广泛的紊流数值模拟方法，时均化的 N-S 方程称为雷诺方程(Reynolds average numerical simulation，RANS)(Rollet-Miet et al.，1999)。为考虑紊流的随机脉动，本书采用时均化的连续性方程与 RANS 作为基本方程。

1)连续性方程

$$\frac{\partial u_i}{\partial x_i} = 0 \tag{3.16}$$

2)RANS 方程

$$\rho\left(\frac{\partial u_i}{\partial t} + u_j \frac{\partial u_i}{\partial x_j}\right) = -\frac{\partial P}{\partial x_i} + \frac{\partial}{\partial x_j}\left(\mu \frac{\partial u_i}{\partial x_j} - \rho\overline{u_i'u_j'}\right) + \rho g_i \tag{3.17}$$

式中，u_i (i=1,2,3)和 u_i' (i=1,2,3)分别为时均流速和瞬时流速沿 x_i 方向的速度分量；ρ 为流体密度；μ 为运动黏性系数；P 为时均压力；$\overline{u_i'u_j'}$ 为雷诺应力张量；g_i 为重力加速度沿 x_i 方向的分量。

5. 湍流封闭模型

本书着重介绍目前应用最为广泛的标准 $k-\varepsilon$ 模型，以及适用于边界和流动复杂的 RNG $k-\varepsilon$ 模型、Realizable $k-\varepsilon$ 模型。

1)标准 $k-\varepsilon$ 模型

1972 年 Launder 和 Spalding(1972)在湍流动能 k 的基础上引入湍流动能耗散率 ε，提出了标准 $k-\varepsilon$ 模型，该模型是目前应用最为广泛的双方程湍流封闭模型之一。根据 Boussinesq 涡粘假定，雷诺应力与平均流速梯度的关系可写为式(3.18)。

$$-\rho\overline{u_i'u_j'} = \mu_t\left(\frac{\partial u_i}{\partial x_j} + \frac{\partial u_j}{\partial x_i}\right) - \frac{2}{3}\left(\rho k + \mu_t \frac{\partial u_i}{\partial x_i}\right)\delta_{ij} \tag{3.18}$$

式中，μ_t 为湍流黏度；δ_{ij} 为克罗奈克算子(Kronecker delta)；k 为湍流动能。

在模型中，定义湍流动能耗散率 ε 为

$$\varepsilon = \frac{\mu}{\rho}\overline{\left(\frac{\partial u_i'}{\partial x_k}\right)\left(\frac{\partial u_i'}{\partial x_k}\right)} \tag{3.19}$$

湍流黏度 μ_t 可以表示为 k 和 ε 的函数：

$$\mu_t = \rho C_\mu \frac{k^2}{\varepsilon} \qquad (3.20)$$

因此，标准 $k-\varepsilon$ 模型的输运方程为

$$\frac{\partial(\rho k)}{\partial t} + \frac{\partial(\rho k u_i)}{\partial x_i} = \frac{\partial}{\partial x_j}\left[\left(\mu + \frac{\mu_t}{\sigma_k}\right)\frac{\partial k}{\partial x_j}\right] + G_k + G_b - \rho\varepsilon - Y_M + S_k \qquad (3.21)$$

$$\frac{\partial(\rho\varepsilon)}{\partial t} + \frac{\partial(\rho\varepsilon u_i)}{\partial x_i} = \frac{\partial}{\partial x_j}\left[\left(\mu + \frac{\mu_t}{\sigma_\varepsilon}\right)\frac{\partial \varepsilon}{\partial x_j}\right] + C_{1\varepsilon}\frac{\varepsilon}{k}(G_k + C_{3\varepsilon}G_b) - C_{2\varepsilon}\rho\frac{\varepsilon^2}{k} + S_\varepsilon \quad (3.22)$$

式中，G_k 是由平均流速梯度引起的湍流动能 k 的产生项，由式(3.23)计算。

$$G_k = \mu_t\left(\frac{\partial u_i}{\partial x_j} + \frac{\partial u_j}{\partial x_i}\right)\frac{\partial u_i}{\partial x_j} \qquad (3.23)$$

G_b 是由浮力引起的湍流动能 k 的产生项，对于不可压流体，$G_b=0$；对于可压流体，可由式(3.24)计算。

$$G_b = \beta g_i \frac{\mu_t}{Pr_t}\frac{\partial T}{\partial x_i} \qquad (3.24)$$

Pr_t 为湍流普朗特数，在该模型中可取为 0.85；g_i 为重力加速度在第 i 方向的分量；β 为热膨胀系数，可由可压流体的状态方程 $\beta = -\frac{1}{\rho}\frac{\partial \rho}{\partial T}$ 求解。

Y_M 是可压湍流中脉动扩张的贡献项。对于不可压流体，$Y_M=0$；对于可压流体，可由式(3.25)计算。

$$Y_M = 2\rho\varepsilon M_t^2 \qquad (3.25)$$

M_t 为湍动 Mach 数；$M_t = \sqrt{k/a^2}$；a 为声速，$a = \sqrt{\gamma RT}$；S_k 和 S_ε 为源汇项。

$C_{1\varepsilon}$、$C_{2\varepsilon}$、C_μ 为经验常数，取值分别为 $C_{1\varepsilon}=1.44$，$C_{2\varepsilon}=1.92$，$C_\mu=0.09$；σ_k 和 σ_ε 分别是与湍流动能 k 和湍流动能耗散率 ε 对应的普朗特数，取值分别为 $\sigma_k=1.0$，$\sigma_\varepsilon=1.3$。

$C_{3\varepsilon}$ 为与浮力相关的经验常数，对于可压流体，当主流方向与重力方向平行时，$C_{3\varepsilon}=1$；当主流方向与重力方向垂直时，$C_{3\varepsilon}=0$。

2）RNG $k-\varepsilon$ 模型

湍流流动的各向异质性使得标准 $k-\varepsilon$ 模型下的 μ_t（正比于时均速度 u_i 和混合长度 l_m

的乘积)也存在各向差异,是一个张量指标参数。这导致在模拟弯曲流线过程中出现一定的数据失真。Yakhot 和 Orzag(1986)对标准模型进行了黏性修正,考虑了弯曲形态变化及流动障碍物下的旋流效应,添加了时均应变项 E_{ij},增加了形貌及流动项的变化导致的曲流应变率的改变,提出了 RNG $k-\varepsilon$ 模型。RNG $k-\varepsilon$ 模型和标准 $k-\varepsilon$ 模型的主要区别在于通过修正湍流黏度,考虑了旋转流动情况,并在 ε 方程中增加了一项,从而可反映主流的时均应变率。RNG $k-\varepsilon$ 模型可以更好地模拟旋转流、弯道流、分离流等流线弯曲程度较大的复杂流动,更适用于弯曲河道的水动力模拟(王福军,2004;王翠云,2008)。其输运方程为式(3.26)和式(3.27)。

$$\frac{\partial}{\partial t}(\rho k)+\frac{\partial}{\partial x_i}(\rho k u_i)=\frac{\partial}{\partial x_j}\left(\alpha_k \mu_{\text{eff}}\frac{\partial k}{\partial x_j}\right)+G_k+G_b-\rho\varepsilon \tag{3.26}$$

$$\frac{\partial}{\partial t}(\rho\varepsilon)+\frac{\partial}{\partial x_i}(\rho\varepsilon u_i)=\frac{\partial}{\partial x_j}\left(\alpha_\varepsilon \mu_{\text{eff}}\frac{\partial\varepsilon}{\partial x_j}\right)+\frac{C_{1\varepsilon}^*\varepsilon}{k}G_k-C_{2\varepsilon}\rho\frac{\varepsilon^2}{k} \tag{3.27}$$

式中,$\mu_{\text{eff}}=\mu+\mu_t$,$\mu_t=\rho C_\mu\dfrac{k^2}{\varepsilon}$,$C_\mu=0.0845$;$\alpha_k=\alpha_\varepsilon=1.39$;$C_{1\varepsilon}^*=C_{1\varepsilon}-\dfrac{\eta(1-\eta/\eta_0)}{1+\beta\eta^3}$,

$C_{1\varepsilon}=1.42$,$C_{2\varepsilon}=1.68$,$\eta=(2E_{ij}\cdot E_{ij})^{1/2}\dfrac{k}{\varepsilon}$;$E_{ij}=\dfrac{1}{2}\left(\dfrac{\partial u_i}{\partial x_j}+\dfrac{\partial u_j}{\partial x_i}\right)$;$\eta_0=4.377$,$\beta=0.012$。

3)Realizable $k-\varepsilon$ 模型

标准 $k-\varepsilon$ 模型对于高应变率的情形会导致负的正应力。Shih 等(1995)认为标准 $k-\varepsilon$ 模型中 C_μ 的值应该与应变率 ε 相关,提出了带旋流修正的 Realizable $k-\varepsilon$ 模型。其输运方程为式(3.28)和式(3.29)。该模型广泛应用于强流线弯曲、旋涡、旋转等不同类型的流动模拟中,在分析流动分离与复杂的二次流中效果较为突出。

$$\frac{\partial(\rho k)}{\partial t}+\frac{\partial(\rho k u_i)}{\partial x_i}=\frac{\partial}{\partial x_j}\left[\left(\mu+\frac{\mu_t}{\sigma_k}\right)\frac{\partial k}{\partial x_j}\right]+G_k-\rho\varepsilon \tag{3.28}$$

$$\frac{\partial(\rho\varepsilon)}{\partial t}+\frac{\partial(\rho\varepsilon u_i)}{\partial x_i}=\frac{\partial}{\partial x_j}\left[\left(\mu+\frac{\mu_t}{\sigma_\varepsilon}\right)\frac{\partial\varepsilon}{\partial x_j}\right]+\rho C_1 E\varepsilon-\rho C_2\frac{\varepsilon^2}{k+\sqrt{v\varepsilon}} \tag{3.29}$$

式中,$\sigma_k=1.0$;$\sigma_\varepsilon=1.2$;$C_2=1.9$;$C_1=\max(0.43,\ \gamma/(\gamma+5))$,$\gamma=\left(2E_{ij}\times E_{ij}\right)^{1/2}\dfrac{k}{\varepsilon}$;$E_{ij}=$

$\dfrac{1}{2}\left(\dfrac{\partial u_i}{\partial x_j}+\dfrac{\partial u_j}{\partial x_i}\right)$;$\mu_t=\rho C_\mu\dfrac{k^2}{\varepsilon}$;$C_\mu=\dfrac{1}{A_0+A_S U^* k/\varepsilon}$,$A_0=4.0$,$A_S=\sqrt{6}\cos\phi$,$\phi=\dfrac{1}{3}\cos^{-1}$

$\left(\sqrt{6}W\right)$,$W=\dfrac{E_{ij}E_{jk}E_{kj}}{\left(E_{ij}E_{ij}\right)^{1/2}}$;$U^*=\sqrt{E_{ij}E_{ij}+\widetilde{\Omega}_{ij}\widetilde{\Omega}_{ij}}$,$\widetilde{\Omega}_{ij}=\Omega_{ij}-2\varepsilon_{ijk}\omega_k$,$\Omega_{ij}=\overline{\Omega}_{ij}-\varepsilon_{ijk}\omega_k$。

3.1.3　小扰动理论的基本原理与方程

1. 小扰动理论基本原理

小扰动理论(small-perturbation theory)是分析和研究某些流体力学问题的一种近似理论(李炜，1979；Terry，2000；吴子牛等，2007)。小扰动的含义是指在流场中置入一物体，或其他原因使原有速度场有所改变，但改变值与未改变时的值相差很小。假设来流流场是均匀的，设流场中置一轻薄型、长为 L 的小物体，来流流速为 V_∞，方向与 x 轴一致，来流在 x、y、z 方向上分别叠加小扰动 v_x、v_y、v_z，则受扰动以后得各点总流速用式(3.30)表示(吴子牛等，2007)，且小扰动满足式(3.31)所示的条件。

$$V_x = V_\infty + v_x, \quad V_y = v_y, \quad V_z = v_z \tag{3.30}$$

$$\left|\frac{v_x}{V_\infty}\right| \ll 1, \quad \left|\frac{v_y}{V_\infty}\right| \ll 1, \quad \left|\frac{v_z}{V_\infty}\right| \ll 1, \quad \left|\frac{\partial v_i}{\partial x_j}\right| \ll \frac{V_\infty}{L} \tag{3.31}$$

式中，V_x、V_y、V_z 分别为 x、y、z 方向的总流速；V_∞ 为来流流速；v_x、v_y、v_z 分别为 x、y、z 方向的小扰动量；L 为物体的特征长度，可以是弦长。

小扰动理论已广泛应用于解决空气动力学中的超音速、亚音速、跨音速等薄翼的扰流问题，并被试验所验证(Terry，2000；吴子牛等，2007)。Rayleigh(1880)应用小扰动理论提出了层流稳定性的判别方法。Landau(1944)应用小扰动理论提出了湍流发生理论，小扰动波振幅随时间的演化是由其自身的振幅控制的，在不稳定模态下，小扰动的振幅不可能随时间无限增大，而是趋近某一有限值。在足够长的时间内，小扰动波的频率会达到任意频率，流体所经历的状态可以与任意给定的一种状态无限接近，这就是各态历经性，流场随频谱的演化而缓慢地变成湍流。该理论也被应用于其他流体运动理论的研究中。小扰动理论中的扰动也可采用可分离变量的傅里叶指数形式表示(谢明亮，2007)。李炜(1979)运用水气比拟，将小扰动理论推广至明渠均匀流中，在小扰动傅里叶指数表达方式的基础上，推导了明渠均匀流小扰动级数形式的运动方程。但由于其表达形式为级数形式的解析解，不便于实际应用。

2. 小扰动理论基本方程

假设有一均匀平行流，它的流动速度在整个流场上都是均匀平行的，并以符号 V_∞ 表示，其对应的压强、温度、密度等也都是均匀分布的，并分别以 p_∞、T_∞、ρ_∞ 表示。如果所选择的坐标系 x 轴与流动速度 V_∞ 一致，则速度场可表示为式(3.32)(潘锦珊和单鹏，2012)。

$$V_x = V_\infty, \quad V_y = 0, \quad V_z = 0 \tag{3.32}$$

现将一薄翼型物体放在此均匀平行流中，当物体弯度很小，相对于流体攻角也很小时，物体将对原始均匀平行流产生一个很小的扰动，使流场中各点除具有原来的未受扰动 V_∞ 之外，还存在一个扰动速度 U，其三个分量分别为 U_x、U_y、U_z，并且满足式(3.31)的条件，则有物体存在时的合成速度场可以从均匀平行速度叠加扰动速度场得到，如式(3.33)。

$$V_x = V_\infty + U_x, \quad V_y = U_y, \quad V_z = U_z \tag{3.33}$$

设以 ϕ 表示有物体存在的合成速度场的速度势，则该速度势应满足速度势方程，速度势可对应地分成直匀流部分和扰动部分，直匀流部分为 $V_\infty x$，扰动部分以 φ 表示，则表示为

$$\phi = V_\infty x + \varphi \tag{3.34}$$

为了将合成速度势 ϕ 表示的速度势方程变换为以扰动速度势 φ 表示的速度势方程，现对 ϕ 求导得

$$\phi_x = V_\infty + \varphi_x, \quad \phi_y = \varphi_y, \quad \phi_z = \varphi_z \tag{3.35}$$

再对上式求二阶偏导数，则有

$$\left. \begin{aligned} \phi_{xx} &= \varphi_{xx} \\ \phi_{yy} &= \varphi_{yy} \\ \phi_{zz} &= \varphi_{zz} \\ \phi_{xy} &= \varphi_{xy} \\ \phi_{yz} &= \varphi_{yz} \\ \phi_{zx} &= \varphi_{zx} \end{aligned} \right\} \tag{3.36}$$

3.2　运动方程的数值求解方法

3.2.1　求解原理与步骤

原型观测、物理模型试验等研究复杂水流问题的传统方法常受到观测频率、观测点布置的限制，导致观测数据较为离散、时空解析度不足、可能捕捉不到复杂流场细微空间和时间变化规律等问题。另外，应用传统观测与试验方法往往需要投入大量人力、物力和财力，不利于开展大量重复性测量和试验。因此，在研究水流细节特性变化问题时，需要借助于其他手段。数值模拟是解决复杂水流问题的有效手段，同时也是传统观测与试验方法的补充。

流体运动三维 N-S 方程是带源项的非齐次、非线性偏微分方程组，理论上是有真解(解析解)的，但由于所处理问题自身的复杂性，难以通过解析方法对其求解，一般需要应用流体动力学的数值模拟方法(computational fluid dynamics，CFD)进行求解，即

用离散量的方程来逼近连续量的方程，将空间或时间上所有点定义的偏微分方程用有限点上定义的离散方程来逼近。如果确定了控制方程，并给定一定的初始条件和边界条件，则构成了独立的定解问题，可应用不同的数值方法对控制方程、初始条件、边界条件等进行离散求解（王福军，2004；王昆，2009）。一般而言，流体运动方程的求解可以借助商用软件完成，也可以直接编写计算程序实现。数值求解的基本思路和步骤，如图 3.1 所示。

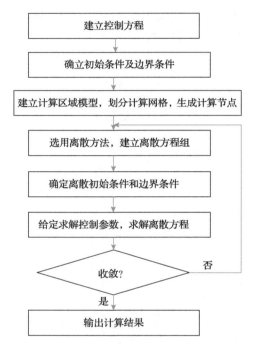

图 3.1　数值模拟方法的基本流程（王福军，2004）

1. 建立问题描述模型

确定能反映工程问题或物理问题的基本控制方程，通常包括质量守恒方程、动量守恒方程、能量守恒方程。再根据实际问题的基本特点，给定定解条件，通常包括初始条件和边界条件。初始条件是所研究对象开始时刻各个求解变量的空间分布情况。对于瞬态问题，必须给定初始条件。对于稳态问题，不需要初始条件。边界条件是在求解区域的边界上所求解的变量或其导数随地点和时间的变化规律。对于任何问题，都需要给定边界条件。控制方程与相应的初始条件、边界条件的组合构成该问题的完整数学描述模型。

2. 确定计算区域与网格划分

对计算区域进行网格剖分，用网格线将连续的计算区域划分为有限的离散点集。在整个计算区域上，网格通过节点联系在一起。目前，网格分为结构网格和非结构网格两大类。结构网格在空间上比较规范，如对一个四边形取样，网格往往是成行成列分布的，行列均较为明确。非结构网格在空间分布上没有明显的行线和列线。对于二维问题，常用的网格单元有三角形和四边形等形式；对于三维问题，常用的网格单元有四面体、六面体、三棱体等形式。

3. 建立离散方程组

采用数值方法求解控制方程时，都是想办法将控制方程、边界条件、初始条件在空间域、时间域上进行离散，将偏微分方程及其定解条件转化为网格节点上相应的代数方程组，即建立离散方程组，建立针对控制方程的数值离散化方程组，进而求解离散方程组。在计算机上求解离散代数方程组，获得有限个网格节点上的解，节点之间的近似解一般认为光滑变化，可以应用插值方法确定，从而得到定解问题在整个计算域上的近似解。通常，离散方法主要有有限差分法、有限元法、有限体积法等。在同一种离散化方法中，离散格式不同，也将导致不同形式的离散方程。对于瞬态问题，除了空间域上的离散外，还要设计时间域上的离散。离散后，需要解决使用何种时间积分方案的问题。

4. 求解离散方程与收敛性判断

对于离散方程组，数学上已有相应的解法，如线性方程组可采用 Gauss 消去法或 Gauss-Seidel 迭代法求解，而对非线性方程组，可采用 Newton-Raphson 方法求解。在商用 CFD 软件中，往往提供多种不同的解法，以适应不同类型的问题，通过求解器求解。对于稳态或瞬态问题在某个特定时间步上的求解，往往要通过多次迭代才能得到。有时网格形式或网格大小、对流项的离散插值格式、时间步长等可能导致解的振荡或发散。因此，在迭代过程中，要随时监视解的收敛性，并在系统到达指定精度后，结束迭代过程。

5. 编制程序和进行计算

这部分工作包括初始条件及边界条件的输入、控制参数的设定、程序的编写、调试和运行等。这是整个工作中花费时间最多的部分。通常，由于求解问题比较复杂，数值求解方法在理论上也不是绝对完善的，所以首先需要通过解析解或实测值验证模型的准确性和适用性，然后才能确定模型对实际工程问题是否适用。

6. 计算结果后处理及结果输出

模拟计算的结果大多数包括大量的中间数据和最终数据，这些数据只有以图像或曲线等可视化形式输出，才能有效判断结果的正确性，进而才能得出合理的结论和获取需要的流动信息。另外，用数值方法求解不可能直接获得解在所有点上的信息，只能获得解在有限个离散网格点上的信息，再用其他手段，如插值方法，间接获得其他感兴趣的流体要素信息。计算结果可以采用线值图、矢量图、等值线图、流线图、云图等方式表示。线值图是指在二维或三维空间上,将横坐标取为空间长度或时间历程,将纵坐标取为某一物理量,然后用光滑曲线或曲面在坐标系内绘制出某一物理量沿空间或时间的变化。矢量图是直接给出二维或三维空间里矢量(如速度)的方向及大小,一般用带颜色和长度的箭头表示。等值线图是用不同颜色的线条表示某一物理量相等值。流线图是用不同颜色线条表示质点运动轨迹。云图是采用渲染的方式对流场某个截面上的物理量(如压力或温度)用连续变化的颜色块表示其分布。可视化技术是计算结果的重要输出方式,可在计算机上重演和预报特定条件下的流体运动现象,各种工程方案中流体运动现象的可视化可让设计人员、应用人员直接掌握设计效果和存在的问题。随着计算机图像显示系统和相应软件的发展,流场数值的图像显示朝着快速及时、三维扫描、动态仿真、大数据融合等方向发展,提高了对数值结果的分析效率,为研究、设计和决策提供了更为直观的参考。同时利用录放设备存储、网络存储、动态存储及网络技术等,实现实时、远程的动态显示和分析过程,可以使数值模拟充分发挥数值试验的作用。

3.2.2 常用的数值模拟软件

通常,用人工方法难以求解 CFD 方程,而需借助于计算机技术,实现 CFD 方程的高效、快捷计算,基于对模型的深刻理解及对数值求解方法的熟练掌握,自 1981 年以来出现了丹麦水力学研究所开发的 MIKE(丹麦)(程海云和黄艳,1996)、美国 FLUENT 公司开发的 FLUENT(王福军,2004;王瑞金等,2007)、美国陆军工程兵团开发的 HEC、美国流体计算科学与工程中心开发的 CCHE(Wu,2008)、荷兰代尔夫特水力学研究所开发的 DELFT3D(Chu and Yu,2008)等多个流体计算的商用软件。商用软件是为方便用户处理不同类型的工程问题,将复杂的 CFD 过程集成,通过一定的接口,让用户快速地输入与问题有关的参数。通常,商用 CFD 软件均包括前处理器、求解器和后处理器三个模块。本书的数值分析均应用 FLUENT 进行模拟计算,因此,重点介绍 FLUENT 的基本功能、原理和应用方法。

FLUENT 是由美国 FLUENT 公司于 1983 年推出的 CFD 软件。该软件主要是基于有限体积法(finite volume method,FVM)开发而成的软件。有限体积法又称为控制体积法(control volume method,CVM),有限体积法是 20 世纪 70 年代由 Patankar(1980)提出和发展起来的一种有效数值方法,它继承和综合了有限差分法和有限元法的优点。其基本原理是:将计算区域划分为网格,并使每个网格点周围有一个互不重复的控制体积,用待解微分方程(控制方程)对每一个控制体积积分,将控制体积界面上的物理量及其导数通过节点物理量插值求出,从而得出一组离散方程。应用有限体积法得出的离散方程要求因变量对任意一组控制体积都得满足积分守恒,即因变量在有限大小的控制体积中都要遵循守恒定律,从而保证整个计算区域满足守恒定律(谭维炎,1998)。FLUENT 软件具有网格模型导入、多种数学模型可选、自主设置边界条件和材料特性及求解和后处理等功能,主要用于模拟和分析复杂几何区域内的流体流动与热交换问题。该软件具有灵活的网格特性,用户可使用三角形、四边形、四面体、六面体、金字塔形等单一型或混合型非结构网格来解决复杂外形的流动问题。FLUENT 支持 GAMBIT、TGrid、prePDF、GeoMesh 及其他 CAD/CAE 软件包等网格生成软件（王福军，2004），已被广泛应用于航空、汽车、机械、水利、电子、发电、建筑设计、材料加工、加工设备、环境保护等领域。该软件的基本应用与求解步骤包括：

（1）前处理：确定计算区域，创建计算区域的几何模型和网格模型（在 GAMBIT 或其他前处理软件中完成）。

（2）启动 FLUENT 求解器，导入网格模型，并检查网格模型是否存在问题。

（3）确定计算控制方程，设置材料特性。

（4）设置边界条件、初始条件，调整用于控制求解的有关参数，开始求解。

（5）显示求解结果，并保存。

（6）计算结果后处理。

3.3　河岸带潜流交换基本水动力机制

3.3.1　潜流交换的基本方程

由于存在多个环流单元，潜流交换可以在一个小山丘性河流中存在，也可以在一个很广阔的洪泛平原内发生，而且随着地表水和地下水季节性变化，潜流层范围可以扩大也可以缩小。可见，潜流层具有很强的时间、空间的动态变化特性。这主要是由潜流层的水动力过程在空间和时间上的动态变化特征决定的，潜流特性控制着溶解氧、养分污染物的混合、输运和分布模式，也决定着氧化还原条件及生物的物理化学栖息地特点。因此，对于潜流层范围、溶质停滞时间、生物种类等而言，潜流层与河流间的相互作用及潜流交换水流起着决定性作用。为了定量阐述潜流交换的主要机理，本书引用 Tonina 和 Buffington（2009）提出的概化模型。在淤积体中，取一微元六面体，其横截面积为 A，长度为 L，如图 3.2 所示。

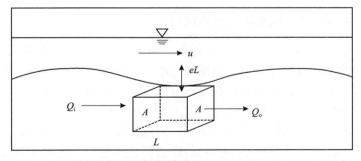

图 3.2　潜流交换机理的概化模型（Tonina and Buffington，2009）

假设地下水的水流方向平行于该六面体的侧面，即无侧向通量进入该六面体。进一步地，假设六面体底部为不透水边界，即六面体底部延伸至基岩，且六面体的上表面为河岸与地表水的交界面。因此，单位时间内微元体的水流变化（dV_w/dt）等于流进的地下水流量（Q_i）减去流出的地下水流量（Q_o），再加上单位河岸长度内地表孔隙流交换量（上升或下降潜流的流量）（Tonina and Buffington，2009）。单位时间内六面体的水量平衡关系式如式（3.37）所示。

$$\frac{\mathrm{d}V_\mathrm{w}}{\mathrm{d}t} = Q_\mathrm{i} - Q_\mathrm{o} + e \cdot L \tag{3.37}$$

式中，V_w 为微元六面体内的水量；Q_i 为流进的地下水流量；Q_o 为流出的地下水流量；e 为单位长度的潜流交换流量；L 为微元六面体长度。

对于恒定流情况，六面体内的水量保持不变，即 $\mathrm{d}V_\mathrm{w}/\mathrm{d}t = 0$，因此，单位长度的潜流交换流量可表示为

$$e = \frac{Q_\mathrm{o} - Q_\mathrm{i}}{L} = \frac{\mathrm{d}Q}{\mathrm{d}l} \tag{3.38}$$

式中，$\mathrm{d}Q$ 为地下水流量变化；$\mathrm{d}l$ 为河岸的单位长度。

地下水流量 Q 可通过达西公式求得

$$Q = u \cdot A = -K\frac{\mathrm{d}h}{\mathrm{d}l} \cdot A \tag{3.39}$$

式中，u 为地下水的流速；K 为淤积物的渗透系数；$\mathrm{d}h/\mathrm{d}l$ 为水力坡度；h 为总水头。

将式（3.39）代入式（3.38）中，可得

$$e = \frac{\mathrm{d}\left(-KA\frac{\mathrm{d}h}{\mathrm{d}l}\right)}{\mathrm{d}l} = -KA\frac{\mathrm{d}^2h}{\mathrm{d}l^2} - K\frac{\mathrm{d}A}{\mathrm{d}l}\frac{\mathrm{d}h}{\mathrm{d}l} - A\frac{\mathrm{d}K}{\mathrm{d}l}\frac{\mathrm{d}h}{\mathrm{d}l} \tag{3.40}$$

式（3.40）表明，潜流交换是水力坡度（水头梯度）的空间变化（$\mathrm{d}^2h/\mathrm{d}l^2$）、淤积体横截面面积的空间变化（$\mathrm{d}A/\mathrm{d}l$）、水力传导性的空间变化（$\mathrm{d}K/\mathrm{d}l$）等共同作用的结果。

3.3.2　地表水水头梯度对潜流交换的作用机制

由式（3.40）可以看出，潜流交换流量的每一组成部分都与水头变化密切相关。可见，从根本上看，潜流水动力过程是由水头梯度及水力传导系数的差异性产生的。不同空间尺度上，控制潜流水动力过程的条件和过程有所不同。在河段尺度上，潜流交换主要取决于压力分布的变化，压力分布主要与河床形态、泥沙渗透性、粒径大小等密切相关。在大尺度上，潜流水动力特性会受河谷宽度、岩石深度及含水层特性的影响。在小尺度下，潜流水动力特性主要受河岸区淤积物的渗透性模式控制，渗透性强弱主要取决于淤积物颗粒大小与分布。在天然河流中，水头的变化是由水流与边界的相互作用引起的（Savant et al.，1987）。水流流经不同河床形态（沙波、沙丘、礁潭）、河岸形态（河曲、边滩、丁坝）、岸边障碍物（水生植物、鱼类产卵坑、巨石、倒伏树干、大型树根）等不规则边界时，会引起水头变化，产生水力梯度，将形成一系列水力高压区和低压区，驱使河流地表水与淤积物中的孔隙地下水发生对流（Vittal et al.，1977；Thibodeaux and Boyle，

1987)。河流地表水从河床或河岸表面的水力高压区进入地下，穿越一定距离的淤积物孔隙区，与其中的地下水进行混掺与交换，再从水力低压区返回地表，这种交换称为泵吸交换(pumping exchange)(Elliott and Brooks，1997a，1997b)。

通常，作用在河床或河岸表面的总水头 h 由位置水头、静压水头和动压水头组成，如式(3.41)。

$$h = z + h_p + C\frac{U^2}{2g} \tag{3.41}$$

式中，z 为位置水头；h_p 为静压水头；U 为河流平均流速；C 为动能校正系数；$CU^2/2g$ 为动压水头。

由式(3.41)可以看出，水力高压区和低压区的分布是由位置水头的变化(河床或河岸高程的变化)、静压水头的变化(水深的变化)和动压水头的变化(流速的变化)决定的。而河流流量、水深、相对淹没程度等地表水条件及河流的地形地貌等都将对交界面压力梯度的大小、分布形式及其驱动的潜流交换产生显著影响，而且交换的深度和空间模式是由水面线波长和振幅决定的，如图 3.3 所示。在非淹没情况下，近岸区复杂且不稳定的水流条件也将引起流速的显著变化，造成动压梯度的增大，从而进一步增强潜流交换(Tonina and Buffington，2007)。当河流流量增加，水深较浅，河岸处于低淹没状态，甚至部分河岸边滩或凸起外露时，河岸形态将对滩区或近岸区地表水产生较大影响，引起水面的明显波动、紊动，导致局部静压梯度增大，进而加强潜流交换(Harvey and Bencala，1993)。随着河流流量增大，河岸边滩和河床完全淹没，河岸形态和边滩起伏程度对地表水的影响减弱，水面波动趋于缓和，局部静压梯度相应减小，继而潜流交换也随之减弱。此外，动压水头的变化还取决于河流的地形地貌与水流是否会发生分离。平缓的河流地形，水流将平顺通过其表面，动压水头的变化也相应和缓；而突变的河流地形，将导致水流在其背水面发生分离，迎水面与背水面之间的动压水头梯度显著增大，从而加强了潜流交换(Thibodeaux and Boyle，1987；Elliott and Brooks，1997a)。

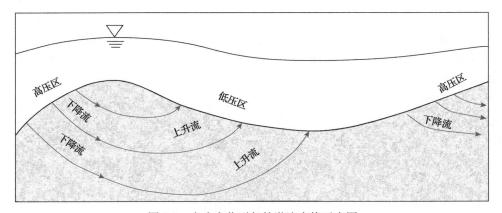

图 3.3　水头变化引起的潜流交换示意图

3.3.3　冲淤特征对潜流交换的作用机制

1. 河岸冲淤过程的影响机制

河岸区在水流的作用下，河岸边坡、滩区土壤、砂砾石等容易发生淘刷、侵蚀、输运，从而在河岸区发生冲淤变化，使得淤积体发生移动或变形，引起河岸形态的变化，如图 3.4 所示。河岸区淤积体上游迎水面受水流侵蚀，泥沙沉积物被冲走时，其中的孔隙水则释放到河流中；而在淤积体的下游背水面，冲走的泥沙在此重新淤积，形成新的淤积体，由此也将捕获一定的河流地表水，使之成为新淤积体的孔隙水，使得淤积体水量、水头均发生变化，从而促进了潜流交换的发生及交换通量的变化。因此，河岸区冲淤变化及淤积体的输移过程将引起潜流交换，这种交换机理也称为冲淤交换（turnover exchange）（Elliott and Brooks，1997a，1997b）。

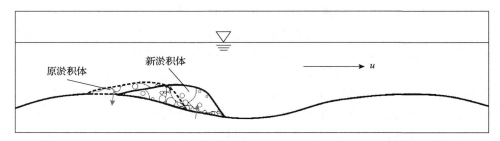

图 3.4　河岸带冲淤过程对潜流交换的影响示意图

2. 淤积体大小的影响机制

一般而言，随着河道坡降减小，河道输沙能力减弱，从而下游段的淤积量会增加。河岸地理结构（如错层、堤防）、地形特征、基质组成及基岩类型的变化都会引起近岸区水流条件的改变，从而引起河岸区冲淤变化（Benda et al.，2004）。式（3.40）右边第二项表明，潜流交换通量有一部分是由淤积体面积变化（dA/dl）引起的。当淤积体横断面面积减小时，地下储水区域的体积也相应减小，多余的地下水将排泄到河流中，从而形成上升流；当沉积物面积增大时，地下孔隙区的储水能力也相应增大，则会吸收地表水以补给地下水水量，从而形成入渗下降流（Vaux，1968），这种现象在枯水期尤为明显（Stanford and Ward，1988；Malard et al.，2002）。淤积体面积的变化是由淤积深度和宽度的空间变化导致的，而淤积深度和宽度的范围则受山坡、峡谷地形、基岩发育等因素的影响（Tonina and Buffington，2009），如图 3.5 所示。在较小尺度区域内，较浅淤积层覆盖的不规则河岸的形态变化容易导致淤积深度的空间变化。当淤积深度发生变化时，会发生潜流交换。在大尺度范围内，河岸带基岩下层形态的波峰或波谷的间隔距离的变化也会引起波谷潜流循环流，这一潜流将会与局部小尺度下的潜流交换相互叠加（Baxter and Hauer，2000）。

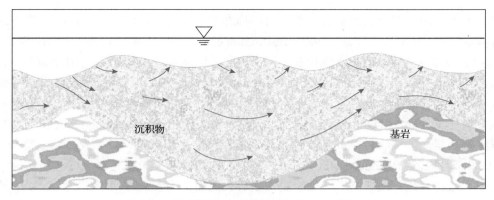

图 3.5　淤积体大小对潜流交换的影响示意图

　　大量细沙淤积覆盖于河岸区表面，会使河岸下层形成不透水层，随着不透水层的增加，淤积厚度将会减小，减弱潜流交换强度(Tonina and Buffington，2009)。因此，对潜流交换真正起作用的是近岸区可透水淤积层厚度，而不是整个淤积层的厚度(Storey et al.，2003；Tonina，2005)。可见，对潜流交换量产生影响的是有效淤积量。因此，量化淤积量对准确模拟潜流交换是非常重要的(Acworth and Dasey，2003；Cardenas et al.，2004)。

　　3. 淤积层组成的影响机制

　　淤积层的组成也会对潜流交换产生重要影响，其影响机制主要是由不同组成物渗透系数的差异性引起的，如图 3.6 所示。式(3.40)等号右边第三项表明，淤积物渗透系数的空间变化($\mathrm{d}K/\mathrm{d}l$)也将导致潜流交换的发生。当淤积物渗透系数减小时，孔隙区域的过流能力相应减小，多余的地下水将排泄到河流中，形成上升流；当淤积物渗透系数增大时，孔隙区域的过流能力相应增大，地表水则会渗透进入地下，形成入渗下降流(Vaux，1968)。因此，渗透系数的空间差异性会引起潜流交换的变化。淤积物渗透系数的变化则取决于沉积物的孔隙率和孔隙的连通性(Freeze and Cheery，1979)。

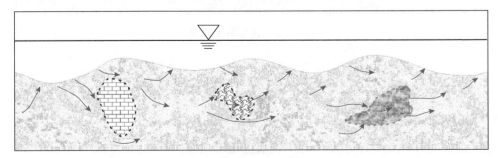

图 3.6　淤积物渗透系数变化对潜流交换的影响示意图

3.3.4　紊流扩散对潜流交换的作用机制

　　在河岸与水流相互作用下，近岸区河岸表面及河岸基质孔隙间会分别形成河岸表面紊流及内部紊流。河岸表面紊流主要由河岸形态、基质组成、倒伏树干、沉积物粗糙表面等因素产生(Brayshaw et al., 1983; Buffington et al, 2002)。河岸形态、大型障碍物(沙丘、木头、大漂石)等与地表水流相互作用会引起大区域水流结构的变化(Buffin-Bélanger et al., 2000)，在地形背水面出现紊动(Buffington et al., 2002)，河流紊流向表层沉积物扩散，出现边界渗透，地表水与地下水的相互耦合，使得水头梯度发生改变，从而引起潜流交换(Nagaoka and Ohgaki, 1990; Shimizu et al., 1990; Packman and Salehin, 2003)。河岸区基质组成的渗透性空间差异性可使河流及浅层孔隙水在动量上发生紊流交换(Ho and Gelhar, 1973; Mendoza and Zhou, 1992)。在级配较差、颗粒较大、粒径均匀的沉积物中，这种紊流扩散式的潜流交换更加显著。然而，当紊动在河岸土壤、泥沙中扩散时，由于受内力的作用及拖拽地下水的非线性作用，紊动能量会很快耗散。紊流在淤积物中将快速衰减，如图 3.7 所示(图中粗线为地表水流，细线为潜流)。可见，紊流向淤积物内的扩散是一种浅层现象(Vollmer et al., 2002)。紊动只能扩散到浅层，只能影响少部分淤积层(Detert et al., 2007)。据研究，紊流交换的深度仅能达到淤积物中值粒径2~10倍的深度(Shimizu et al., 1990; Vollmer et al., 2002; Packman and Salehin, 2003; Hu et al., 2014)。地表水与地下水流过可渗透河岸区时，动力紊动交换会引起速度递减。这些相互作用都会引起下游水头分布和潜流交换模式的改变(Ho and Gelhar, 1973)。随着河岸基质可渗透性和地表水地下水耦合程度增强，地下水调节水头梯度的能力也会有所增大，从而增强潜流交换强度。

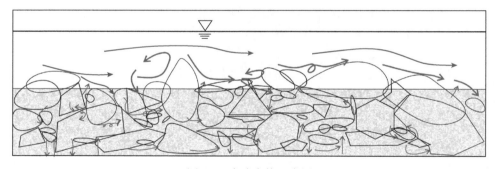

图 3.7　紊流交换示意图

3.4　潜流交换的基本描述模型

3.4.1　潜流交换通量模型

据观测，近岸区域地下水变化与地表水变化相比存在一定的迟滞性，而且离岸越远，其迟滞性越弱，交换量越小，潜流层深度与交换时间在靠近河岸位置最大(滕彦国等，2007)。可见，交换速率、交换通量、驻留时间、流径(纵向、垂向、横向交换距离)等参数可以有效定量描述河岸带潜流层水动力动态过程，这些参数与河岸带的水文条件、地形变化、土壤渗透系数、建筑物、建设方式、植被分布等密切相关，其影响机制需要深入探讨。为准确量化河流与含水层间的交换强度，通常会采用存储交换通量、驻留时间（residence time，RT）、混合率（mixing ratios）等变量来描述，这些参数通常通过注射环境或人工示踪剂监测获得，或者通过地表水-地下水通量耦合模型数值模拟方法获得。人们对交换通量的大小、地表水-地下水的混掺率及潜流驻留时间等问题的认识程度，对了解和掌握潜流生物地理化学活性及栖息地条件和功能的时空变化至关重要。

1. 平均入渗量

由于水压力的动态变化驱动了对流交换，对流交换的入渗量可以表示为式（3.42）。

$$q(x,y,z) = \begin{cases} \vec{u} \cdot \vec{n} & \vec{u} \cdot \vec{n} \geq 0 \\ 0 & \vec{u} \cdot \vec{n} < 0 \end{cases} \tag{3.42}$$

式中，$q(x,y,z)$ 是潜流交界面点 (x,y,z) 位置的入渗流量；$\vec{u}$ 是潜流交界面的达西流速（指向沉积物内部为正，指向地表水为负）；$\vec{n}$ 为垂直于交界面的单位法向量，方向与 $\vec{u}$ 的方向一致。

交界面上单位面积的平均入渗流量 $\bar{q}$ 为

$$\bar{q} = \frac{1}{A} \int_A q(x,y,z) \mathrm{d}A \tag{3.43}$$

式中，A 为潜流交界面的表面积。

2. 潜流交换通量

潜流交换通量反映了潜流交换强度和速率快慢。Elliott 和 Brooks（1997a，1997b）、Fehlman（1985）、Shen 等（1990）认为起伏型河床、蜿蜒型河岸表面压力水头分布可简化为用正弦函数估计，如式（3.44）所示。

$$h|_{y=0} = h_{\mathrm{m}}(t) \sin(n_\lambda x) \tag{3.44}$$

式中，h 为河岸坡面压力水头；x 为顺水流流动方向的位置坐标；n_λ 为边界形态波数（$n_\lambda = 2\pi / \lambda$，$\lambda$ 为波长）；$h_{\mathrm{m}}(t)$ 为压力水头的振幅。

Cardenas 和 Wilson（2007）根据 Elliott 和 Brooks 提出的经验计算式，进一步修订认为 $h_{\mathrm{m}}(t)$ 可用式（3.45）确定。

$$h_{\mathrm{m}}(t) = c \frac{U^2(t)}{2g} \left(\frac{H}{0.34 d(t)} \right)^\psi, \quad \psi = \begin{cases} 3/8 & H/d(t) < 0.34 \\ 3/2 & H/d(t) > 0.34 \end{cases} \tag{3.45}$$

式中，$U(t)$ 和 $d(t)$ 分别为河流经过时间 t 时的平均流速和水深；H 为凸起高度；c、ψ 为常数，取决于宽深比。

在此基础上对 $h_{\mathrm{m}}(t)$ 进行无量纲化处理，得到函数 $f(t)$：

$$f(t) = \frac{h_{\mathrm{m}}(t)}{h_0} \tag{3.46}$$

式中，h_0 为排放量 Q 基础上的平均水深。

　　基于达西定理，平均交换通量 $q(t)$ 可通过对边界波长上局部通量的积分计算得到（Boano et al.，2010），如式（3.47）所示。

$$q(t) = \int_0^{L/2} \frac{u_0 f(t) \sin(n_\lambda x)}{L} \mathrm{d}x = \frac{u_0}{\pi} f(t) \tag{3.47}$$

式中，u_0 为达西流量的特征标度，$u_0 = n_\lambda K h_0$；K 为渗透系数。

　　式（3.47）表明基于时间的交换通量与无量纲水头 $f(t)$ 成比例。当考虑排放量 Q 时，发现交换通量恒定，为 $q_0=u_0/\pi$。因此，可以定义归一化的交换通量 $q(t)/q_0$，其值可以简单地由函数 $f(t)$ 确定，如式（3.48）所示。

$$\frac{q(t)}{q_0} = f(t) \tag{3.48}$$

3.4.2　潜流驻留时间描述模型

　　设在 x 位置、t 时刻，某一微元体内潜流驻留时间分布函数为 $\rho(x,t,\tau)$，$\rho(x,t,\tau)$ 定义为微元体内在驻留时间 τ（$\tau \geqslant 0$）内驻留粒子的比例，即函数 ρ 的实质是某一位置某一时刻驻留时间的概率分布函数，则在 x 位置 t 时刻，所有潜流驻留时间分布函数的积分等于 1（Gomez et al.，2012），如式（3.49）所示。

$$\int_0^\infty \rho(x,t,\xi)\mathrm{d}\xi = 1 \tag{3.49}$$

　　在恒定流条件下，驻留时间是一个与时间无关的量。假定无源和汇存在，则函数 ρ 的空间变化可用式（3.50）的偏微分方程表示。

$$\frac{\partial \rho}{\partial \tau} - \nabla \cdot (D\nabla\rho) + \nabla \cdot (v\rho) = 0 \tag{3.50}$$

式中，水动力输运算子 $L(\rho) = \nabla \cdot (D\nabla\rho) - \nabla \cdot (v\rho)$，考虑了达西对流和 Fickian 扩散；$D$ 为对流-扩散张量，$D = \{D_{ij}\}$（Bear，1972）；v 为平均孔隙流速，$v = -(\theta^{-1}K\nabla\phi)$。

　　累积驻留时间分布函数 $R(x,\tau)$ 可定义为

$$R(x,\tau) = \int_0^\tau \rho(x,\xi)\mathrm{d}\xi \tag{3.51}$$

　　则 $\rho(x,\tau)$ 可表示为式（3.52）。

$$\rho(x,\tau) = \frac{\partial R(x,\tau)}{\partial \tau} \tag{3.52}$$

简略地,可用潜流层体积与离开潜流层的总交换通量的比值来估算总潜流交换时间,如式(3.53)和式(3.54)所示。

$$T = \frac{a\lambda\phi_0}{\displaystyle\int_{\Omega_{out}} n \cdot (-K\phi\nabla\phi)\mathrm{d}x} \approx \frac{l_0}{KJ_x} \tag{3.53}$$

$$l_0 = \frac{a\lambda}{s_{out}Q^*} \tag{3.54}$$

式中,T 为总潜流交换时间;a 和 λ 分别为河岸蜿蜒振幅和波长;ϕ 为水头,$\nabla\phi$ 为达西通量,ϕ_0 为下游出口段高程;l_0 为特征长度;x 为位置矢量;J_x 为水力坡降;K 为渗透系数;s_{out} 为潜流返回河流的长度,$s_{out} = \int_{\partial\Omega_{out}} \mathrm{d}x^*$;$Q^*$ 为总的无量纲潜流交换通量,

$Q^* = \dfrac{\displaystyle\int_{\partial\Omega_{out}} \dfrac{\phi}{J_x\lambda}\mathrm{d}x^*}{s_{out}}$,$x^*$ 为无量纲位置矢量,$x^* = x/\lambda$。

3.4.3　潜流交换宽度与深度模型

地下水流汇集区域(潜流体)的暂态存储及缓冲削污特性,使得潜流层区域范围在一定程度上决定了河岸带对维持河道生态系统健康功能的发挥程度,所以常被用来作为系统健康评价的关键指标参数。潜流层区域范围决定着它的功能大小、发挥程度,因此,准确识别和确定潜流层区域范围也是潜流研究的重要内容。通常潜流层区域范围大小主要通过纵向长度、侧向宽度和垂向深度来表征。

在二维情况下,潜流交换的区域范围依据泵吸交换区域(孔隙对流区)与地下水环境流区的临界流线确定。它会受到地形特征比率 $\alpha = \Delta/\lambda$(Δ 为凸起高度,λ 为波长)、地表水动力条件变化(流速、水深等)的影响。在垂向上,大多数研究重点关注了近地表层地表水-地下水的混合,近年来很多研究发现,地形变化引起的对流泵吸作用使得地表水流能够渗透进入更深的泥沙中与地下水发生混掺交换。理论上,潜流交换的深度为交界面到地下水第一根水平流线之间的垂直距离。但在实际情况下,很难确定地下水的第一根水平流线。一些学者的研究中将平衡态时地下水与地表水含量比率达到 0.5 处的位置确定为第一根水平流线,将交界面到比率为 0.5 位置的深度定义为交换深度,研究认为潜流交换深度与雷诺数的 1/2 次方成正比(陈孝兵等,2014)。由于潜流交换受到不同尺度、多个因素的复合作用,在一定范围内,通常会同时出现多维方向的通道形态,导致地下水流流线变化较为复杂,尤其是在三维情况下,对流流线极其复杂。因此,很难确定有效深度,目前均采用简化方法来确定交换深度。

在侧向上,潜流会延伸进入河岸带区域,形成更宽泛的潜流空间分布。以往的研究重点关注了潜流垂向交换,而对侧向交换研究涉及较少,因此目前对交换宽度的确定方法还有待进一步深入研究。本书将在第五章的 5.4 节和 5.5 节做一定的讨论和分析。

在不同尺度下,潜流层地表水-地下水交换通量、溶质输运、区域范围的时空变化较

大，如在低洼地区的河流中，潜流层深度、宽度、交换通量等的季节转换变化非常显著。潜流交换通量、驻留时间、区域方位的研究均需要考虑尺度效应。在流域尺度上，需通过数值模拟来求得潜流层的特征，掌握局部地下水流程及地表水-地下水交界面上的水头梯度。在河流(或小流域)尺度上，用河岸的凹凸性、弯曲度、结构复杂性来描述河岸形态，这种近似描述方法可以用于预测潜流层水势及潜流条件，可用模型试验与数值模拟相结合的方法研究估算水头，掌握潜流交换通量、驻留时间和取样范围的变化规律和响应机理。在河段和局部斑块尺度上，可借助野外监测、室内模型试验、数值模拟方法，精细模拟分析局部范围的三维潜流交换流径、通量、驻留时间和准确识别潜流层区域范围。在此基础上，借助尺度转换法，应用上推和下推技术，深入探究潜流层渗透性、水力梯度、交换通量、驻留时间、流径、区域范围等参数在不同尺度之间的转换、变化规律和响应机理及定量确定方法。

参 考 文 献

陈孝兵, 赵坚, 李英玉, 等. 2014. 床面形态驱动下潜流交换试验. 水科学进展, 25(6): 835-841.

程海云, 黄艳 1996. 丹麦水力研究所河流数学模拟系统. 水利水电快报, 17(19): 24-27.

李炜. 1979. 明渠均匀流的小扰动理论. 武汉大学学报(工学版), 2: 42-55.

林俊强. 2013. 微弯河岸潜流侧向交换水动力学特性研究. 南京: 河海大学博士学位论文.

林俊强, 严忠民, 夏继红. 2013a. 微弯河岸沿线扰动压强分布特性试验. 水科学进展, 24(6): 855-860.

林俊强, 严忠民, 夏继红. 2013b. 基于小扰动理论的微弯河岸沿线扰动压力分布. 力学学报, 45(3): 337-342.

林俊强, 严忠民, 夏继红. 2013c. 弯曲河岸侧向潜流交换试验. 水科学进展, 24(1): 118-124.

潘锦珊, 单鹏. 2012. 气体动力学基础. 北京: 国防工业出版社.

谭维炎. 1998. 计算浅水动力学——有限体积法的应用. 北京: 清华大学出版社.

滕彦国, 左锐, 王金生. 2007. 地表水-地下水的交错带及其生态功能. 地球与环境, 35(1): 1-8.

滕彦国, 左锐, 王金生, 等. 2010. 区域地下水演化的地球化学研究进展. 水科学进展, 21(1): 127-136.

王翠云. 2008. 基于遥感和 CFD 技术的城市热环境分析与模拟——以兰州市为例. 兰州: 兰州大学博士学位论文.

王福军. 2004. 计算流体动力学分析——CFD 软件原理与应用. 北京: 清华大学出版社.

王昆. 2009. 复杂水流的高分辨率数值模拟. 大连: 大连理工大学博士学位论文.

王瑞金, 张凯, 王刚. 2007. Fluent 技术基础与应用实例. 北京: 清华大学出版社.

吴子牛, 王兵, 周睿, 等. 2007. 空气动力学. 北京: 清华大学出版社.

谢明亮. 2007. 边界层两相流动稳定性理论与计算. 杭州: 浙江大学博士学位论文.

赵振兴, 何建京. 2005. 水力学. 北京: 清华大学出版社.

Acworth R I, Dasey G R. 2003. Mapping of the hyporheic zone around a tidal creek using a combination of borehole logging, borehole electrical tomography and cross-creek electrical imaging, New South Wales, Australia. Hydrogeology Journal, 11: 368-377.

Anderson D, Tannehill J, Pletcher R. 1984. Computational Fluid Mechanics and Heat Transfer. New York: McGraw-Hill Book Company.

Baxter C V, Hauer R F. 2000. Geomorphology, hyporheic exchange, and selection of spawning habitat by bull trout (Salvelinus confluentus). Canadian Journal of Fisheries and Aquatic Sciences, 57: 1470-1481.

Bear J. 1972. Dynamics of Fluids in Porous Media. New York: American Elsevier Publishing Company Inc.

Benda L, Poff N L, Miller D, et al. 2004. The network of dynamic hypothesis: how channel networks structure riverine habitats. Bioscience, 54(5): 413-427.

Boano F, Revelli R, Ridolfi L. 2010. Effect of streamflow stochasticity on bedform-driven hyporheic exchange. Advances in Water Resources, 33 (11): 1367-1374.

Brayshaw A C, Frostick L E, Reid I. 1983. The hydrodynamics of particle clusters and sediment entrainment in coarse alluvial channels. Sedimentology, 30: 137-143.

Buffin-Bélanger T, Roy A G, Kirkbride A D. 2000. On large-scale flow structures in a gravel-bed river. Geomorphology, 32: 417-435.

Buffington J M, Lisle T E, Woodsmith R D, et al. 2002. Controls on the size and occurrence of pools in coarse-grained forest rivers. River Research and Applications, 18: 507-531.

Cardenas M B, Wilson J F, Zlotnik V A. 2004. Impact of heterogeneity, bed forms, and stream curvature on subchannel hyporheic exchange. Water Resources Research, 40: W08307.

Cardenas M B, Wilson J L. 2007. Dunes, turbulent eddies, and interfacial exchange with permeable sediments. Water Resources Research, 43: W08412.

Chu K W, Yu A B. 2008. Numerical simulation of complex particle-fluid flows. Powder Technology, 179 (3): 104-114.

Elliott A, Brooks N H. 1997a. Transfer of nonsorbing solutes to a streambed with bed forms: Theory. Water Resources Research, 33 (1): 123-136.

Elliott A, Brooks N H. 1997b. Transfer of nonsorbing solutes to a streambed with bed forms: Laboratory experiments. Water Resources Research, 33 (1): 137-151.

Fehlman H M. 1985. Resistance Components and Velocity Distribution of Open Channel Flows over Bed Form. Colorado: PhD Dissertation of Colorado State University.

Freeze R A, Cheery J A. 1979. Groundwater. Englewood Cliffs: Prentice Hall.

Gomez J D, Wilson J L, Cardenas M B. 2012. Residence time distributions in sinuosity-driven hyporheic zones and their biogeochemical effects. Water Resources Research, 48: W09533.

Harvey J W, Bencala K E. 1993. The effect of streambed topography on surface-subsurface water exchange in mountain catchments. Water Resources Research, 29 (1): 89-98.

Ho R T, Gelhar L W. 1973. Turbulent flow with wavy permeable boundaries. Journal of Fluid Mechanics, 58: 403-414.

Hu H, Binley A, Heppell C M, et al. 2014. Impact of microforms on nitrate transport at the groundwater-surface water interface in gaining streams. Advances in Water Resources, 73 (4): 185-197.

Landau L D. 1944. On the problem of turbulence. Comptes Rendus de l'Académie des Sciences, 44: 311-314.

Launder B E, Spalding D B. 1972. Lectures in Mathematical Models of Turbulence. London: Academic Press.

Malard F, Tockner K, Dole-Olivier M J, et al. 2002. A landscape perspective of surface-subsurface hydrological exchanges in river corridors. Freshwater Biology, 47: 621-640.

Mendoza C, Zhou D. 1992. Effects of porous bed on turbulent stream flow above bed. Journal of Hydraulic Engineering, 118: 1222-1240.

Nagaoka H, Ohgaki S. 1990. Mass transfer mechanism in a porous riverbed. Water Research, 24 (4): 417-425.

Packman A I, Salehin M. 2003. Relative roles of stream flow and sedimentary conditions in controlling hyporheic exchange. Hydrobiologia, 494: 291-297.

Patankar S V. 1980. Numerical Heat Transfer and Fluid Flow. Washington: Hemisphere Publishing Corporation.

Rayleigh L. 1880. On the stability or instability of certain fluid motions. Proceedings of the London Mathematical Society, 11: 57-70.

Rollet-Miet P, Laurence D, Ferziger J. 1999. LES and RANS of turbulent flow in tube bundles. International Journal of Heat and Fluid Flow, 20 (3): 241-254.

Savant A S, Reible D D, Thibodeaux L J. 1987. Convective transport within stable river sediment. Water Resources Research, 23 (9): 1763-1768.

Shen H W, Fehlman H M, Mendoza C. 1990. Bed form resistances in open channel flows. Journal of Hydraulic Engineering, 8(1): 69-78.

Shih T H, Liou W W, Shabbir A, et al. 1995. A new k-ε eddy viscosity model for high reynolds number turbulent flows. Computers & Fluids, 24(3): 227-238.

Shimizu Y, Tsujimoto T, Nakagawa H. 1990. Experiments and macroscopic modeling of flow in highly permeable porous medium under free-surface flow. Journal of Hydraulic Engineering, 8: 69-78.

Stanford J A, Ward J V. 1988. The hyporheic habitat of river ecosystems. Nature, 335: 64-65.

Storey R G, Howard K W F, Williams D D. 2003. Factors controlling riffle-scale hyporheic exchange and their seasonal changes in a gaining stream: a three-dimensional groundwater flow model. Water Resources Research, 39(2): 1034.

Terry L H. 2000. Transonic flow computations using nonlinear potential methods. Progress in Aerospace Sciences, 36: 1-61.

Thibodeaux L J, Boyle J D. 1987. Bedform-generated convective transport in bottom sediment. Nature, 325(22): 341-343.

Tonina D. 2005. Interaction between River Morphology and Intra-gravel Flow Paths within the Hyporheic Zone. Idaho, USA: PhD Dissertation of University of Idaho.

Tonina D, Buffington J M. 2007. Hyporheic exchange in gravel bed rivers with pool-riffle morphology: laboratory experiments and three-dimensional modeling. Water Resources Research, 43: W01421.

Tonina D, Buffington J M. 2009. Hyporheic exchange in mountain rivers I: mechanics and environmental effects. Geography Compass, 3(3): 1063-1086.

Vaux W G. 1968. Intragravel flow and interchange of water in a streambed. Fishery Bulletin, 66: 479-489.

Versteeg H K, Malalasekera W. 1995. An Introduction to Computational Fluid Dynamics: The Finite Volume Method. New York: Wiley

Vittal N, Ranga R K G, Garde R J. 1977. Resistance of two-dimensional triangular roughness. Journal Hydraulic Research, 15: 19-36.

Vollmer S, Francisco de los Santos R, Daebel H, et al. 2002. Micro scale exchange processes between surface and subsurface water. Journal of Hydrology, 269: 3-10.

Wu W. 2008. Computational River Dynamics. London: Taylor and Francis Group.

Xia J, Nehal L. 2013. Hydraulic features of flow through emergent bending aquatic vegetation in the riparian zone, Water, 5(4): 2080-2093.

Xia J, Yu G, Lin J, et al. 2016. Sinuosity-driven water pressure distribution on slope of slightly-curved riparian zone: Analytical solution based on small-disturbance theory and comparison to experiments. Water, 8(2): 61.

Yakhot V, Orzag S A. 1986. Renormalization group analysis of turbulence: Basic theory. Journal of Scientific Computing, 1(1): 3-51.

第4章 近岸区水压力场分布与影响机制

4.1 基于小扰动理论的蜿蜒河岸坡面水压力方程推导

4.1.1 明渠水流运动基本方程的简化

一般而言，河道中流速等水力参数沿垂直方向的变化较沿水平方向的变化小得多，因此，可忽略这些水力参数沿垂向的变化。因此，假定沿水深方向的动水压强符合静水压强分布，将三维的连续性方程和动量守恒方程(N-S 方程)沿水深积分平均，并忽略水面风阻和地球自转引起的柯氏力，即可得恒定流条件下水深平均的二维浅水方程，如式(4.1)、式(4.2)、式(4.3)所示(Mignot et al.，2006)。

连续性方程：

$$\frac{\partial(hu)}{\partial x} + \frac{\partial(hv)}{\partial y} = 0 \tag{4.1}$$

动量守恒方程：

$$\frac{\partial(hu^2)}{\partial x} + \frac{\partial(huv)}{\partial y} = -gh\frac{\partial \zeta}{\partial x} - \frac{gn^2u\sqrt{u^2+v^2}}{h^{1/3}} + \frac{\mu_t}{\rho}\left[\frac{\partial^2(hu)}{\partial x^2} + \frac{\partial^2(hu)}{\partial y^2}\right] \tag{4.2}$$

$$\frac{\partial(huv)}{\partial x} + \frac{\partial(hv^2)}{\partial y} = -gh\frac{\partial \zeta}{\partial y} - \frac{gn^2v\sqrt{u^2+v^2}}{h^{1/3}} + \frac{\mu_t}{\rho}\left[\frac{\partial^2(hv)}{\partial x^2} + \frac{\partial^2(hv)}{\partial y^2}\right] \tag{4.3}$$

式中，h 为水深，$h=\zeta-Z_b$；ζ 为河流水位；Z_b 为河床高程；μ_t 为紊流的动力黏滞系数；式(4.2)、式(4.3)中右边第二项为黏性引起的河床阻力项。

通常情况下，河道水流的雷诺数较大，黏性作用主要集中于极薄的边界层内，而对边界层外的影响较小，边界层外惯性力的作用远大于黏性力的作用，因此，可将流体视为理想势流。根据边界层理论求解物面的压力分布时，需考虑有无边界层分离现象。若无边界层分离现象，则可忽略边界层的影响，做一阶近似，利用势流理论求得物面的压力分布；若出现边界层分离现象，则需考虑边界层对外流的影响，以一阶近似的势流解为基础求出等效物面，再求解理想流体绕该等效物面的流动，得到修正的边界压力分布，将其视为物面的压力分布。由于边界层分离情况极其复杂，难以直接求解，所以本书为了简化问题，仅考虑边界层无分离情况，求解无边界层分离条件下河岸带边界压力的分布。忽略式(4.2)、式(4.3)的黏性项，且不考虑河床形态的影响，则由式(4.1)、式(4.2)、式(4.3)可得简化式(4.4)、式(4.5)、式(4.6)。

$$\frac{\partial(hu)}{\partial x}+\frac{\partial(hv)}{\partial y}=0 \tag{4.4}$$

$$\frac{\partial(hu^2)}{\partial x}+\frac{\partial(huv)}{\partial y}=-gh\frac{\partial h}{\partial x} \tag{4.5}$$

$$\frac{\partial(huv)}{\partial x}+\frac{\partial(hv^2)}{\partial y}=-gh\frac{\partial h}{\partial y} \tag{4.6}$$

进一步地，将式(4.4)中的各项偏微分展开，并代入式(4.5)、式(4.6)中，可得更为简化的二维浅水方程式(4.7)、式(4.8)、式(4.9)。

$$\frac{\partial(hu)}{\partial x}+\frac{\partial(hv)}{\partial y}=0 \tag{4.7}$$

$$u\frac{\partial u}{\partial x}+v\frac{\partial u}{\partial y}=-g\frac{\partial h}{\partial x} \tag{4.8}$$

$$u\frac{\partial v}{\partial x}+v\frac{\partial v}{\partial y}=-g\frac{\partial h}{\partial y} \tag{4.9}$$

4.1.2 蜿蜒河岸带的扰动特性

不同河岸带特征所产生的扰动种类有很多，对水流系统的扰动部位差别也很大。因此，确切描述扰动对水流系统状态随时间变化的影响，或者说具体写出水流系统的扰动状态方程十分困难。通常河道地貌形态较复杂，河岸蜿蜒弯曲，河床起伏、滩潭交错，复杂的河道形态会与水流相互作用形成复杂的水流形态(Crowder，2002)，例如弯曲的河岸与水流相互作用，水流方向会发生改变，从而形成强度较大的切削力，对凸岸头部产生冲刷，造成河岸的不稳定，在凹岸也会形成强度较大的紊流，造成背水面泥沙的卷携，影响河岸带的稳定性(Peakall et al.，2000；Kassem and Imran，2004；Kane et al.，2010；Straub et al.，2011；Ezz et al.，2013)。水流与弯曲河岸、起伏河床的相互作用还会促进河岸区、河床区潜流交换(Wörman et al.，2007；Buffington and Tonina，2009；Tonina and Buffington，2009；Stonedahl et al.，2010)。可见，弯曲河岸区水流特性比顺直河岸区水流特性复杂得多(Hicks et al.，1990；Ghamry and Steffler，2002；Gholami et al.，2014；Pradhan et al.，2015)，这种复杂的水流特性会对侵蚀、泥沙输运、污染物运移、地表水-地下水相互作用、生物栖息地质量等产生重要影响(Hicks et al.，1990；Jin et al.，1990)，因此，蜿蜒河岸带已成为河流建设、管理和科学研究的重点对象(Xia et al.，2016；Pradhan et al.，2015)。

一般而言，按照扰动性质，河岸带扰动可分为两大类：一类为大扰动；另一类为小扰动。大扰动是指对河岸带安全稳定、生态系统健康状态产生严重影响的扰动，如洪水冲刷、植被砍伐、硬质化等。这类扰动尽管有时强度不大，但波及的系统范围较大，其至波及全系统，引起系统水流、泥沙、生物、化学物质等重新分布，甚至系统崩溃。小扰动是指对河岸带局部状态产生微小影响的扰动，如河岸形态的微小弯曲。这类扰动会引起近岸区水流、泥沙、生物、化学物质的局部变化，同时也会引起邻近系统的局部变化，如面源污染物易在河岸带汇聚、累积，这些污染物在影响河岸带土壤环境、生物生长的同时，也会影响地表水和地下水环境；再如，对于层流而言，如果其受到一个很小的扰动(如河岸形态发生蜿蜒变化)，则会引起局部位置水流能量的瞬时累积和剧增，一旦能量增幅足够大，水流将会产生非线性紊动，这称为水流小扰动(Singler，2008)。对于水流小扰动问题，可借鉴空气动力学中的小扰动理论开展研究。

Brice 和 Blodgett(1978)定义曲率小于 1.05 的河流为顺直微弯河流，陈宝冲(1992)则认为曲率小于 1.2 的河流属于微弯河流。此外，也有学者认为顺直微弯河流的曲率上限应为 1.3(倪晋仁和王随继，2000)。本书将曲率上限介于 1.05～1.3 的河流均界定为微弯河流，其相应的河岸为微弯河岸。考虑到大曲率河流水流紊乱，流场复杂，河岸边界常发生边界层分离和水流顶冲等现象，难以对其流场进行解析求解，因此，本书重点以微弯河岸带作为研究对象。

近 30 年来，国内外针对弯曲河道水流问题开展了大量研究，尤其是针对弯曲明渠水动力机制，研究建立了多个数学方程，如 Hicks 等(1990)、Jin 等(1990)研究了光滑半梯形河流中的水流机制。Ghamry(1999)在假定垂向流速和压力分布为二次分布、纵向流速为线性或二次分布的基础上，建立了弯曲河流垂向平均的运动方程。这些研究重点关注了微弯宽浅河道中近岸区水流特性与侵蚀模式。研究表明蜿蜒河岸水压力变化比顺直河岸水压力变化剧烈得多(Jin et al.，1990)。Buffington 和 Tonina(2009)在总结 8 种山区河流潜流发生机制时，认为压力分布是潜流交换的重要驱动机制。但是近岸区水压力对潜流交换的驱动作用机制目前尚不明确(Tonina，2012；Marzadri et al.，2014)。因此，深入研究近岸区水压力分布特性及准确掌握近岸区水压力分布规律将有利于河岸带内部潜流交换、溶质运移及生态循环机理的探究。对于蜿蜒性河道而言，可以将河岸蜿蜒特征看作小扰动，河岸蜿蜒形态对水流的作用可以应用小扰动理论来研究。

4.1.3　基于小扰动理论的河岸坡面水压力方程

由于微弯河岸边界的变化较缓慢且在边界层无分离，水流运动的变化也是缓慢的，因此，可将微弯河岸边界对水流的扰动视为小扰动。对于这类小扰动问题，可以借鉴空气动力学的小扰动理论，对非线性的速度势偏微分方程加以线性化，得到线性化的小扰动速度势方程，这种线性化速度势方程比非线性的速度势方程容易求解。参照 Elliott 和 Brooks(1997a，1997b)、Fehlman(1985)、Shen 等(1990)对起伏型河床、蜿蜒性河岸的概化方法，本书将微弯河岸带形态概化为正弦型，应用空气动力学中的小扰动理论求解河岸边界扰动下的水压力分布解析解，以期定量地描述近岸区水压力变化规律。

设一均匀来流流经一微弯河道，河岸岸线为正弦曲线型，河道宽为 b，来流平均流速为 u_0，水深为 h_0，河道的平面形态及所建立的坐标系如图 4.1 所示。

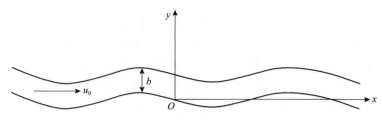

图 4.1　微弯河道的平面形态及坐标系

受正弦型微弯河岸的影响，若来流流速 $u_0 > 0$，则在 x 方向与 y 方向均会产生一扰动流速，同样，河流水深也会受到扰动。按照第 3 章小扰动理论，水流的流速、水深等运动要素可表示为式 (4.10)。

$$u = u_0 + u' \quad v = v' \quad h = h_0 + h' \tag{4.10}$$

式中，u、v 分别为 x 方向和 y 方向的流速；u_0、h_0 分别为均匀来流的流速和水深；u'、v' 分别为 x 方向和 y 方向的扰动流速；h' 为扰动水深。u'、v'、h'、$\dfrac{\partial u'}{\partial x}$、$\dfrac{\partial u'}{\partial y}$、$\dfrac{\partial v'}{\partial x}$、$\dfrac{\partial v'}{\partial y}$、$\dfrac{\partial h'}{\partial x}$ 和 $\dfrac{\partial h'}{\partial y}$ 均为一阶小量，且满足如下关系式 $|u'/u_0| \ll 1$，$|v'/u_0| \ll 1$，$|h'/h_0| \ll 1$。

将式 (4.10) 代入式 (4.7)、式 (4.8)、式 (4.9) 中，并略去二阶及二阶以上小量，得式 (4.11)、式 (4.12)、式 (4.13)。

$$u_0 \frac{\partial u'}{\partial x} = -g \frac{\partial h'}{\partial x} \tag{4.11}$$

$$u_0 \frac{\partial v'}{\partial x} = -g \frac{\partial h'}{\partial y} \tag{4.12}$$

$$h_0 \frac{\partial u'}{\partial x} + u_0 \frac{\partial h'}{\partial x} + h_0 \frac{\partial v'}{\partial y} = 0 \tag{4.13}$$

将式 (4.11)、式 (4.12)、式 (4.13) 合并，整理得式 (4.14)。

$$(1 - Fr^2) \frac{\partial^2 h'}{\partial x^2} + \frac{\partial^2 h'}{\partial y^2} = 0 \tag{4.14}$$

式中，$Fr(= u_0 / \sqrt{gh_0})$ 为均匀来流的弗劳德数。

通常情况下，天然河流的流态多为缓流，$0 < Fr < 1$，则 $(1 - Fr^2) > 0$，显然，式 (4.14) 为椭圆方程。为简便起见，设 $w = \sqrt{1 - Fr^2}$，则式 (4.14) 可改写为式 (4.15)。

$$w^2 \frac{\partial^2 h'}{\partial x^2} + \frac{\partial^2 h'}{\partial y^2} = 0 \tag{4.15}$$

4.2　蜿蜒河岸带坡面水压力方程的解析解

4.2.1　量纲分析

很多研究表明，河岸带的形态(包括纵向弯曲形态、横向断面形态)和水流条件是影响河岸带局部压强分布的主要原因(Storey et al.，2003；Boano et al.，2006；Cardenas，2009)。将影响河岸带表面压强 p 的因素概括为来流流速 u_0、来流水深 h_0、流体密度 ρ、河岸的纵向形态参数 a/λ(河岸带蜿蜒振幅与波长之比)、河岸的横向边坡系数 m、重力加速度 g、水面宽度 B 和动力黏滞系数 μ，用式(4.16)来描述它们之间的相互关系。

$$f(p,u_0,h_0,\rho,a/\lambda,m,g,B,\mu)=0 \tag{4.16}$$

应用量纲分析的 π 定理，选取来流流速 u_0、来流水深 h_0、流体密度 ρ 作为基本物理量进行无量纲处理，可得式(4.17)。

$$f_1\left(h_{\mathrm{p}i},\frac{a}{\lambda},m,Fr,\frac{B}{h},Re\right)=0 \tag{4.17}$$

式中，$h_{\mathrm{p}i}=\dfrac{p}{\rho u^2}$，为河岸沿线不同位置的压力水头；$Fr=\dfrac{u_0}{\sqrt{gh_0}}$，为来流的弗劳德数；$Re=\dfrac{\rho u_0 h_0}{\mu}$，为来流的雷诺数。

进一步可将式(4.17)整理成式(4.18)的形式。

$$h_{\mathrm{p}i}=f_2\left(\frac{a}{\lambda},m,Fr,\frac{B}{h_0},Re\right) \tag{4.18}$$

以起始点位置的压力水头 h_{p_0} 为基准压力，则其他测点扰动压力可用各测点压力与基准压力的差值表征，即

$$h'_{\mathrm{p}i}=h_{\mathrm{p}i}-h_{\mathrm{p}_0} \tag{4.19}$$

式中，$h'_{\mathrm{p}i}$ 为河岸形态引起的扰动压力水头；h_{p_0} 为起始点位置的压力水头。

进一步，定义一无因次的扰动压力系数 C_{p} 来表征河岸扰动压力水头的变化。

$$C_{\mathrm{p}}=\frac{h'_{\mathrm{p}i}}{u_0^2/2g}=\varphi\left(\frac{a}{\lambda},Fr\right) \tag{4.20}$$

式中，$u_0^2/2g$ 为来流速度水头；C_{p} 为扰动压力水头与来流速度水头的比值，显然 C_{p} 也是 a/λ 和 Fr 的函数。

4.2.2 边界条件

设坐标原点 $(0, 0)$ 为压力水头的参考点位置，假定该处的扰动水深为 h_0'，则原点位置的边界条件如式 (4.21) 所示。

$$h'\big|_{\substack{x=0 \\ y=0}} = h_0' \tag{4.21}$$

正弦型微弯河岸的壁面边界条件为不可穿透边界条件。设壁面的法向向量为 $\vec{n}$，速度向量为 $\vec{V}(u,v)$，则壁面边界条件可表示为式 (4.22)。

$$\vec{V} \cdot \vec{n} = 0 \tag{4.22}$$

设壁面方程为 $y = f(x)$，同时令 $F = y - f(x)$，则壁面法向向量可表示为式 (4.23)。

$$\vec{n} = (F_x, F_y) = \left(-\frac{\partial f}{\partial x}, 1\right) \tag{4.23}$$

将式 (4.23) 代入式 (4.22) 中并展开，得式 (4.24)。

$$\vec{V} \cdot \vec{n} = (u, v) \cdot \left(-\frac{\partial f}{\partial x}, 1\right) = -u\frac{\partial f}{\partial x} + v = 0 \tag{4.24}$$

将式 (4.10) 代入式 (4.24) 中，并略去二阶以上小量，得式 (4.25)。

$$-u_0\frac{\partial f}{\partial x} + v' = 0 \tag{4.25}$$

将式 (4.25) 代入式 (4.12) 中，得式 (4.26)。

$$\frac{\partial h'}{\partial y} = -\frac{u_0}{g}\frac{\partial v'}{\partial x} = -\frac{u_0^2}{g}\frac{\partial^2 f}{\partial x^2} \tag{4.26}$$

设正弦型蜿蜒河岸左岸、右岸壁面方程分别为式 (4.27)、式 (4.28)。

左岸：
$$y_2 = f_2(x) = a\sin\frac{2\pi}{\lambda}x + b \tag{4.27}$$

右岸：
$$y_1 = f_1(x) = a\sin\frac{2\pi}{\lambda}x \tag{4.28}$$

当 a/λ 充分小（$a/\lambda \ll 1$）时，可将壁面上的边界条件近似为 $y=0$ 和 $y=b$ 上的边界条件，则左岸、右岸的壁面边界条件可分别表示为式 (4.29)、式 (4.30)。

左岸：
$$\frac{\partial h'}{\partial y}\bigg|_{y=b} = -\frac{u_0^2}{g}\frac{\partial^2 f_2}{\partial x^2} = \frac{u_0^2 a}{g}\left(\frac{2\pi}{\lambda}\right)^2 \cdot \sin\frac{2\pi}{\lambda}x \tag{4.29}$$

右岸：
$$\frac{\partial h'}{\partial y}\bigg|_{y=0} = -\frac{u_0^2}{g}\frac{\partial^2 f_1}{\partial x^2} = \frac{u_0^2 a}{g}\left(\frac{2\pi}{\lambda}\right)^2 \cdot \sin\frac{2\pi}{\lambda}x \tag{4.30}$$

4.2.3　坡面水压力问题描述与求解

正弦型微弯河岸在缓流情况下的沿线压力分布问题转换为上述小扰动方程式(4.15)及其边界条件式(4.21)、式(4.29)、式(4.30)的边值问题，可用式(4.31)～式(4.34)描述。

$$w^2\frac{\partial^2 h'}{\partial x^2} + \frac{\partial^2 h'}{\partial y^2} = 0 \qquad 0 < x < +\infty \tag{4.31}$$

$$h'\big|_{\substack{x=0\\y=0}} = h_0' \tag{4.32}$$

$$\frac{\partial h'}{\partial y}\bigg|_{y=0} = -\frac{u_0^2}{g}\frac{\partial^2 f_1}{\partial x^2} = \frac{u_0^2 a}{g}\left(\frac{2\pi}{\lambda}\right)^2 \cdot \sin\frac{2\pi}{\lambda}x \tag{4.33}$$

$$\frac{\partial h'}{\partial y}\bigg|_{y=b} = -\frac{u_0^2}{g}\frac{\partial^2 f_2}{\partial x^2} = \frac{u_0^2 a}{g}\left(\frac{2\pi}{\lambda}\right)^2 \cdot \sin\frac{2\pi}{\lambda}x \tag{4.34}$$

应用分离变量法对上述偏微分方程组进行求解。

首先，将边界条件齐次化。设

$$h'(x,y) = \xi(x,y) + \eta(x,y) + h_0' \quad \eta(x,y) = \frac{u_0^2 a}{g}\left(\frac{2\pi}{\lambda}\right)^2 \sin\frac{2\pi}{\lambda}x \cdot y \tag{4.35}$$

将式(4.35)代入式(4.31)～式(4.34)中，则原方程组及其相应边界条件改写为式(4.36)～式(4.39)。

$$w^2\frac{\partial^2 \xi}{\partial x^2} + \frac{\partial^2 \xi}{\partial y^2} = \frac{w^2 u_0^2 a}{g}\left(\frac{2\pi}{\lambda}\right)^4 \sin\frac{2\pi}{\lambda}x \cdot y \qquad 0 < x < +\infty \tag{4.36}$$

$$\xi\big|_{\substack{x=0\\y=0}} = 0 \tag{4.37}$$

$$\frac{\partial \xi}{\partial y}\bigg|_{y=0} = 0 \tag{4.38}$$

$$\frac{\partial \xi}{\partial y}\bigg|_{y=b} = 0 \tag{4.39}$$

应用分离变量法，设

$$\xi(x,y) = X(x)Y(y) \tag{4.40}$$

则式(4.36)对应的齐次方程可写为

$$w^2 \frac{X''(x)}{X(x)} + \frac{Y''(y)}{Y(y)} = 0 \tag{4.41}$$

令

$$\frac{Y''(y)}{Y(y)} = -\frac{w^2 X''(x)}{X(x)} = -s \tag{4.42}$$

则

$$Y''(y) + sY(y) = 0 \tag{4.43}$$

由边界条件式(4.38)、式(4.39)可推得

$$Y'(0) = Y'(b) = 0 \tag{4.44}$$

求解由式(4.43)、式(4.44)组成的特征值问题，可得

当 $s < 0$ 时，$Y(y) \equiv 0$

当 $s = 0$ 时，$Y(y) = A_0$（A_0 为任意常数）

$\qquad\qquad\qquad\qquad\qquad\qquad\qquad\qquad\qquad\qquad\qquad$(4.45)

当 $s > 0$ 时，$Y(y) = B\cos\sqrt{s}\,y + C\sin\sqrt{s}\,y$

由式(4.44)可得，$C = 0$，$s = \left(\dfrac{n\pi}{b}\right)^2$ $(n=1,2,\cdots)$，故：

当 $s > 0$ 时，$Y(y) = B_n \cos\dfrac{n\pi}{b}y$ $(n=1,2,\cdots)$ $\qquad\qquad\qquad$(4.46)

因此，可合并式(4.45)、式(4.46)，设方程的解为

$$\xi(x,y) = \sum_{n=0}^{\infty} B_n(x)\cos\frac{n\pi}{b}y \tag{4.47}$$

式中，$B_n(x)$ 为 x 的待定有界函数。

式(4.36)右端的自由项按特征函数系 $\left\{\cos\dfrac{n\pi}{b}y\right\}$ 在 $(0,b)$ 内展开成级数，得

$$\frac{w^2 u_0^2 a}{g}\left(\frac{2\pi}{\lambda}\right)^4 \sin\frac{2\pi}{\lambda}x \cdot y =$$

$$\frac{w^2 u_0^2 ab}{2g}\left(\frac{2\pi}{\lambda}\right)^4 \sin\frac{2\pi}{\lambda}x + \frac{w^2 u_0^2 a}{g}\left(\frac{2\pi}{\lambda}\right)^4 \sin\frac{2\pi}{\lambda}x \cdot \sum_{n=1}^{\infty} \frac{2b}{(n\pi)^2}[(-1)^n - 1]\cdot\cos\frac{n\pi}{b}y \tag{4.48}$$

将式(4.47)、式(4.48)代入式(4.36)中可得

$$w^2 B_0''(x) + \sum_{n=1}^{\infty} w^2 B_n''(x)\cdot\cos\frac{n\pi}{b}y - \sum_{n=1}^{\infty}\left(\frac{n\pi}{b}\right)^2 B_n(x)\cdot\cos\frac{n\pi}{b}y =$$

$$\frac{w^2 u_0^2 ab}{2g}\left(\frac{2\pi}{\lambda}\right)^4 \sin\frac{2\pi}{\lambda}x + \frac{w^2 u_0^2 a}{g}\left(\frac{2\pi}{\lambda}\right)^4 \sin\frac{2\pi}{\lambda}x \cdot \sum_{n=1}^{\infty} \frac{2b}{(n\pi)^2}[(-1)^n - 1]\cdot\cos\frac{n\pi}{b}y \tag{4.49}$$

比较式 (4.49) 左右两边各项系数可得

$$B_0''(x) = \frac{u_0^2 ab}{2g}\left(\frac{2\pi}{\lambda}\right)^4 \sin\frac{2\pi}{\lambda}x \qquad (4.50)$$

$$B_n''(x) - \left(\frac{n\pi}{wb}\right)^2 B_n(x) = \left\{\frac{u_0^2 a}{g}\left(\frac{2\pi}{\lambda}\right)^4 \frac{2b}{(n\pi)^2}[(-1)^n - 1]\right\}\sin\frac{2\pi}{\lambda}x \qquad (4.51)$$

由式 (4.50) 积分可得

$$B_0(x) = -\frac{u_0^2 ab}{2g}\left(\frac{2\pi}{\lambda}\right)^2 \sin\frac{2\pi}{\lambda}x + C_1 x + C_2 \quad (C_1 、 C_2 \text{ 为任意常数}) \qquad (4.52)$$

由式 (4.51) 求解常微分方程，得

$$B_n(x) = C_3 \mathrm{e}^{\frac{n\pi}{wb}x} + C_4 \mathrm{e}^{-\frac{n\pi}{wb}x} + \frac{u_0^2 a}{g}\left(\frac{2\pi}{\lambda}\right)^4 \frac{2b}{(n\pi)^2}[1-(-1)^n]\frac{1}{\left(\frac{2\pi}{\lambda}\right)^2 + \left(\frac{n\pi}{wb}\right)^2}\sin\frac{2\pi}{\lambda}x \qquad (4.53)$$

由于 $0 < x < +\infty$ 时，h' 为有界函数，因此 $B_n(x)$ 在 $0 < x < +\infty$ 内也为有界函数，所以，$C_1 = 0$，$C_3 = 0$。

又由式 (4.37) 可推得

$$\xi(0,0) = \sum_{n=0}^{\infty} B_n(0) = 0 \qquad (4.54)$$

所以，$B_n(0) = 0$

由此可得

$$C_2 = 0，\quad C_4 = 0$$

将式 (4.52)、式 (4.53) 及常数 C_1、C_2、C_3、C_4 代入式 (4.47) 中，可得

$$\begin{aligned}
\xi(x,y) = & -\frac{u_0^2 ab}{2g}\left(\frac{2\pi}{\lambda}\right)^2 \sin\frac{2\pi}{\lambda}x \\
& + \sum_{n=1}^{\infty}\frac{u_0^2 a}{g}\left(\frac{2\pi}{\lambda}\right)^4 \frac{2b}{(n\pi)^2}[1-(-1)^n]\frac{1}{\left(\frac{2\pi w}{\lambda}\right)^2 + \left(\frac{n\pi}{b}\right)^2}\sin\frac{2\pi}{\lambda}x\cos\frac{n\pi}{b}y
\end{aligned} \qquad (4.55)$$

将式 (4.55) 代入式 (4.35) 中可得

$$\begin{aligned}
h'(x,y) = & -\frac{u_0^2 ab}{2g}\left(\frac{2\pi}{\lambda}\right)^2 \sin\frac{2\pi}{\lambda}x + \frac{u_0^2 a}{g}\left(\frac{2\pi}{\lambda}\right)^2 \sin\frac{2\pi}{\lambda}x\cdot y \\
& + \sum_{n=1}^{\infty}\frac{u_0^2 a}{g}\left(\frac{2\pi}{\lambda}\right)^2 \frac{2b}{(n\pi)^2}[1-(-1)^n]\frac{\left(\frac{2\pi}{\lambda}\right)^2}{\left(\frac{2\pi w}{\lambda}\right)^2 + \left(\frac{n\pi}{b}\right)^2}\sin\frac{2\pi}{\lambda}x\cos\frac{n\pi}{b}y + h_0'
\end{aligned} \qquad (4.56)$$

将式(4.56)中的 $\dfrac{u_0^2 a}{g}\left(\dfrac{2\pi}{\lambda}\right)^2 \sin\dfrac{2\pi}{\lambda}x \cdot y$ 在 $(0,b)$ 内展成傅里叶余弦级数，得

$$
\begin{aligned}
\frac{u_0^2 a}{g}\left(\frac{2\pi}{\lambda}\right)^2 \sin\frac{2\pi}{\lambda}x \cdot y &= \frac{u_0^2 ab}{2g}\left(\frac{2\pi}{\lambda}\right)^2 \sin\frac{2\pi}{\lambda}x \\
&\quad - \sum_{n=1}^{\infty}\frac{u_0^2 a}{g}\left(\frac{2\pi}{\lambda}\right)^2 \frac{2b}{(n\pi)^2}[1-(-1)^n]\sin\frac{2\pi}{\lambda}x\cos\frac{n\pi}{b}y
\end{aligned}
\tag{4.57}
$$

将式(4.57)代入式(4.56)中，可化简为

$$
h'(x,y) = h_0' + \frac{2au_\infty^2}{bg}\left(\frac{2\pi}{\lambda}\right)^2 \sin\frac{2\pi}{\lambda}x \cdot \sum_{n=1}^{\infty}[(-1)^n-1]\frac{1}{\left(\dfrac{2\pi w}{\lambda}\right)^2+\left(\dfrac{n\pi}{b}\right)^2}\cos\frac{n\pi}{b}y
\tag{4.58}
$$

为将式(4.58)中扰动水深的级数形式解改写成更直观的显式表达式，构造一个定义在区间$[0,b]$内的函数(Asmar，2005)：

$$
g(y) = \mathrm{e}^{\frac{2\pi w}{\lambda}y} - \mathrm{e}^{\frac{2\pi wb}{\lambda}}\cdot\mathrm{e}^{-\frac{2\pi w}{\lambda}y} \quad (0\leqslant y\leqslant b)
\tag{4.59}
$$

该函数在区间$[0,b]$上满足收敛定理（Dirichlet 充分条件），对 $g(y)$ 做如下偶延拓：

$$
G(y) = \begin{cases} g(y) & 0\leqslant y\leqslant b \\ g(-y) & -b<y<0 \end{cases}
\tag{4.60}
$$

$G(y)$ 在区间$(-b,b]$内的傅里叶余弦级数展开形式如下：

$$
G(y) = \left(\mathrm{e}^{\frac{2\pi wb}{\lambda}}+1\right)\cdot\frac{4\pi w}{b\lambda}\cdot\sum_{n=1}^{\infty}[(-1)^n-1]\frac{1}{\left(\dfrac{2\pi w}{\lambda}\right)^2+\left(\dfrac{n\pi}{b}\right)^2}\cos\frac{n\pi}{b}y
\tag{4.61}
$$

因此，在限定区间$[0,b]$内，可得下式：

$$
\mathrm{e}^{\frac{2\pi w}{\lambda}y} - \mathrm{e}^{\frac{2\pi wb}{\lambda}}\cdot\mathrm{e}^{-\frac{2\pi w}{\lambda}y} = \left(\mathrm{e}^{\frac{2\pi wb}{\lambda}}+1\right)\cdot\frac{4\pi w}{b\lambda}\cdot\sum_{n=1}^{\infty}[(-1)^n-1]\frac{1}{\left(\dfrac{2\pi w}{\lambda}\right)^2+\left(\dfrac{n\pi}{b}\right)^2}\cos\frac{n\pi}{b}y
\tag{4.62}
$$

对比式(4.58)、式(4.62)，可得正弦型微弯河流的沿程扰动水深为

$$
h'(x,y) = h_0' + \frac{2\pi au_\infty^2}{\lambda gw}\cdot\frac{\mathrm{e}^{\frac{2\pi w}{\lambda}y}-\mathrm{e}^{\frac{2\pi wb}{\lambda}}\cdot\mathrm{e}^{-\frac{2\pi w}{\lambda}y}}{\mathrm{e}^{\frac{2\pi wb}{\lambda}}+1}\sin\frac{2\pi}{\lambda}x
\tag{4.63}
$$

弯曲河岸沿线的扰动水深可由式(4.63)进一步推得

左岸：
$$h'|_{y=b} = h'_0 + \frac{2\pi a u_\infty^2}{\lambda g w} \cdot \frac{e^{\frac{2\pi w b}{\lambda}} - 1}{e^{\frac{2\pi w b}{\lambda}} + 1} \sin\frac{2\pi}{\lambda}x \qquad (4.64)$$

右岸：
$$h'|_{y=0} = h'_0 - \frac{2\pi a u_\infty^2}{\lambda g w} \cdot \frac{e^{\frac{2\pi w b}{\lambda}} - 1}{e^{\frac{2\pi w b}{\lambda}} + 1} \sin\frac{2\pi}{\lambda}x \qquad (4.65)$$

这里，采用与式(4.20)相同的方式，用均匀来流的速度水头将式(4.64)、式(4.65)无因次化，定义正弦型微弯河岸沿线扰动压力系数，则扰动压力系数的分布可整理成如下形式：

左岸：
$$C_p = \frac{h'|_{y=b} - h'_0}{\frac{u_0^2}{2g}} = \frac{4\pi a}{\lambda w} \cdot \frac{e^{\frac{2\pi w b}{\lambda}} - 1}{e^{\frac{2\pi w b}{\lambda}} + 1} \sin\frac{2\pi}{\lambda}x \qquad (4.66)$$

右岸：
$$C_p = \frac{h'|_{y=0} - h'_0}{\frac{u_0^2}{2g}} = -\frac{4\pi a}{\lambda w} \cdot \frac{e^{\frac{2\pi w b}{\lambda}} - 1}{e^{\frac{2\pi w b}{\lambda}} + 1} \sin\frac{2\pi}{\lambda}x \qquad (4.67)$$

4.2.4　解析解的试验验证

1. 试验装置设计

蜿蜒河岸带近岸区水动力试验在一矩形变坡水槽系统中进行，水槽长 26m，宽 0.5m，高 0.7m，水槽的底坡变幅为 0~0.2308%。该水槽系统由上游水箱、离心泵、水量调节阀、矩形水槽、尾门、尾水渠、量水堰和地下水库等组成(图 4.2)。模型河道的横截面为梯形断面，河床底宽 8cm，河岸带边坡系数为 0.8。模型河道共长 26m，其中蜿蜒段长 10m，蜿蜒段两岸形态均概化为正弦曲线[$y = a\sin(2\pi x / \lambda)$，式中，$a$ 为河岸带蜿蜒振幅；λ 为河岸带蜿蜒波长]。蜿蜒段河岸带振幅 a 的变幅为 4~8cm，蜿蜒段河岸带波长 λ 的变幅为 50~200cm。蜿蜒段上下游分别布置长为 11m 和 5m 的直线过渡段(图 4.2)。分别在模型河道的进口过渡段、出口过渡段、蜿蜒段中间断面及量水堰位置共布置 4 支水位测针。

根据不同的河道体型参数，应用 CAD 的钣金展开功能模块将模型河道的左、右岸三维曲面展开成二维平面模板，模型河道如图 4.3 所示(图中 a、c 分别为左、右岸展开平面，b 为河床面板，b 的中间空白部分为河床实际底宽，两侧阴影部分用于黏合支撑横隔)。按此模板参数尺寸，用 PVC 材料生产模型河道的组成部件。为方便安装与拆卸，河道模型分段制作，将预制好的左、右岸面板烘烤塑造成三维曲面，并沿河床边线将河岸曲面、河床面板及支撑横隔黏合为一体(图 4.4)。在试验水槽中组装成形，并分别在模型分段连接处、河岸曲面与河床底板连接处用防水胶止水。整体模型河道如图 4.5 所示。

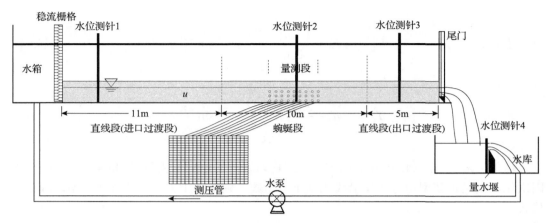

图 4.2　试验水槽系统示意图

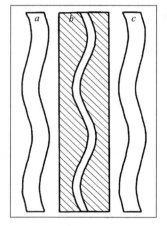

图 4.3　模型河道蜿蜒段
平面展开图

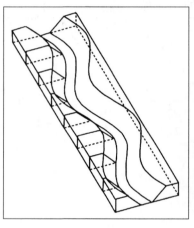

图 4.4　支撑横隔与曲面塑造图

图 4.5　整体模型河道照片

2. 试验工况

设计 M1、M2、M3、M4 四种体型的模型河道，各模型河道体型参数如表 4.1 所示。为平顺进出口水流，在蜿蜒模型河道的上、下游各安装了一段顺直型过渡河段，上游过渡段长为 11m，下游过渡段长为 5m。不同体型的模型河道制作完成后，按试验要求将其先后安装于变坡水槽中。

表 4.1　模型河道体型参数表

体型	河岸波长 λ/cm	河岸振幅 a/cm	蜿蜒曲率 s
M1	100	4	1.0156
M2	200	8	1.0156
M3	100	8	1.0604
M4	50	8	1.2178

试验中，河岸带蜿蜒波长共设置 50cm、100cm 和 200cm 三组，蜿蜒振幅共设置 4cm 和 8cm 两组，水深控制约 10.77cm 和 13.30cm 两组。具体试验工况组合如表 4.2 所示。

表 4.2　蜿蜒河岸带近岸水压力分布试验工况组合

工况	a/cm	λ/cm	Q/(L/s)	h_0/cm	u_0/(m/s)	a/λ	Fr
Run1	8	200	5.90	10.77	0.33	0.04	0.40
Run2	8	200	7.90	10.78	0.44	0.04	0.53
Run3	8	200	9.17	10.78	0.54	0.04	0.65
Run4	4	100	12.02	13.29	0.49	0.04	0.53
Run5	8	100	12.00	13.30	0.48	0.08	0.53
Run6	8	50	3.42	13.30	0.14	0.16	0.15

注：a 为河岸振幅，λ 为河岸波长，Q 为来流流量，h_0、u_0 与 Fr 分别为进口直线段的平均水深、断面平均流速与弗劳德数。

3. 试验方法

选择模型河道的蜿蜒段模型中间一个完整波长河段作为试验量测段，在试验段左侧河岸离试验段起始点的 0λ、0.125λ、0.25λ、0.375λ、0.5λ、0.625λ、0.75λ、0.875λ 和 1λ 分别布置 9 个监测断面，如图 4.6 所示，每个监测断面坡面上分表层（T 层，距岸顶 2cm）、中层（M 层，距岸顶 5cm）、底层（B 层，距岸顶 8cm）开展量测。

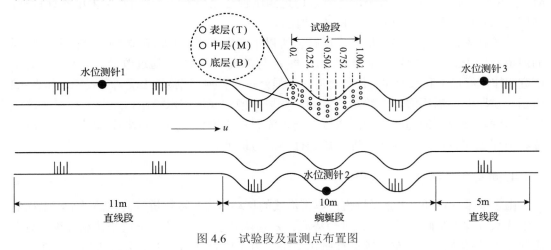

图 4.6　试验段及量测点布置图

试验中主要量测流量、水位和压力，对应的主要量测设施包括量水堰、流量计、水位测针和压力测量系统等。

1) 流量量测方法

在水槽水箱进口位置安装电磁流量计，控制并量测进口流量，出口流量采用量水堰测量，量水堰的形式为矩形薄壁堰，量水堰安装于水槽尾水渠上，堰上水头通过水位测针量测，精度为 0.1mm。流量计算公式如式(4.68)（赵振兴和何建京，2005）。可实现试验中进口流量和出口流量双校核，保障了量测流量的准确性。

$$Q = m_0 B \sqrt{2g} H^{1.5} \tag{4.68}$$

式中，B 为矩形堰堰宽；H 为堰上水头；m_0 为流量系数。

流量系数 m_0 采用巴辛（Bazin）公式计算，如式（4.69）（赵振兴和何建京，2005）：

$$m_0 = \left(0.405 + \frac{0.0027}{H} \right) \left[1 + 0.55 \left(\frac{H}{H+\sigma} \right)^2 \right] \tag{4.69}$$

式中，σ 为上游堰高。

2）水位量测方法

在模型河道的上游、下游直线段中间位置、蜿蜒段中间位置及量水堰位置共布置 4 支水位测针，以量测模型河道上游、下游、试验段水位、平均水面坡降及量水堰堰上水头，水位测量精度为 0.1mm。

3）压力量测方法

将蜿蜒河段中部的一个波长区段设置为压力量测段，在其左岸岸坡表面布置 27 个压力测点，分别量测不同断面（位于 0λ、0.125λ、0.25λ、0.375λ、0.5λ、0.625λ、0.75λ、0.875λ、1λ 位置）、不同分层（距岸顶的垂直距离分别为 2cm、5cm、8cm 的位置，分别记为 T 层、M 层、B 层）的压力水头。每个压力测点通过测压管与测筒连接，测筒水位采用测针量测，精度为 0.1mm。压力测点布置如图 4.6 所示。

试验在紊流充分发展的情况下进行，所以不考虑雷诺数（Re）的影响。试验采用相同的河道断面形式，并保持水面宽度一致（即 m 与 B/h_0 为常数），通过改变 a/λ 和 Fr，着重研究河岸岸线形态和来流弗劳德数对河岸压强分布的影响。试验各工况与主要参数如表 4.2 所示。试验时，需缓慢调节管道流量阀、变坡水槽的底坡与水槽出口尾门，控制来流流量与水深，使模型河道的水流形成近似均匀流。待水流稳定后，对来流流量、上下游水位、河岸表面各测点压强水头等参数进行测量与记录。

4. 解析解验证

由上节推导可知，正弦型蜿蜒河岸带沿线的扰动压力系数解析解公式是以水深平均的二维浅水方程为基础，通过引入理想势流、无边界层分离等假设，应用小扰动理论，对微弯河岸沿线的水压力分布问题进行概化而得。为了检验扰动压力系数公式的合理性与适用性，将不同 a/λ 下的解析解计算结果与试验数据进行对比，比较结果如图 4.7～图 4.10 所示。

由图 4.7 可以看出，不同分层上解析解计算值与试验场的吻合程度不同，比较而言，解析解的计算值与河岸带中间层（M 层）的试验结果吻合性较好。因此，选择中间层的试验数据与解析解计算结果来比较河岸带凹、凸岸区域两者的吻合程度（林俊强等，2013；Xia et al.，2016）。由图 4.8、图 4.9 可以看出，当河岸蜿蜒程度较小时（Run4、Run5），扰动压力系数解析解的计算结果与试验数据在河岸的压力跌落区（凸岸区）吻合良好，而在河岸的压力上升区（凹岸区），计算值比试验值略偏大。一方面，这是由于解析解公式

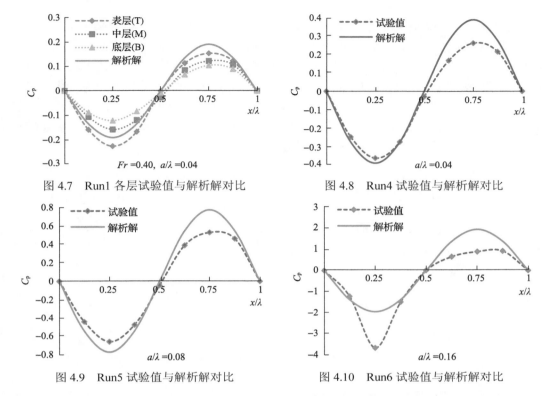

图 4.7　Run1 各层试验值与解析解对比　　　　图 4.8　Run4 试验值与解析解对比

图 4.9　Run5 试验值与解析解对比　　　　　图 4.10　Run6 试验值与解析解对比

的推导基于二维浅水方程，忽略了水流参数在垂向上的变化，使得解析解计算结果与试验数据存在一定偏差。另一方面，解析解公式推导过程中未考虑黏性和边界层厚度的影响，而试验中在凹、凸岸形成的边界层真实厚度是有差异的，这会导致水流流经凹岸和凸岸时水流曲率半径不同，进而引起扰动压力振幅在凹岸区和凸岸区的差异。

　　由图 4.10 可以看出，当河岸带蜿蜒程度较大时 (Run6)，在河岸带波峰和波谷位置，计算值与试验值均出现了较大差异，在河岸带波峰位置，计算值比试验值明显偏大，而在波谷位置，计算值比试验值明显偏小。可见，扰动压力系数解析解公式显著低估了压力波动的谷值，又明显高估了压力波动的峰值，这主要由于河岸蜿蜒程度较大 (即 a/λ 较大) 时，河岸带形态对水流的扰动已经超出了小扰动的范畴，导致计算结果与试验数据偏差较大。可见，当河岸带蜿蜒程度较小时，扰动压力系数解析解公式能较好地反映河岸带蜿蜒形态扰动所引起的水压力变化。而当蜿蜒程度较大时，解析解公式不能完全反映扰动水压力变化，需要对该公式进行一定的修订。因此，该公式适用于蜿蜒程度较小的河流。

4.3　蜿蜒河岸带坡面水压力分布规律

4.3.1　不同水深分层扰动压力分布特性

　　试验结果和解析解公式[式(4.66)、式(4.67)]均表明，微弯的正弦型河岸带沿线的扰动压力分布可近似地视为正弦曲线变化。以 Run4 为例，河岸带沿线的水压力分布及不同分层的压力变化如图 4.11 所示。由图 4.11 可以看出，正弦型微弯河岸带的凸岸部位为水力低压区,凹岸部位为水力高压区,凹、凸岸间的压力梯度将驱动河流地表水与河岸地下水发生对流交换。进一步分析发现,河岸带沿线的压力分布呈曲线波动,压力波动的波峰较为平缓,波谷较为陡峭,峰值与谷值分别发生于凹岸和凸岸的曲率最大位置(即 0.75λ 和 0.25λ 位置)。由图 4.11 可以看出,河岸带沿线不同水深分层的压力变化趋势基本一致,压力波动均是在凹岸位置升高,在凸岸位置降低。不同分层的压力变化区别仅在于上层的压力波动振幅较大,下层的压强波动振幅较小,这是由于上层的水流速度较大,其产生的惯性离心力也较大,从而使得差异较大。

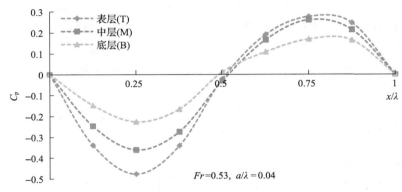

图 4.11 河岸带沿线坡面不同分层的水压力分布

4.3.2 弗劳德数对扰动压力分布的影响

由上述分析可知,河岸带沿线坡面不同分层的水压力分布规律基本相同,因此,分析中仅以中间层的数据(即 M 层,距岸顶垂线距离为 5cm)来分析蜿蜒河岸带扰动压力分布的特性。不同来流弗劳德数 Fr 对河岸带沿线扰动压力分布的影响如图 4.12 所示。由图 4.12 可以看出,扰动压力的波动振幅随 Fr 的增大而增大,但增大幅度较小。在水深相同的条件下,Fr 越大,流速就越大,水流流经蜿蜒河岸带时,产生的惯性离心力也越大,导致凹岸位置水面壅高、凸岸水面跌落的程度也越大,故而河岸带沿线扰动压力的波动振幅也就越大。

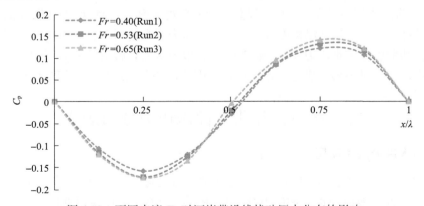

图 4.12 不同来流 Fr 对河岸带沿线扰动压力分布的影响

4.3.3　河岸蜿蜒程度对扰动压力分布的影响

不同河岸带蜿蜒振幅与波长比(a/λ)对扰动压力分布的影响如图4.13所示。由图4.13可以看出,河岸带沿线扰动压力的波动振幅随a/λ的增大而增大,且增大幅度较为明显。河岸带的蜿蜒程度越大,河岸形态引起的流线弯曲程度也越大,使得近岸区扰动压力波动振幅也越大。这种情况下,水流平缓流经河岸带表面时,无边界层分离现象,河岸带沿线的压力变化主要受离心力影响。

当河岸带蜿蜒程度进一步增大时,除压力振幅继续增大外,河岸带沿线的扰动压力也将呈现出不同的分布特性,如图4.14所示。可以注意到,Run6的来流弗劳德数Fr比Run4和Run5明显增大,即Run6的河岸带蜿蜒程度较大,此时河岸带形态产生的水流阻力也较大,在保持来流水深相同的情况下,即便将变坡水槽的底坡值调节至最大底坡值,也无法使过流流量提高至Run4或Run5的过流流量水平。虽然Run6的Fr较小,但它的压力振幅还在增大,可见在这种情况下a/λ的影响超过了Fr的影响。由图4.14可以看出,当河岸带蜿蜒程度较大时,扰动压力在凸岸顶部急剧下降,波谷振幅比波峰振幅大3倍多,且压力峰值位置从河岸带凹岸曲率最大位置(即0.75λ位置)向下游偏移。试验观察显示,该工况下水流在河岸带的背水面(在0.375λ位置附近)发生脱流分离现象,并出现了回流区,脱流点下游的回流区顶托主流,使得主流开始顶冲河岸带的迎水面(0.825λ位置附近)的水流。这种情况下,河岸沿线的压力分布则是离心力、边界层分离和主流顶冲等共同作用的结果。

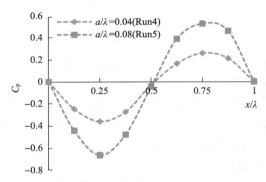
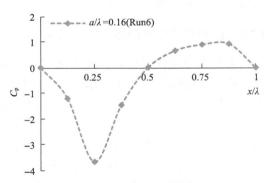

图 4.13　小蜿蜒河岸带沿线扰动压力分布　　　图 4.14　大蜿蜒河岸带沿线扰动压力分布

4.3.4　压力分布影响因素的敏感性分析

由式(4.66)、式(4.67)可以看出,正弦型微弯河岸的压力分布受a、λ、河宽b、$Fr(w=\sqrt{1-Fr^2})$等因素的影响。进一步分析可知,a/λ代表河岸带蜿蜒形态的影响,Fr代表水流条件的影响,b/λ代表河宽的影响。

为了进一步揭示各影响因素对河岸带沿线压力分布的影响程度,对a/λ、Fr、b/λ三个影响因素进行敏感性分析。根据物理模型试验的参数变化范围(a/λ变化范围为$0.04\sim0.16$、b/λ的变化范围为$0.13\sim0.59$、Fr的变化范围为$0.15\sim0.65$),选定敏感性分析的参数基准值($a/\lambda=0.08$,$b/\lambda=0.3$,$Fr=0.4$)和变幅($\pm100\%$),利用扰动压力系数解析解式(4.66)、式(4.67)，计算扰动压力的振幅随各影响因素变化的变化率，并绘制成敏感性曲线，如图 4.15 所示。

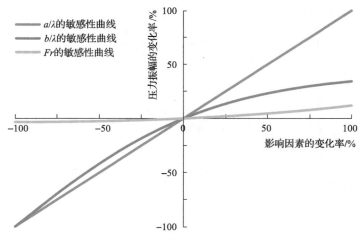

图 4.15 影响因素的敏感性曲线

由图 4.15 可知，在缓流情况下，a/λ 与扰动压力波动的振幅呈线性关系且同比率变化，表明 a/λ 对扰动压力变化的影响最为显著，Fr 对河岸压力变化的影响并不明显，这与试验结果分析一致；b/λ 较小时，它对扰动压力变化的影响比较显著，随着 b/λ 的增大，扰动压力振幅的变化趋于平缓。

4.3.5 压力系数公式的适用性与简化

由于压力系数解析解公式的推导基于水深平均的二维浅水方程，且忽略了河床地形的影响，这意味压力分布的求解过程中已将河道的断面形式由梯形概化成矩形。然而，由图 4.7～图 4.10 可以看出，扰动压力系数解析解公式在河岸带蜿蜒程度不大的情况下可以较好地反映河岸带沿线中间层的压力分布规律。由试验分析可知，受河岸边坡的影响，河岸上层的压力波动振幅较大，下层的压力波动振幅较小，但是压力系数解析解公式并不能反映沿水深方向的岸坡表面压力振幅变化。

当河岸带蜿蜒程度较大(即 a/λ 较大)时，一方面由于发生边界层分离与主流顶冲河岸现象，分离点与顶冲点附近的扰动已属于大扰动范畴，与小扰动理论的基本条件($|u'/u_0| \leqslant 1$，$|v'/u_0| \leqslant 1$)违背；另一方面，由于 a/λ 较大，将蜿蜒河岸带表面的壁面条件近似为 $y=0$ 和 $y=b$ 上的边界条件也必然会产生较大的计算误差。因此，基于小扰动理论的河岸带沿线水压力系数解析解公式不适用于大曲率的蜿蜒河岸带。

总体而言，扰动压力系数解析解公式明确了蜿蜒河岸沿线扰动压力变化与 a/λ、Fr、b/λ 之间的定量关系，在河岸带蜿蜒程度较小时，其可作为河岸带扰动压力分布的一阶估算。

由式(4.66)、式(4.67)可以看出，$\dfrac{e^{\frac{2\pi wb}{\lambda}}-1}{e^{\frac{2\pi wb}{\lambda}}+1}$ 反映了 b/λ 对扰动压力的影响。当 b/λ 较

小时，由于左岸扰动压力波与右岸扰动压力波的相位差为 180°，两岸压力波的相互作用会减弱压力波能量，从而削弱了河岸带坡面的压力波动变化幅度。但随着 b/λ 增大，削弱效应逐渐减小，扰动压力变化的振幅也随之增大。当 b/λ 大于一定值（$\dfrac{2\pi wb}{\lambda} \geqslant 4$，即 $\dfrac{b}{\lambda} \geqslant \dfrac{2}{\pi w}$）时，左、右岸产生的扰动压力波传递到对岸时已大幅减弱，水面宽度对河岸带沿线压力分布的影响下降至 5% 以下。此时，式（4.66）、式（4.67）中的扰动压力系数解析解公式退化为式（4.70）、式（4.71）的形式。

左岸：
$$C_p = \frac{4\pi a}{\lambda w} \cdot \sin \frac{2\pi}{\lambda} x \tag{4.70}$$

右岸：
$$C_p = -\frac{4\pi a}{\lambda w} \cdot \sin \frac{2\pi}{\lambda} x \tag{4.71}$$

4.4　近岸区压力场的三维数学模型及求解方法

4.4.1　控制方程及离散方法与收敛准则

1. 控制方程

4.3 节分析河岸坡面压力解析解推导及分布规律时，仅考虑了二维特性，而蜿蜒性河岸带近岸区水流具有明显的三维水流的特性，尤其是在蜿蜒扰动情况下会产生絮流（Molls T and Molls F，1998），而且在絮流状态下各点速度随时间的变化具有一定的脉动性（Bradford and Sanders，2002）。采用数值模拟方法分析蜿蜒河岸带近岸区水压力场分布特征及扰动范围。选用第 3 章介绍的三维水流连续性方程和 N-S 方程进行模拟分析。由于河岸带形态为蜿蜒型，壁面形态弯曲，在近岸区域水流也将会形成弯曲水流，因此，本节选用 RNG k-ε 模型作为基本方程模拟分析近岸压力场分布。

2. 离散方法与收敛准则

应用 FLUENT 模拟河岸形态扰动下近岸区水流流态。给定河道的地形、糙率和初边值条件，控制方程的离散采用控制体积法。控制方程中对流项的离散采用二阶迎风格式。由于本章计算的是蜿蜒河岸边界约束下的水流运动，计算网格存在一定的倾斜扭曲，为改善蜿蜒边界处的模拟精度，压力-速度耦合采用 PISO 算法。该算法能够对扭曲网格进行倾斜校正，且在收敛性能方面较为稳健，计算效率较高（王福军，2004）。模拟计算时，运用时间步进法求解稳态问题，即将时间作为迭代参数，求解直至所有参数都趋于恒定。当模型中 u_i、P、k、ε 的计算残差达到 10^{-5} 时计算收敛。

4.4.2　模拟工况

根据模型试验结果，当水面达到一定宽度时，河道中心位置的流线接近直线，对岸的河岸形态已基本不会对对岸附近流场产生干扰，因此在河道水面足够宽的情况下，可将河道中心位置的纵剖面概化为直线垂直边壁，建立半河道概化模型(图 4.16)。

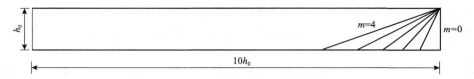

图 4.16　数值试验的半河道模型横断面示意图

本章数值模拟的半河道模型水面宽度为水深的 10 倍(图 4.16)，单侧蜿蜒河岸带的岸线仍然概化为正弦曲线，计算区域包括 5 个波长的蜿蜒河段和前后各 1m 的进出口直线段，通过改变一侧的河岸带蜿蜒振幅与坡度，着重研究蜿蜒形态对近岸区水压力场的影响。数值模拟工况的主要参数见表 4.3。

表 4.3　数值模拟工况的主要参数

工况	a/cm	λ/cm	u_0/(m/s)	h_0/cm	Q/(L/s)	m
S1	4	100	0.4	11	48.4	0
S2	4	100	0.4	11	46.46	0.8
S3	4	100	0.4	11	44.77	1.5
S4	4	100	0.4	11	43.56	2
S5	4	100	0.4	11	41.14	3
S6	4	100	0.4	11	38.72	4
S7	2	100	0.4	11	44.77	1.5
S8	6	100	0.4	11	44.77	1.5
S9	8	100	0.4	11	44.77	1.5
S10	10	100	0.4	11	44.77	1.5

注: a 为河岸振幅，λ 为河岸波长，u_0 为断面平均流速，h_0 为断面平均水深，Q 为来流流量，m 为河岸边坡系数。

4.4.3　计算区域、自由水面的处理与网格模型

1. 计算区域

河岸形态选择正弦曲线形态，其振幅为 a，波长为 λ。根据不同的自由水面处理方法，采用不同的计算区域与边界条件。由于河岸带的几何形状沿水方向是周期性变化的，在这种边界约束下的水流流态也具有周期循环特征。因此，对于刚盖假定法，计算区域仅需一个波长的代表性河段，配合周期性边界条件，即可模拟这种周期性流动。该情况下，自由水面假定为无摩擦刚盖，设定剪切力为 0；一个波长计算河段的上游与下游垂面设定为周期性边界条件，并根据试验流量指定来流的质量流率；左、右岸及河床面均设置为不可滑移壁面。刚盖假定法的计算区域与边界条件设置如图 4.17 所示。

2. 自由水面的处理

通常对自由水面的计算采用两种处理方式：一种为刚盖假定法，另一种为流体体积函数法(volume of fluid，VOF)。

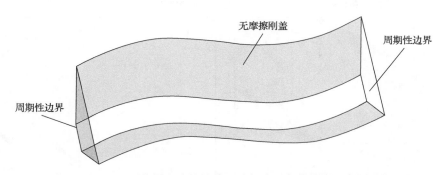

图 4.17　刚盖假定法的计算区域与边界条件设置示意图

1）刚盖假定法

由于本章研究的是蜿蜒河岸边界对地表水流场的影响，由蜿蜒河岸带坡面水压力分布试验分析可知，在来流流速不大（流速<0.6m/s）的情况下，自由液面的波动均小于8mm，波动为毫米级，且自由液面在远离河岸边界后很快趋于平缓，波动逐渐消散。因此，在模拟微小扰动的自由液面时，可将水面假定为无摩擦刚盖。

2）VOF 法

VOF 法是一种直接求解复杂自由水面问题的有效方法。该方法的主要思想是在整个流场中定义一个流体体积函数，在流场中的每个网格，这个函数定义为目标流体的体积与网格体积的比值，只要知道这个函数在每个网格上的值，就可以实现对运动界面的追踪。为了提高液面追踪的分辨率与精度，需要在界面附近对网格进行加密处理。

3. 网格模型

采用结构化六面体网格对计算区域进行网格剖分，生成网格模型。为提高网格质量，先对河道起始断面分区划分四边形网格，再沿河道纵向拉伸为六面体网格。考虑到边壁处速度、压力梯度变化较大，因此对河床和河岸带边壁附近的网格进行适当加密。为了提高自由液面的模拟精度，需要对刚盖和自由液面附近的网格进行加密处理，刚盖假定法与 VOF 法的网格划分分别如图 4.18、图 4.19 所示。刚盖假定法的网格垂向最小尺寸为 1mm（刚盖附近），不同工况的网格单元数量为 246400～269600 个。VOF 法的网格垂向最小尺寸为 1mm（自由液面附近），不同工况的网格单元数量为 1188000～1212400 个。

4.4.4　近壁区处理与边界条件

1. 近壁区处理

本章重点研究蜿蜒型河岸带近岸区域水压力分布，其边壁为蜿蜒型。而 RNG k-ε 模型主要针对紊流充分发展的流动建立起来的湍流模型，在蜿蜒型河岸带近壁区内，湍流的脉动影响弱于分子黏性作用，使得湍流会存在非充分发展的情况。在这种情况下应用 RNG k-ε 模型进行计算，将导致近壁区的模拟失真。为解决这一问题，本章采用非平衡壁面函数法处理壁面边界。相比于标准壁面函数法，非平衡壁面函数法能够部分考虑压力梯度与平衡偏差，进而改善弯曲壁面压力梯度变化的模拟与预测。

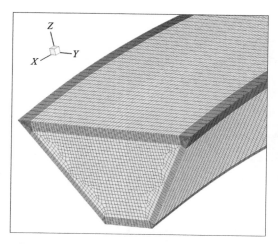 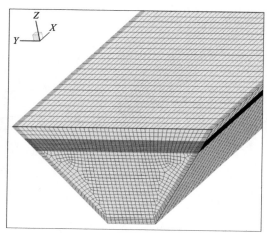

图 4.18　刚盖假定法的网格划分局部示意图　　　　图 4.19　VOF 法的网格划分局部示意图

2. 边界条件

　　由于 FLUENT 内置的 VOF 法与周期性边界条件不能兼容使用，因此为了有效模拟这种周期性流动且兼顾计算效率，VOF 法的计算区域设置为 5 个波长的蜿蜒河段，并在计算区域河段的进口与出口位置各设置 1m 长的直线过渡段以平顺进出口水流。在 VOF 两相流算法下，进口边界主要设置水相速度进口边界和空气相压力进口边界，根据试验进口水位设置边界条件，水相速度为进口的断面平均流速，空气相压力为一个大气压。出口边界为充分发展的明渠水流，主要设置水相压力出口边界和空气压力出口边界，水相压力出口边界设定为静水压力，空气压力出口边界设定为大气压力，压力为一个标准大气压；计算区域的上表面设置为空气压力进口，压力为一个标准大气压；左、右岸及河床面为无滑移壁面。VOF 法的计算区域及边界条件设置如图 4.20 所示。

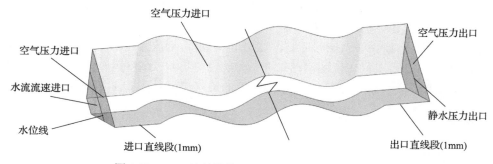

图 4.20　VOF 法的计算区域与边界条件设置示意图

4.4.5　模型验证与自由液面处理方法比选

1. 不同弗劳德数条件下的压力场模型验证与比选

不同地表水水流弗劳德数 Fr 条件下，应用刚盖假定法与 VOF 法的压力场模拟结果如图 4.21～图 4.26 所示。图 4.21 与图 4.22、图 4.23 与图 4.24 分别为 *Fr*=0.4 和 *Fr*=0.53 条件下(*Fr* 较低)刚盖假定法与 VOF 法处理的压力场分布特征。由图 4.21～图 4.24 可以

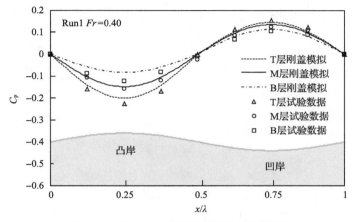

图 4.21　*Fr*=0.4 时的刚盖假定法模拟结果

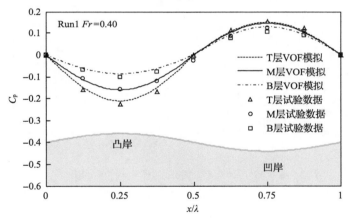

图 4.22　*Fr*=0.4 时的 VOF 法模拟结果

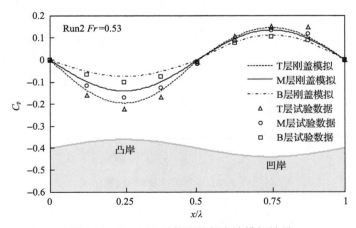

图 4.23　*Fr*=0.53 时的刚盖假定法模拟结果

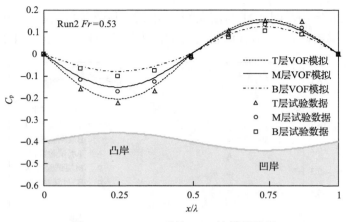

图 4.24　$Fr=0.53$ 时的 VOF 法模拟结果

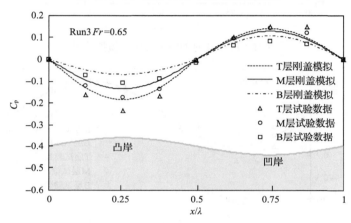

图 4.25　$Fr=0.65$ 时的刚盖假定法模拟结果

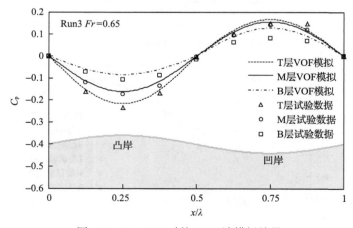

图 4.26　$Fr=0.65$ 时的 VOF 法模拟结果

看出，当 Fr 较低时，应用刚盖假定法与 VOF 法均能较好地模拟近岸区不同水深分层的扰动压力分布特性。这主要是由于 Fr 较小时，地表水流速较小，水流流经蜿蜒河岸表面所产生的惯性离心力也较小，由此引起的水面壅高也较为微弱，对地表水流压力场分布扰动较小，因此，刚盖假定法与 VOF 法的模拟结果差别不大，两种处理方法均能较好地模拟压力场分布。图 4.25 与图 4.26 为 $Fr=0.65$ 条件下（Fr 较高）应用两种处理方法的压力场分布特征。由图 4.25、图 4.26 可以看出，当 Fr 较高时，应用刚盖假定法模拟的压力场整体偏小，而应用 VOF 法则能较好地反映河岸带形态扰动引起的压力变化，对蜿蜒河岸带近岸区水压力场分布的模拟有较为明显的改善。因此，当 Fr 较高时，选用 VOF 法更合适。

2. 不同蜿蜒形态下的压力场模型验证与比选

河岸不同蜿蜒形态条件下，应用刚盖假定法与 VOF 法的压力场模拟结果如图 4.27～图 4.32 所示。图 4.27～图 4.30 为 a/λ 分别为 0.04 和 0.08 时（a/λ 较小）两种处理方法的近岸区压力场分布特征。由图 4.27～图 4.30 可以看出，当 a/λ 较小时，在蜿蜒河岸带的凹岸部分，应用刚盖假定法与 VOF 法模拟的各分层压力场分布与试验实测数据吻合较好；而在凸岸部分，这两种方法的模拟结果都比试验实测数据略微偏小。相比较而言，在凸岸部分，VOF 法比刚盖假定法的压力模拟结果更接近试验实测数据，但改善的效果并不明显。图 4.31、图 4.32 为 a/λ 分别为 0.16 时（a/λ 较大）两种处理方法的近岸区压力场分布特征。由图 4.31 和图 4.32 可以看出，当 a/λ 较大时，采用刚盖假定法的压力模拟结果与试验实测数据差异较大，模拟的压力变化振幅显著偏小。而 VOF 法的模拟结果较刚盖假定法有较大的改善，尤其是在蜿蜒河岸带的凸岸部分效果更为明显。这是由于当河岸带蜿蜒程度较大时，水流流经河岸带表面，受河岸带形态影响所形成的惯性离心力较大，水面波动也较明显，且易在凸岸背水面产生水流分离现象，进而加剧凸岸迎水面与背水面的压力变化，而用刚盖假定法对边界条件处理时在平均水面位置剪切力设置为 0，限制了自由水面的水流发展，导致模拟结果明显偏小，而 VOF 法则充分考虑了自由液面的发展，能较好地模拟水面的大幅度波动。

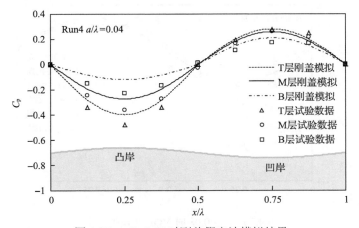

图 4.27　$a/\lambda=0.04$ 时刚盖假定法模拟结果

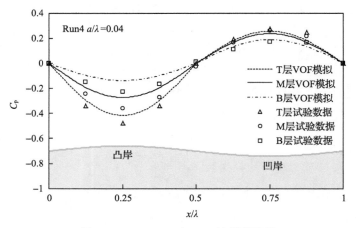

图 4.28 a/λ=0.04 时 VOF 法模拟结果

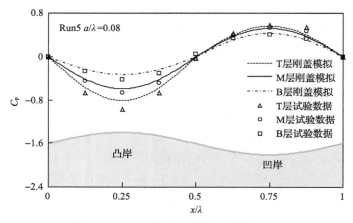

图 4.29 a/λ=0.08 时刚盖假定法模拟结果

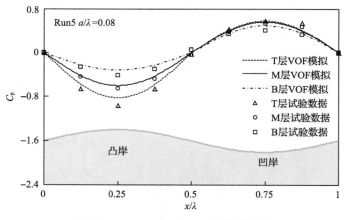

图 4.30 a/λ=0.08 时 VOF 法模拟结果

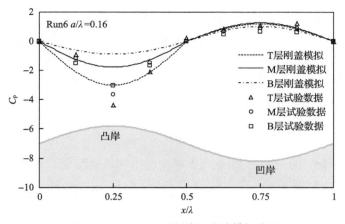

图 4.31　a/λ=0.16 时刚盖假定法模拟结果

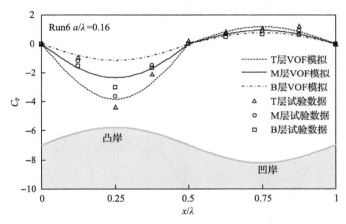

图 4.32　a/λ=0.16 时 VOF 法模拟结果

综上所述，在水流弗劳德数较低(Fr≤0.53)，且河岸带蜿蜒程度较小(a/λ≤0.08)情况下，刚盖假定法与 VOF 法均能较好地模拟蜿蜒河岸带沿线不同水深分层的扰动压力分布，能够较准确地反映凸岸压力降低、凹岸压力升高这一变化规律。在该情况下，两种自由液面处理方法的模拟结果相差不大，但是从计算效率而言，刚盖假定法具有计算耗时少的优势。当弗劳德数较高且河岸带蜿蜒程度较大时，VOF 法模拟结果的准确性明显优于刚盖假定法。虽然刚盖假定法在计算效率上有一定优势，但由于现今计算机处理能力已经非常强大，因此，计算效率优势不太明显。综合而言，本章模拟分析中将采用 VOF 法来处理自由液面。

4.5　河岸带特征对近岸压力场分布的影响机制

4.5.1　河岸带边坡系数对近岸压力场分布的影响

河岸带边坡系数 m 分别为 0、0.8、3 时，河岸带沿线近岸区水体不同分层的扰动压力变化如图 4.33、图 4.34 和图 4.35 所示。由图 4.33 可以看出，当河岸带边坡系数 m 为

0，即为直立式河岸带时，近岸区水体 T 层、M 层和 B 层的扰动压力分布几乎重合。由图 4.34 和图 4.35 可以看出，当河岸带边坡系数 m 大于 0，即为斜坡式河岸带时，近岸区水体不同分层的扰动压力曲线出现分离，而且分离程度随着河岸带边坡系数 m 的增大而增大。上层(T 层)的压力分布曲线振幅较大，下层(B 层)的压力分布曲线振幅较小。水流流经蜿蜒河岸带表面时，河岸带纵向的蜿蜒性使得沿线的水压力分布呈现曲线波动，而河岸带横向边坡坡度变化则使坡面上不同水深分层的压力波动振幅出现差异性。凸岸处为水压力下降区，水压力波动振幅的差异性尤为显著。

以 S5 工况为例，分析近岸区不同水深分层垂向流速变化。边坡系数 $m=3$ 时，在 0.25λ(凸岸)断面处，近岸不同水深分层(T 层、M 层和 B 层位置)的垂向流速分布如图 4.36 所示。由图 4.36 可以看出，近岸区不同水深位置的垂向流速分布差异较为明显，上层的垂向平均流速较大，下层的垂向平均流速较小。水流流速越大，河岸带形态扰动产生的惯性离心力越大，从而引起近岸区水压力波动越明显，因此，近岸区上层的水压力波动振幅也越大。由此可推断，近岸区不同水深分层的压力振幅差异是由不同河岸带横向坡度不同引起水流结构和速度发生调整和变化所致。

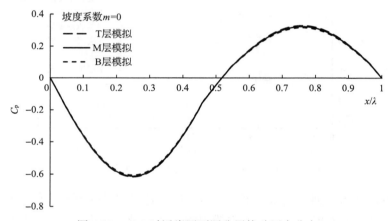

图 4.33 $m=0$ 时近岸区不同分层扰动压力分布

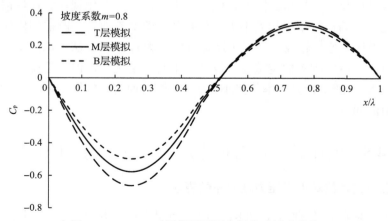

图 4.34 $m=0.8$ 时近岸区不同分层扰动压力分布

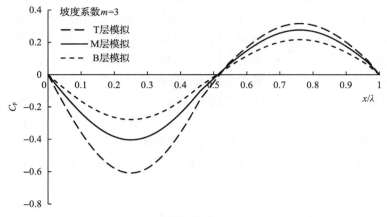

图 4.35　$m=3$ 时近岸区不同分层扰动压力分布

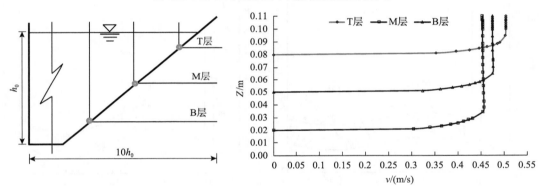

图 4.36　近岸区不同分层的垂向流速分布

4.5.2　河岸带弯曲度对近岸压力场分布的影响

为了进一步定量描述近岸区河岸及河床表面的水流扰动压力分布情况，定义一无因次变量——扰动压力强度 I 来表征近岸区扰动压力的变化。

$$I = \left| h'_{\mathrm{p}i} / h'_{\mathrm{p\,max}} \right| \tag{4.72}$$

式中，$h'_{\mathrm{p}i}$ 为河岸及河床表面任意位置的扰动压力水头；$h'_{\mathrm{p\,max}}$ 为一个波长范围内最大的扰动压力水头。

以 S3 工况 ($a=4\mathrm{cm}$) 和 S10 工况 ($a=10\mathrm{cm}$) 为例，分析不同蜿蜒程度对扰动压力的影响。在 S3 与 S10 工况下，扰动压力强度分布如图 4.37、图 4.38 所示。图 4.37 和图 4.38 是河岸 (图中灰色部分) 及河床 (图中白色部分) 扰动压力强度分布的俯视图，图中仅截取了弯曲河道中间段一个波长范围的计算结果。由图 4.37 可以看出，当河岸带纵向蜿蜒程度较小时，扰动压力的高强度区 (扰动强度 $I > 50\%$) 主要集中在凸岸及凹岸的近岸区域，且凸岸附近的扰动强度较大，扰动压力强度随着离岸距离 (y) 的增大而逐渐下降。从扰动压力的等强度线分布可以看出，凸岸附近的扰动等强度线分布较密，而凹岸附近较疏，这表明凸岸位置的扰动压力变化较为剧烈，而凹岸位置的扰动压力变化则相对较小。由图 4.38 可以看出，当河岸带纵向蜿蜒程度较大时，近岸扰动压力的分布变得紊乱，扰动高强度区主要集中于凸岸的近岸区域，且在凸岸的顶部附近出现了两个高强度点源（扰动强度 $I > 70\%$），而在凹岸附近，扰动压力的强度则相对较弱，这是由于河岸带蜿蜒程度较大时，水流已不能平顺地沿河岸的弯曲表面流动，在凸岸顶部靠近水面的位置将发生边界层分离现象，边界水流的分离与再附着使得河岸带凸岸附近产生新的强扰动点源，而分离点后的滞流区将一定程度地削弱凹岸附近的扰动压力。总体而言，河岸带纵向蜿蜒性引起的扰动主要集中于近岸区域，蜿蜒程度不同仅影响了强扰动区的分布，扰动强度随着偏离河岸距离的增大而逐渐衰减。

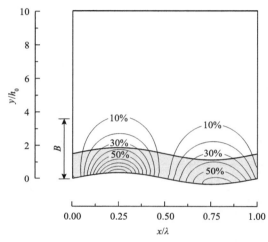

图 4.37　S3 工况的近岸扰动压力强度分布　　　图 4.38　S10 工况的近岸扰动压力强度分布

4.5.3　河岸形态对近岸压力场的扰动范围

由 4.5.2 节模拟分析结果可以看出，当扰动压力强度衰减至 10%时，河岸带形态对近岸压力场的影响已经非常微弱，且在凸岸 0.25λ 断面上扰动强度削减至 10%时，扰动范围与河岸水面平均位置的距离较大，因此，本节用这一距离表示河岸形态对近岸压力场的扰动范围，并将这一水面距离定义为扰动宽度（B）。

在不同边坡系数与不同蜿蜒程度下，河岸及河床表面扰动压力强度在 0.25λ 断面位置的横向分布分别如图 4.39、图 4.40 所示。由图 4.39 可以看出，河岸带边坡系数越大，扰动强度沿横向的衰减速度越慢，扰动强度衰减至 10%时，与河岸的距离也越大，即扰动宽度也越大。由图 4.40 可以看出，河岸带蜿蜒程度越大，扰动压力强度的横向衰减曲线越陡，然而在不同蜿蜒程度下，扰动压力强度衰减曲线随着偏离河岸距离的增大逐渐汇聚在一起，当扰动压力强度衰减至 10%时，各条衰减曲线已几乎重合，这表明河岸的纵向蜿蜒性对最大扰动宽度的影响较微弱。可见，河岸带横向坡度是影响压力分布扰动范围的主要因素。

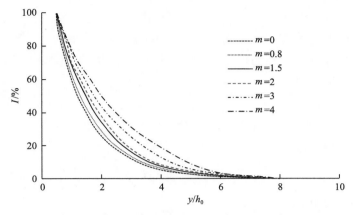

图 4.39　不同坡度下扰动压力强度的横向分布

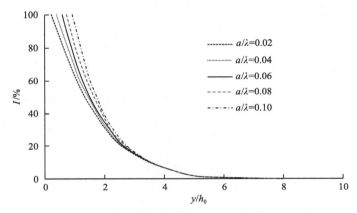

图 4.40　不同弯曲程度下扰动压力强度的横向分布

进一步地，在图 4.40 中作 $I=10\%$ 的水平线，该水平线与每条衰减曲线的交点横坐标 y 值即扰动宽度 B。将这些扰动宽度数据点绘于图 4.41 中可得扰动宽度随河岸带边坡系数的变化规律。

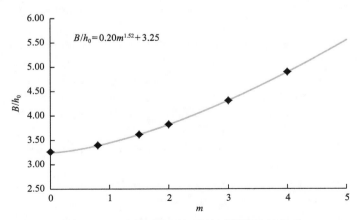

图 4.41　压力扰动范围与边坡系数的相关关系

　　由图 4.41 可以看出，当河岸垂直(m=0)时，扰动宽度为平均水深的 3.24 倍，当河岸边坡系数 m=3 时，扰动宽度已达平均水深的 4.29 倍。为了定量估计河岸形态在不同坡度下的扰动宽度，应用如下形式的指数函数对图 4.21 中的扰动宽度数据进行拟合。

$$B / h_0 = C_1 \cdot m^{C_2} + C_3 \tag{4.73}$$

式中，拟合系数 C_1=0.20，C_2=1.52，C_3=3.25，拟合曲线的相关系数 R^2 为 0.99935，该拟合曲线是在河岸坡度系数 $0 \leqslant m \leqslant 4$ 的条件下得到的。

参 考 文 献

陈宝冲. 1992. 河型分类. 泥沙研究, (1): 100-104.

林俊强, 严忠民, 夏继红. 2013. 弯曲河岸侧向潜流交换试验. 水科学进展, 24(1): 118-124.

倪晋仁, 王随继. 2000. 论顺直河流. 水利学报, (12): 14-20.

王福军. 2004. 计算流体动力学分析——CFD 软件原理与应用. 北京: 清华大学出版社.

赵振兴, 何建京. 2005. 水力学. 北京: 清华大学出版社.

Asmar N H. 2005. Partial Differential Equations and Boundary Value Problems with Fourier Series(2nd edition). Englewood Cliffs: Prentice Hall.

Boano F, Camporeale C, Revelli R, et al. 2006. Sinuosity-driven hyporheic exchange in meandering rivers. Geophysical Research Letters, 33: L18406.

Bradford S F, Sanders B F. 2002. Finite-Volume Model for shallow-water flooding of arbitrary topography. Journal of Hydraulic Engineering, 128(3): 289-298.

Brice J C, Blodgett J C. 1978. Countermeasures for Hydraulic Problems at Bridges. Vols 1, 2. Washington, USA: Federal Highway Administration.

Buffington J M, Tonina D. 2009. Hyporheic exchange in mountain rivers II: effects of channel morphology on mechanics, scales, and rates of exchange. Geography Compass, 3(3): 1038-1062.

Cardenas M B. 2009. A model for lateral hyporheic flow based on valley slope and channel sinuosity. Water Resources Research, 45: W01501.

Crowder D W. 2002. Reproducing and Quantifying Spatial Flow Patterns of Ecological Importance with Two-Dimensional Hydraulic Models. Blacksburg: PhD Dissertation of Virginia Polytechnic Institute and State University.

Elliott A, Brooks N H. 1997a. Transfer of nonsorbing solutes to a streambed with bed forms: Theory. Water Resources Research, 33(1): 123-136.

Elliott A, Brooks N H. 1997b. Transfer of nonsorbing solutes to a streambed with bed forms: laboratory experiments. Water Resources Research, 33(1): 137-151.

Ezz H, Cantelli A, Imran J. 2013. Experimental modeling of depositional turbidity currents in a sinuous submarine channel. Sedimentary Geology, 290: 175-187.

Fehlman H M. 1985. Resistance Components and Velocity Distribution of Open Channel Flows over Bed Form. Colorado: PhD Dissertation of Colorado State University.

Ghamry H. 1999. Two Dimensional Vertically Averaged and Moment Equations for Shallow Free Surface Flows. Edmonton Alta: PhD Dissertation of University of Alberta.

Ghamry H K, Steffler P M. 2002. Effect of applying different distribution shapes for velocities and pressure on simulation of curved open channels. Journal of Hydraulic Engineering, 128(11): 969-982.

Gholami A, Akhtari A A, Minatour Y, et al. 2014. Experimental and numerical study on velocity fields and water surface profile in a strongly-curved 90°open channel bend. Engineering Applications of Computational Fluid Mechanics, 8(3): 447-461.

Hicks F E, Jin Y C, Steffler P M. 1990. Flow near sloped bank in curved channel. Journal of Hydraulic Engineering, 116 (1): 55-70.

Jin Y, Steffler P M, Hicks F E. 1990. Roughness effects on flow and shear stress near outside bank of curved channel. Journal of Hydraulic Engineering, 116 (4): 563-577.

Kane I A, McCaffery W D, Peakall J, et al. 2010. Submarine channel levee shape and sediment waves from physical experiments. Sedimentary Geology, 223: 75-85.

Kassem A, Imran J. 2004.Three-dimensional modeling and analysis of density current, II: flow in sinuous confined and unconfined channels. Journal of Hydraulic Research, 42 (6): 591-602.

Marzadri A, Tonina D, Bellin A, et al. 2014. A hydrologic model demonstrates nitrous oxide emissions depend on streambed morphology. Geophysical Research Letters, 41 (15): 5484-5491.

Mignot E, Paquier A, Haider S. 2006. Modeling floods in a dense urban area using 2D shallow water equations. Journal of Hydrology, 327 (1): 186-199.

Molls T, Molls F. 1998. Space-time conservation method applied to Saint Venant equations. Journal of hydraulic Engineering, 124 (5): 501-508.

Peakall J, McCaffrey B, Kneller B. 2000. A process model for the evolution and architecture of sinuous submarine channels. Journal of Sedimentary Research, 70: 434-448.

Pradhan A, Khatua K K, Dash S S. 2015. Distribution of depth-averaged velocity along a highly sinuous channel. Aquatic Procedia, 4: 805-811.

Shen H W, Fehlman H M, Mendoza C. 1990. Bed form resistances in open channel flows. Journal of Hydraulic Engineering, 8 (1): 69-78.

Singler J R. 2008. Transition to turbulence, small disturbances, and sensitivity analysis I: a motivating problem. Journal of Mathematical Analysis and Applications, 337: 1425-1441.

Stonedahl S H, Harvey J W, Wörman A, et al. 2010. A multiscale model for integrating hyporheic exchange from ripples to meanders. Water Resources Research, 46: W12539.

Storey R G, Howard K W F, Williams D D. 2003. Factors controlling riffle-scale hyporheic exchange and their seasonal changes in a gaining stream: a three-dimensional groundwater flow model. Water Resources Research, 39 (2): 1034.

Straub K M, Mohrig D, Buttles J, et al. 2011. Quantifying the influence of channel sinuosity on the depositional mechanics of channelized turbidity currents: a laboratory study. Marine and Petroleum Geology, 28: 744-760.

Tonina D. 2012. Surface water and streambed sediment interaction: the hyporheic exchange.//Gualtieri C, Mihailović D T. Fluid Mechanics of Environmental Interfaces. London: CRC Press, Taylor & Francis Group.

Tonina D, Buffington J M. 2009. Hyporheic exchange in mountain rivers I: mechanics and environmental effects. Geography Compass, 3 (3): 1063-1086.

Wörman A, Packman A I, Marklund L, et al. 2007. Fractal topography and subsurface water flows from fluvial bedforms to the continental shield. Geophysical Research Letters, 34 (7): L07402.

Xia J, Yu G, Lin J, et al. 2016. Sinuosity-driven water pressure distribution on slope of slightly-curved riparian zone: analytical solution based on small-disturbance theory and comparison to experiments. Water, 8 (2): 61.

第5章　均质河岸带潜流交换机理

5.1　均质河岸带潜流交换试验设计

5.1.1　双循环河岸带试验模型设计

1. 模型设计的要求

河岸带潜流层同时受河流流量、水深、地形、地貌、沉积物特性、地下水水位等多因素的影响，其水动力学、溶质迁移转化等动态过程极其复杂。因此，如何有效模拟与室内再现这种河流地表水与河岸地下水的共同作用与相互交换现象，是系统研究河岸带潜流层水动力学机理与溶质迁移规律的必要前提和先决条件。目前，缺乏有效的试验模型系统用以研究河岸带水流特性，特别是缺乏能有效反映河岸带潜流侧向交换的物理模型。现有的河流地表水模型试验研究多采用传统水槽，而地下水模型试验研究则多应用土槽或沙槽。地表水与地下水模型试验研究方法相对独立、各成体系，现有的试验设施难以满足既受地表水作用，又受地下水作用的河岸带研究需要，因此，需设计一套新的试验模型满足河岸带研究需要。河岸带试验模型设计需满足以下要求。

(1) 双循环供水。由于河岸带同时受地表水和地下水共同影响，所以，模型设计时，需设计一体化的供水系统，能满足河流地表水循环供水与地下水循环供水的基本要求。

(2) 定量联调联控。模型试验的目的是研究不同水文、水动力、水环境条件下，河岸带区域地表水、地下水相互作用、溶质迁移变化的规律和机理。因此，定量控制是模型设计的重要要求，模型设计时，需重点考虑地表水、地下水的基本参数的定量可控，根据需要实现地表水与地下水的联动调控。

(3) 河道形态可塑。大多自然河道中，河岸自然蜿蜒，河床滩潭交错、高低起伏，形态多样。因此，模型设计时，可根据需要实现河床起伏形态与河岸带蜿蜒形态快捷塑造。

2. 模型系统组成

为更好地模拟河流地表水与河岸带地下水的水动力特性及环境特点，并有效调控各自的水流条件，本书设计了一种地表水与地下水双循环可控式河岸带试验模型。该模型主要包括沙槽、双循环供水系统、双水位流量控制系统、量测系统。模型结构如图 5.1 和图 5.2 所示。由于水分蒸发与示踪剂挥发量很小，试验中可忽略不计，因此该模型可视为封闭系统，可较好地应用于侧向潜流交换与溶质迁移规律的定量研究。

1) 沙槽

沙槽长 10.0m，宽 2.0m，深 1.0m。沙槽内按需要填充一定级配的土壤、砂、卵砾石，通过形态模拟器，按需要塑造河床起伏形态与河岸蜿蜒形态。

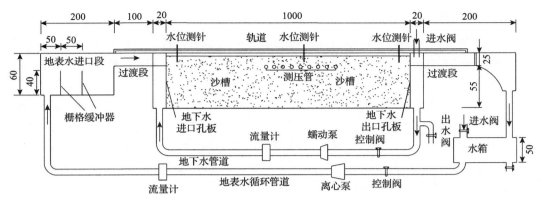

图 5.1　双循环河岸带试验模型系统结构图

图中数据单位为 cm

图 5.2　均质河岸带试验模型照片

2) 双循环供水系统

双循环供水系统包括地表水循环系统和地下水循环系统。地表水循环系统主要包括地表水进口缓冲段(由缓冲水箱和栅格缓冲器组成,长 2m)、地表水进口过渡段(长 1m)、模型河道过水断面(长 10m)、地表水出口过渡段(长 2.2m)、下游水箱(3m×3m×0.5m)、地表水循环管道及离心泵等。设置过渡段的主要目的是平顺水流,防止进出口处水流紊乱,导致河床、河岸形态被冲毁。过渡段断面形式与模型河道相同,底部高程与模型河道进出口处的河床高程一致。地下水循环系统主要包括地下水进口段、沙槽填沙段、地下水出口段、地下水循环管道及蠕动泵等。地下水进出口挡板为多孔隔板,隔板表面覆盖一层 200 目的尼龙土工布,以防止沙槽填料流失。地表水与地下水分别通过离心泵和蠕动泵提供水,实现供水系统双循环,可为河岸带试验研究中地表水与河岸地下水同时进行供水,并能有效控制河流地表水以较快速度循环、河岸地下水以缓慢速度循环,可仿真模拟自然条件下河流、河岸、地下水条件。

3）双水位流量控制系统

双水位流量控制系统主要由量测设施和调节设施组成。量测设施包括水位测针和流量计。模型上安装 3 支地表水水位测针、4 支地下水水位测针实现水位精确控制，在地表水管道和地下水管道各安装 1 个流量计实现流量精确控制。通过安装尾门调节器、地表水及地下水管道控制阀、地表水及地下水进出水调节阀，实现水位、流量的精确联动调节。该系统可以同时调节控制河流地表水与河岸地下水的水位与流量边界条件，解决了传统河流动力学试验中只能单独调节河流水位流量条件及传统地下水试验中只能单独调节地下水水位流量条件的问题。该模型为复合式水槽，集传统的水槽与沙槽于一体，地表水与地下水的进出水口分离。

4）量测系统

量测系统由水位测针、流量计、流速仪、土壤水水势测压管、示踪剂浓度监测井组成。3 支地表水水位测针分别布置于沙槽进口、沙槽中间及沙槽出口处。4 支地下水水位测针分别布置于地下水进口及出口段、离沙槽进口 3m 处、离沙槽出口 3m 处。地表水流速采用超声波流速仪测量。流量计分别布置于地表水、地下水循环管道上。土壤水水势测压管布置于沙槽中段 1m 宽的河岸内，布置方式与图 4.6 相同。示踪剂浓度监测井布置于监测段内，试验时，应用便携式电导率仪直接测量地表水和地下水的电导率与温度，并通过温度补偿，将电导率换算成标准温度（25℃）时的数值。

5.1.2　河岸带基质组成与形态塑造方法

1. 河岸带基质组成

天然河岸以黏性土和砂砾性介质为主，而黏性土渗透系数较小，交换速率过于缓慢，不利于试验的开展，因此选择均质砂性土作为模型河道的沉积物填料，用以铺设河床及河岸的几何形态。考虑到试验时需要维持河床及河岸的基本形态，避免铺设的几何形状被水流轻易冲蚀，所以选择粒径较大的中细沙作为填料。该填料为人工石英砂，其级配曲线如图 5.3 所示。由级配曲线图可以看出，试验选用的模型沙的中值粒径 d_{50} 为 0.78mm，该模型沙级配较差，颗粒大小较为均匀，可视为均质各向同性介质。通过常水头试验法

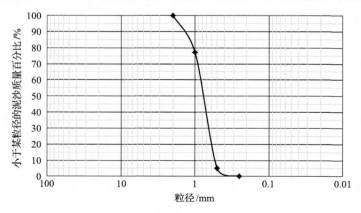

图 5.3　模型沙的级配曲线图

测定出模型沙的渗透系数为 0.584cm/s。通过排水法测定出模型沙的孔隙率为 0.45。试验中不考虑沉积物结构特性的影响，仅对同一均质沙在相同密实度条件下开展相关试验研究。

考虑到大曲率河道的水流条件复杂，泥沙运动剧烈，难以维持既定的河岸形态，因此选择微弯河道作为研究对象。第 4 章的研究表明，微弯河道中河岸边界形态对地表水与地下水流场的影响通常仅限于近岸区域，在远离河岸边界一定距离后，河岸边界的影响将减小，河道流线趋近于直线。另外，本章研究的重点是分析不同岸线形态对侧向潜流交换的相对影响，以探讨侧向潜流交换的机理。因此，本章试验仅考虑单侧河岸，而将河流中心位置流线接近直线的纵坡面概化成直线水槽边壁，建立半河道形式的概化模型，如图 5.2 所示。

2. 河岸带形态塑造方法

试验前根据试验需要设计制作不同规格的形态塑造模板。根据河道断面结构要求，先将沙槽铺设为顺直型河道，再利用形态塑造模板塑造蜿蜒的河岸形态。本书微弯河岸带的岸线概化为正弦曲线[$y = a\sin(2\pi x / \lambda)$，式中，$a$ 为河岸振幅，λ 为河岸波长]，河岸铺设高度为 13cm，平均宽度为 128cm。为保证试验时河岸边坡的稳定，根据沙土的种类及护面情况(细沙、无护面)，设定河岸的边坡系数为 3。河床可根据需要铺设成不同的坡度，其表面平整、无沙波形态，平均宽度为 33cm，最大深度为 50cm。

5.1.3 试验工况与特征参数

1. 试验工况

为减少工况组合数量，采用同一种均质砂进行试验，并保持循环系统中的地表水体积不变，即渗透系数 K、孔隙率 θ、地表水体积 V_w 为常数，同时也保持河岸波长 λ 为 1m 不变，试验中仅改变河岸带的蜿蜒振幅 a、地表水流速 u 和水深 h 的大小，从而研究不同河岸带蜿蜒形态与不同地表水流条件相互作用所引起的侧向潜流交换。由第 4 章的研究可知，河岸边界的影响范围与岸坡坡度有关，边坡系数越大，影响范围越大。当边坡系数 $m=3$ 时，扰动范围达平均水深的 4.34 倍。因此，为减小概化的左岸模型边壁对右岸附近流场的影响，试验时还需要控制水深，使水面宽度大于水深的 5 倍。试验工况与主要参数见表 5.1。

2. 示踪剂选择

氯化钠(NaCl)具有稳定的化学性质，不易挥发，且其水溶液导电性强，易于检测。因此，选择 NaCl 作为惰性示踪剂。试验通过在地表水中添加 NaCl 示踪剂，实时量测地表水示踪剂浓度，通过示踪剂浓度变化揭示河岸带潜流交换规律。

NaCl 在低浓度时，其浓度与电导率成良好的线性关系，因此，可通过测定水体电导率来推求 NaCl 示踪剂浓度。试验选用 BANTE540 便携式电导率仪测量水体电导率，该电导率仪能够同时测定溶液温度与电导率，并自动进行温度补偿换算。电导率的测量精度为±0.5% F.S,温度测量精度为±0.5℃,温度补偿范围为 0～50℃,温度补偿系数为 0～3.9%/℃。

表 5.1　试验工况及主要参数

工况	a/cm	Q/(m³/h)	h/cm	u/(m/s)
E1	8	60.0	11.0	0.31
E2	8	50.0	11.0	0.26
E3	8	40.0	11.0	0.20
E4	8	63.4	12.5	0.27
E5	6	60.0	11.0	0.31
E6	6	50.0	11.0	0.26
E7	6	40.0	11.0	0.20
E8	4	60.0	11.0	0.31
E9	4	50.0	11.0	0.26
E10	4	40.0	11.0	0.20
E11	0	60.0	11.0	0.31
E12	0	50.0	11.0	0.26
E13	0	40.0	11.0	0.20
E14	0	63.4	12.5	0.27

　　试验采用自来水作为循环用水。示踪试验前，先测量自来水的背景电导率，再逐滴加入 NaCl 示踪剂，率定电导仪的 NaCl 浓度与电导率的对应关系曲线，如图 5.4 所示。实验室温度相对稳定，为 25±3℃。试验时，应用便携式电导率仪直接测量地表水中的电导率与温度，并通过温度补偿，将电导率换算成标准温度(25℃)时的数值，根据图 5.4 的 NaCl 浓度与电导率的对应关系曲线，测定计算出地表水中 NaCl 的浓度。

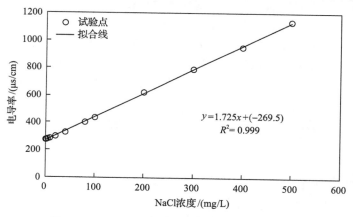

图 5.4　NaCl 浓度与电导率率定关系曲线(25℃)

　　在恒定流条件下，通过潜流交换，进入地下的流量等于返回地表的流量(入渗流量等于溢出流量)。在一个封闭的循环系统中，随着地表水与地下水的水量交换发生，地表水中的示踪剂将迁移进入地下。假设地表水的初始示踪剂浓度为 C_0，地下水的初始示踪剂浓度为 0，则 t 时刻后潜流交换的示踪剂平衡可用式(5.1)表示(Elliott and Brooks, 1997a)：

$$\frac{C(t)}{C_0} = \frac{V_w}{V_w + V_e\theta} \tag{5.1}$$

式中，V_w 为河流地表水的体积；$C(t)$ 为当前时刻地表水示踪剂浓度，并假设此时已发生交换的地下区域示踪剂浓度与地表水浓度相同；$C(t)/C_0$ 为地表水示踪剂浓度的变化率；V_e 为已发生潜流交换的地下区域体积，表征潜流交换强度，其值越大，潜流交换量也越大；θ 为河岸基质孔隙率。

式 (5.1) 表明，$C(t)/C_0$ 与 V_e 存在定量关系，潜流交换量越大，地表水示踪剂浓度越低。试验中潜流交换区域体积不易精确测定，而地表水中示踪剂浓度则容易测定，因此，通过测定地表水中示踪剂浓度，利用 $C(t)/C_0$ 作为潜流交换的表征量。

5.1.4　试验步骤与方法

试验启动时，缓慢调节尾门与地表水管道阀门开度，控制地表水流量与水深，以形成近似均匀流，同时防止泥沙启动，保证河床平整、河岸形态完好。然后，开启地下水管道阀门，并适当控制阀门开度，使河岸区域地下水水位与床面齐平。待地表水与河岸地下水平衡稳定后，在下游水箱一次性注入氯化钠溶液作为示踪剂。经地表水一至两次循环后(约 1~2min)，地表水中的 NaCl 浓度即可达到均一状态。示踪试验开始后，记录时间并定时测定地表水示踪剂浓度。在沙槽进口直接采用便携式电导率仪测定地表水电导率。每组试验结束后，排干地下水和地表水，并对模型沙进行清洗，清洗模型沙中残留的示踪剂，直至沉积物孔隙水电导率下降至自来水的背景电导率。下一组试验开始前，需对模型整体换水。在所有工况试验过程中，均需保持河岸与河床无沙粒起动，试验后的河岸及河床形态保持不变，如图 5.5 所示。

图 5.5　试验后的河岸与河床形态

经观察发现,地表水与地下水的快速交换发生在试验的前期,然后是缓慢的扩散阶段,直至地表水与地下水的示踪剂浓度达到平衡。由于示踪剂的后期扩散过程极其缓慢,本试验仅记录了前 14h 的地表水浓度数据,这些数据已可充分反映岸线形态对潜流交换的相对作用。此外,在数据记录的 14h 内,经测定,所有工况模型右侧边壁处的示踪剂相对浓度均为 0,概化的右岸水槽边壁未对试验结果产生影响。

5.2 河岸带潜流交换基本特性

5.2.1 顺直型河岸带潜流交换特性

对顺直河岸而言,地表水不同流速 u 与不同水深 h 条件下,潜流交换随时间的变化如图 5.6 和图 5.7 所示。试验观测发现,在顺直河岸带中,地表水的示踪剂相对浓度也有一定程度的下降,这表明顺直河岸带内也会发生潜流交换。由于河床与河岸带坡面表面均是平整形态,宏观上不会产生对流交换,因此顺直河岸带的潜流交换主要是由紊动扩散及微观尺度(孔隙尺度)下的微循环(微对流)引起的。由图 5.6 可以看出,在水深不变

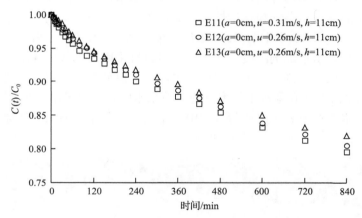

图 5.6　顺直河岸不同地表水流速条件下的潜流交换

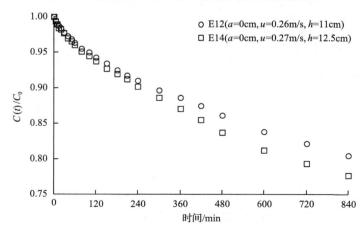

图 5.7　顺直河岸不同水深条件下的潜流交换

的条件下，潜流交换随地表水流速的增大而增大。由图 5.7 可以看出，在地表水流速不变的条件下，地表水水深越大，潜流交换量越大。这主要基于两方面的原因，一方面，地表水流速与水深的增大将导致水流雷诺数(Re)增大，水流紊动强度也相应增大，从而增强了紊动扩散与泥沙孔隙中的微循环强度，促进了顺直河岸的潜流交换；另一方面，地表水水深的增大将引起河道断面湿周的增大，地表水与地下水的交界面面积也相应增大，进而扩大了入渗面积，增强了潜流交换。

5.2.2　蜿蜒型河岸带潜流交换特性

河岸带形态蜿蜒程度与地表水流速大小对潜流交换的影响如图 5.8 和图 5.9 所示。由图 5.8 可以看出，当河岸带形态出现蜿蜒弯曲时，侧向潜流交换会明显增强，且河岸带蜿蜒振幅越大，即河岸带越弯曲，地表水中示踪剂相对浓度下降得越快，潜流交换强度也越大。由图 5.9 可以看出，蜿蜒型河岸带的潜流交换也随地表水流速的增大而增大，其增大的幅度明显大于顺直型河岸带。这主要是由于河岸带形态上的蜿蜒性引起近岸区水流流线的弯曲，根据第 3 章和第 4 章的分析可知，河岸带近岸区将产生水压力梯度，从而诱导河岸带产生侧向孔隙对流，由于水压力梯度引起对流交换（即泵吸交换），从而促进了潜流交换。当河岸带蜿蜒振幅增大时，地表水流线的弯曲程度也随之增大，河岸带近岸区水压力梯度也将相应增大，进而增大了对流的入渗流量，使得潜流交换强度增大。而地表水流速的增大将引起河岸带形态对水流阻力的增大，同样也导致了河岸带表面局部压力梯度的增大，因而也加强了蜿蜒型河岸带的潜流交换。进一步分析还发现，在蜿蜒型河岸带的试验工况中，正是岸线形态引起的泵吸效应导致了潜流交换前期地表水示踪剂相对浓度的快速下降，如图 5.8 中的 E1、E5、E8 三组工况浓度变化曲线的 0～240min 内。而潜流交换的中后期，地表水示踪剂相对浓度的下降速率开始变缓，其浓度曲线的斜率逐渐趋近于顺直型直河岸带。可见，河岸带形态引起的泵吸效应主要作用在潜流交换的前期，而潜流交换的后期则表现为扩散交换。

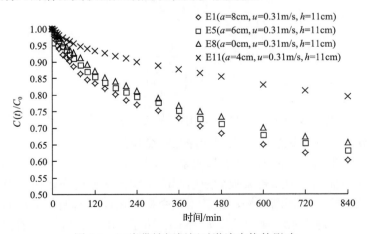

图 5.8　河岸带蜿蜒振幅对潜流交换的影响

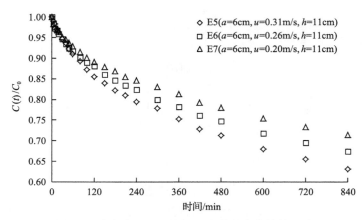

图 5.9　地表水流速对蜿蜒河岸带潜流交换的影响

5.2.3　蜿蜒特征引起的河岸带泵吸效应机理

由上述分析可以看出，蜿蜒型河岸带的潜流交换是对流、紊动扩散和孔隙微循环共同作用的结果。为进一步揭示河岸带蜿蜒特征引起的河岸带泵吸效应机理，将蜿蜒型河岸带的潜流交换量与顺直型河岸带的潜流交换量相减，可得河岸带蜿蜒特征引起的净泵吸（净对流）交换量，其计算式如式（5.2）。

$$m^* = \left[1-\left(\frac{C(t)}{C_0}\right)_{a>0}\right]-\left[1-\left(\frac{C(t)}{C_0}\right)_{a=0}\right] \tag{5.2}$$

式中，a 为河岸带蜿蜒振幅；$[1-(C(t)/C_0)_{a>0}]$为 t 时刻蜿蜒型河岸带的总示踪剂交换量；$[1-(C(t)/C_0)_{a=0}]$为相同水深与流速下的顺直型河岸带的总示踪剂交换量，即紊动扩散与微循环所引起的示踪剂交换量。

进一步地，将某一时刻河岸带蜿蜒特征引起的净泵吸交换量除以蜿蜒型河岸带的总潜流交换量，可得该时刻泵吸效应贡献率，如式（5.3）。

$$P(t) = \frac{m^*}{1-\left(\dfrac{C(t)}{C_0}\right)_{a>0}} \tag{5.3}$$

式中，$P(t)$ 为 t 时刻泵吸效应贡献率，即由泵吸效应引起的示踪剂交换量占总示踪剂交换量的比值；m^* 为河岸带蜿蜒特征引起的净泵吸交换量。

以 E1 工况为例，蜿蜒型河岸带引起的泵吸交换过程如图 5.10 所示。由图 5.10 可以看出，在潜流交换前期，河岸带泵吸效应引起的示踪剂交换速率较快，而且随着时间的推移，示踪剂的交换速率逐渐减慢，但其累积交换量在逐渐增加。示踪剂的泵吸效应贡献率与河岸带形态、地表水流速的关系如图 5.11 所示。由图 5.11 可以看出，不同工况在同一时刻（以 240min 时刻为例），泵吸效应贡献率随着 a/λ 的增大而增大，同时也随 u 的增大而增大。当 a/λ 增大至 0.06、u 增大至 0.26m/s 时，泵吸效应贡献率已超过 50%。这表明，随着河岸带蜿蜒振幅与地表水流速的增大，由河岸带蜿蜒形态引起的泵吸交换将逐渐成为潜流交换前期的主要形式。

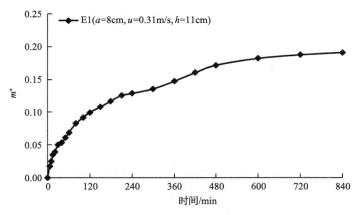

图 5.10　河岸带蜿蜒形态引起的泵吸交换量

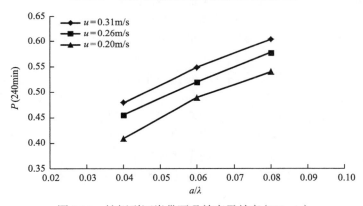

图 5.11　蜿蜒型河岸带泵吸效应贡献率（240min）

5.3　均质河岸带潜流交换的三维耦合计算模型

5.3.1　近岸区地表水流场数值计算模型与边界条件

河岸带泵吸交换区的水流有特殊的对流路径（Tonina and Buffington，2009）。受水沙交界面局部压力梯度的影响，地表水从河床或河岸表面的水力高压区进入地下，穿越一定距离的浅层孔隙区，与其中的地下水进行混掺与交换，再从水力低压区返回地表。如此循环往复的对流运动使得地表水与地下水在此区域发生剧烈的物质、能量交换与生物化学反应。为了进一步明确河岸带泵吸交换的作用范围与强度，在试验研究的基础上，通过建立微弯河岸带三维耦合模型，应用隐式流面法识别河岸带泵吸交换的临界面，计算并分析河岸带泵吸交换表征参数之间的相互关系，以及交换范围与交换强度的影响因素。

1. 控制方程

由于蜿蜒性河岸带对近岸水流产生紊动影响，流动属于紊流(Molls and Molls，1998)在紊流状态下某一点测得的速度随时间的变化，脉动性很强(Bradford and Sanders，2002)。N-S 方程是描述三维水流运动的基本方程组，由于它的非线性使得用解析方法求解极为困难。地表水的数值模拟控制方程采用第 3 章的时均化连续方程与雷诺方程作为基本方程。

2. 边界条件

在地表水的底部边界，即河床与河岸表面，其边界条件设置为无滑移壁面边界($u_i=0$)。地表水的左侧面为模型左岸壁面，根据实际情况设定为无滑移壁面边界条件。为考虑压力梯度与平衡偏差，改善右岸蜿蜒壁面压力梯度变化的模拟与预测，近壁区的水流采用非平衡壁面函数法进行求解。

地表水的自由液面近似为无摩擦的刚盖，指定其剪切力为 0。通常情况下，刚盖假定法适用于低 Fr 且水面变化较为平缓的情况(Alfrink and Van-Rijn，1983)。由第 4 章研究可知，在弗劳德数较低($Fr \leqslant 0.53$)且河岸带弯曲程度较小($a/\lambda \leqslant 0.08$)的情况下，刚盖假定法能较好地模拟微弯河岸带不同水深分层沿线的扰动压力分布，能较准确地反映凸岸区水压力降低、凹岸区水压力升高这一变化规律，且计算效率较高。本章中所有计算工况的 Fr 均小于等于 0.53，a/λ 均小于等于 0.08。因此，本章采用刚盖假定法进行模拟。由于微弯河岸带边界的岸线概化为正弦曲线，其边界的几何形状与水流流态沿地表水流向是周期性变化的，为模拟这种充分发展的周期性流动，将一个波长计算河段的上游与下游垂直面设定为周期性边界条件，并根据试验的平均水面坡降指定上下游周期性边界间的平均水头降。近岸地表水的计算区域与边界条件如图 5.12 所示(图中显示的是两个弯曲波长的计算单元)。

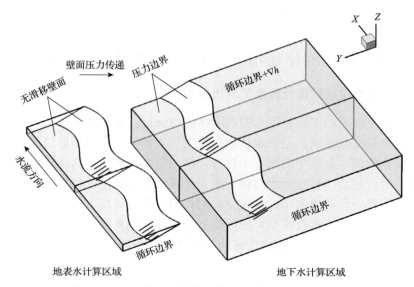

图 5.12　河岸带泵吸交换计算区域模型及其边界条件

5.3.2　河岸带地下水流场计算模型

1. 控制方程

在河岸带多孔介质的大多数区域，地下水流速较低，呈层流状态，仅河岸与河流的交界面处地下水流速较大，呈紊流状态。但是，由于多孔介质的阻滞效应，地表水的紊流效应迅速被削弱，紊流的影响只局限于河流-沉积物交界面的极薄区域。Tonina 和 Buffington(2007)研究发现，即使是具有砾石表面的河床沉积物中，地表紊流的影响厚度也仅为沙粒中值粒径的 1～2 倍。因此，本章地下水流场的数值模拟中，将河岸带孔隙区域全部视为层流区域，且仅考虑充分饱和的情况。河岸带地下水的控制方程采用连续性方程和达西定律，具体方程如下：

$$\nabla \boldsymbol{u} = 0 \tag{5.4}$$

$$\boldsymbol{u} = -K\nabla h \tag{5.5}$$

式中，$\boldsymbol{u}$ 为达西流速；K 为渗透系数；h 为压力水头。

2. 边界条件

河岸带孔隙介质的计算区域根据潜流交换物理试验的尺寸建立，河床平均宽度为 33cm，最大深度为 50cm，河岸带岸线为正弦曲线，河岸边坡为 1∶3。河岸带计算区域左右两侧的垂直面与底部的水平面均为不透水边界，设置为壁面边界条件。由于河岸带孔隙介质的自由液面较为平缓，因此，将其近似为无摩擦刚盖，其剪切力设定为 0。多孔介质的上下游边界设定为周期性边界。近岸地表水模型与河岸带地下水模型的耦合是通过对地表水模型求解而得的河床与河岸表面压力分布作为多孔介质的压力边界传递至地下水模型。河岸地表水、地下水的计算区域和边界条件如图 5.12 所示。

5.3.3　示踪剂运移模型

水流流经微弯河岸带时，近岸区域会产生一定程度的压力梯度，驱使近岸地表水与河岸地下水发生泵吸交换(对流交换)。试验研究表明，泵吸交换是河岸带潜流交换初期的主要交换形式。潜流交换引起的示踪剂运移将采用三维泵吸交换模型进行计算，该模型是在 Elliott 和 Brooks(1997)提出的二维泵吸交换理论的基础上的三维扩展。泵吸交换模型是以地下水流场计算为基础，进而计算进入多孔区域的平均入渗流流量 $\bar{q}$ 和示踪剂随时间的平均驻留比率 $\bar{R}(\tau)$，推求地表水示踪剂溶度的变化过程。

进入河岸孔隙区域的入渗流流量可由近岸河床及河岸表面的地下水速度场计算而得

$$q(x, y, z) = \begin{cases} \bar{u} \cdot \bar{n} & \bar{u} \cdot \bar{n} \geqslant 0 \\ 0 & \bar{u} \cdot \bar{n} < 0 \end{cases} \tag{5.6}$$

式中，$q(x,y,z)$ 是河床及河岸表面点 (x,y,z) 位置的入渗流流量；$\bar{u}$ 是水沙交界面的达西流速（指向孔隙区域为正，指向地表水区域为负）；$\bar{n}$ 为交界面的单位向量（指向孔隙区域为正，指向地表水区域为负）。

水沙交界面单位面积上进入孔隙区域的平均入渗流流量 $\bar{q}$ 可由式（5.7）求得

$$\bar{q} = \frac{1}{A} \int_A q(x,y,z)\mathrm{d}A \tag{5.7}$$

式中，A 为水沙交界面的表面积。

在潜流交换过程中，随着入渗流进入地下的示踪剂经过一段时间 τ 后还滞留在地下的平均比率 $\bar{R}(\tau)$ 可定义为

$$\bar{R}(\tau) = \frac{1}{\bar{q}A} \int_A q(x,y,z)R(x,y,z,\tau)\mathrm{d}A \tag{5.8}$$

式中，$R(x,y,z,\tau)$ 为从交界面 (x,y,z) 位置进入孔隙区域的示踪剂在一段时间 τ 后是否还滞留在地下的判别函数，定义为

$$R(x,y,z,\tau) = \begin{cases} 1 & \tau \leqslant T \\ 0 & \tau > T \end{cases} \tag{5.9}$$

式中，T 为从交界面 (x,y,z) 位置入渗的示踪剂滞留于孔隙区域的时间；$R=1$ 表明示踪剂还滞留于孔隙区域，$R=0$ 表明示踪剂已随着对流重新返回地表。

示踪剂的驻留时间 T 可应用数值粒子追踪技术（numerical particle tracking）获取（FLUENT Inc.，2006）。地下水流场求解完毕后，河床与河岸表面网格中心点可释放大量无重量的虚拟粒子（4000 个），虚拟粒子在当地达西速度场的作用下发生位移，期间可记录虚拟粒子在每个时间间隔（时间间隔足够小）的位移路径，直至粒子离开地下水计算区域。粒子从进入到离开地下水区域的总耗时即该粒子的驻留时间 T。

示踪剂的平均入渗体积（平均潜流交换体积）可由下面的卷积公式（5.10）求得

$$V_\mathrm{e} = \frac{\displaystyle\int_0^t \bar{q}A\bar{R}(\tau)C(t-\tau)\mathrm{d}\tau}{C_0 \cdot \theta} \tag{5.10}$$

式中，C_0 和 $C(t)$ 分别为初始时刻（0 时刻）和 t 时刻地表水的示踪剂溶度；θ 为河岸多孔区域的孔隙率；$\bar{q}A\bar{R}(\tau)C(t-\tau)\mathrm{d}\tau$ 为 $t-\tau$ 时刻经过很小时段 $\mathrm{d}\tau$ 交换进入地下的示踪剂在 t 时刻还滞留在地下的示踪剂质量。

在封闭的循环水槽系统中，河岸孔隙水的初始示踪剂浓度为 0，t 时刻地表水的初始浓度为 C_0，则 t 时刻地表水与河岸孔隙区域中的示踪剂平衡可由下式表示：

$$\frac{C(t)}{C_0} = 1 - \frac{V_e \cdot \theta}{V_w} \tag{5.11}$$

式中，V_w 为循环系统中地表水的总体积；V_e 为潜流交换体积。

地表水中示踪剂浓度随时间的变化 $C(t)$ 可由式 (5.10) 和式 (5.11) 联立求解而得。由式 (5.11) 可以看出，地表水的示踪剂相对浓度变化 $C(t)/C_0$ 与潜流交换体积 V_e 存在定量关系。潜流交换量越大，地表水示踪剂浓度越低。因此，$C(t)/C_0$ 可作为反映潜流交换的表征量，即可通过模拟 $C(t)/C_0$ 变化来反映潜流交换和泵吸交换特征。

本章以河床及河岸表面各点入渗流流量 $q(x, y, z)$ 与示踪剂驻留时间 T 等数据作为基础，通过自行编写的程序计算平均入渗流流量 $\bar{q}$ 和示踪剂平均驻留比率 $\overline{R}(\tau)$，求解式 (5.10) 和式 (5.11)。

5.3.4　计算区域的网格模型与模拟工况

1. 计算区域的网格模型

地表水计算区域与地下水计算区域均采用结构化六面体网格建立网格模型网格。为提高网格质量，先对河道起始断面分区划分四边形网格，再沿河道纵向拉伸为六面体网格。为充分解析地表水的流场及压力场分布，地表水计算区域的网格划分较为细密。考虑到地表水河床与河岸带边壁处速度、压力梯度变化较大，因此对河床和河岸带边壁附近的网格进行加密处理。为了提高自由液面的模拟精度，也需对地表水刚盖附近的网格进行加密处理。地表水计算区域的网格垂向最小尺寸为 1mm（刚盖附近），网格单元数量为 310000 个。地下水计算区域的网格划分较为稀疏，横截面平均网格尺寸为 1.7cm×1.7cm，纵向网格尺寸为 1cm，网格单元数量为 384000 个。该网格尺寸相对于多孔介质的单个孔隙、单个颗粒及流体物理点而言是充分大的，大于多孔介质的表征性体积单元（Hassanizadeh and Gray, 1979），而对于河岸地下水计算区域而言则是充分小的，因此可充分解析地下水流场的变化。地表水与地下水耦合模型的横截面网格划分如图 5.13 所示。

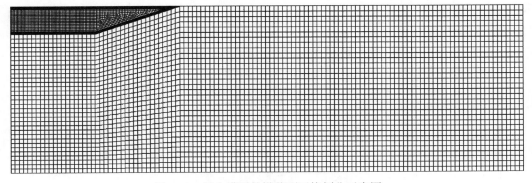

图 5.13　耦合模型的横截面网格划分示意图

2. 模拟工况

为了进一步揭示河岸带泵吸交换各表征参数之间的相互关系，以及泵吸交换范围、泵吸交换强度的影响因素，应用微弯河岸带的地表水流场与地下水流场耦合模型，结合泵吸交换范围的临界面识别方法，在相同的地下水水面纵比降(s=0.002)条件下，模拟分析河岸地形(a/λ=0.02、0.04、0.06、0.08)、地表水流速(u_0=0.15m/s、0.20m/s、0.26m/s、0.31m/s、0.35m/s)等不同条件下潜流交换的变化。在相同河岸地形、相同流速的条件下，模拟分析不同地下水水面纵比降(s=0.001、0.002、0.003、0.004、0.005)对潜流交换的影响。数值模拟的工况组合与主要参数见表 5.2。

表 5.2　河岸泵吸交换的数值计算工况与主要参数

工况	a/λ	u_0/(m/s)	s	工况	a/λ	u_0/(m/s)	s
S1	0.02	0.15	0.002	S13	0.06	0.26	0.002
S2	0.02	0.2	0.002	S14	0.06	0.31	0.002
S3	0.02	0.26	0.002	S15	0.06	0.35	0.002
S4	0.02	0.31	0.002	S16	0.08	0.15	0.002
S5	0.02	0.35	0.002	S17	0.08	0.2	0.002
S6	0.04	0.15	0.002	S18	0.08	0.26	0.002
S7	0.04	0.2	0.002	S19	0.08	0.31	0.002
S8	0.04	0.26	0.002	S20	0.08	0.35	0.002
S9	0.04	0.31	0.002	S21	0.06	0.26	0.001
S10	0.04	0.35	0.002	S22	0.06	0.26	0.003
S11	0.06	0.15	0.002	S23	0.06	0.26	0.004
S12	0.06	0.2	0.002	S24	0.06	0.26	0.005

注：a/λ 为河岸振幅与波长比，u_0 为地表水平均流速，s 为河岸地表水水面坡降。

为了考虑地下水水面纵比降对泵吸交换宽度的影响，根据模型试验工况的实测地表水流速与水面坡降，估计不同河岸形态(a/λ 分别取 0.04、0.06、0.08)在相同水深条件下的糙率，然后由拟定的地表水流速反求该流速条件下的地表水水面坡降，并将此坡降作为地下水的平均纵比降，进而模拟分析河岸带区域的泵吸交换变化。在考虑地下水水面纵比降情况下，主要计算工况与主要参数见表 5.3 所示。

5.3.5　模型求解与验证

地表水与地下水计算区域控制方程的离散均采用控制体积法。控制方程中对流项的离散采用二阶迎风格式。考虑到研究的是蜿蜒型河岸带边界约束下的水流运动，计算网格存在一定的倾斜扭曲，为改善弯曲边界处的模拟精度，压力-速度耦合采用 PISO 算法。该算法能够对扭曲网格进行倾斜校正，且在收敛性能方面较为稳健，计算效率较高(王福

表 5.3　考虑地下水水面纵比降的计算工况与主要参数

工况	a/λ	$u_0/(m/s)$	s	工况	a/λ	$u_0/(m/s)$	s
SG1	0.04	0.15	0.00573[*]	SG9	0.06	0.31	0.02350
SG2	0.04	0.20	0.01156	SG10	0.06	0.35	0.03308[*]
SG3	0.04	0.26	0.01577	SG11	0.08	0.15	0.00761[*]
SG4	0.04	0.31	0.02027	SG12	0.08	0.20	0.01430
SG5	0.04	0.35	0.02945[*]	SG13	0.08	0.26	0.02164
SG6	0.06	0.15	0.00644[*]	SG14	0.08	0.31	0.02810
SG7	0.06	0.20	0.01234	SG15	0.08	0.35	0.03912[*]
SG8	0.06	0.26	0.01812				

注：地下水水面纵比降数据 s 中，带*号的为估算值，不带*号的为实测值。

军，2004）。地表水模型计算时，运用时间步进法求解稳态问题，即将时间作为迭代参数，求解直至所有参数都趋于恒定；地下水模型计算时，直接应用稳态方程式(5.4)和式(5.5)求解。模型中 u_i、P、k、ε 的计算残差均达到 10^{-5} 时计算收敛。

为了检验数学模型的有效性，本章采用两种不同压力边界条件来模拟河岸地下水流场及相应的潜流交换。一种压力边界条件为近岸区压力场模型试验和数值模拟所得的曲线压力分布（以下简称曲线压力边界）；另一种压力边界条件为 Cardenas（2009）模型中所采用的直线压力分布，即假定河岸边界压力沿弯曲岸线呈线性分布（简称直线压力边界）。两种压力边界条件下的河岸带潜流交换模拟结果如图 5.14 所示。由图 5.14 可以看出，由曲线压力边界驱动的模型模拟结果能较好地反映潜流交换初期的示踪剂交换，但是由于泵吸交换模型只考虑了示踪剂从地表水向多孔区域迁移过程中的对流作用，忽略了扩散作用，因此在潜流交换的后期，模拟结果低估了示踪剂交换。进一步观察发现，在河岸振幅较大、地表水平均流速较快的情况下，泵吸交换模型的前期模拟曲线（0～480min 的模拟曲线）与实测数据吻合较好，这也间接佐证了第 4 章述及的"河岸弯曲程度越大、河流流速越快时，泵吸交换在潜流交换前期的主导作用更加显著"这一结论。

由图 5.14 可以看出，由直线压力边界驱动的模型模拟结果则显著低估了潜流交换全过程（包括交换前期和交换后期）的示踪剂交换。这是因为直线压力边界忽略了河岸带蜿蜒形态引起的沿线扰动压力变化，所以河岸带形态导致泵吸效应被明显低估。尽管如此，研究发现由直线压力边界驱动的模型在地表水流速较慢、河岸带蜿蜒振幅较小时，其模拟结果有所改善。这表明在地表水流速足够缓慢、河岸带蜿蜒振幅足够小时，直线压力边界可作为河岸带压力分布的近似。相反，在地表水流速较快、河岸带蜿蜒程度较大时，河岸带侧向潜流交换模拟中不能忽略由河岸带形态所引起的附加扰动压力变化。

可见，微弯河岸带的地表水流场模型、地下水流场模型与三维泵吸交换模型的耦合应用能较好地模拟河岸带侧向潜流交换的泵吸效应。

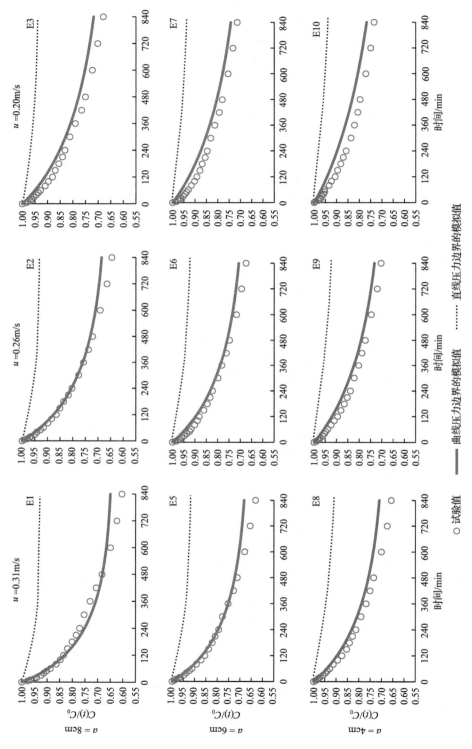

图 5.14　不同压力边界条件下的河岸潜流交换模拟结果

5.4　河岸带潜流交换范围的识别及表征参数

5.4.1　潜流交换路径的基本特征

河岸带泵吸交换区内水流有着特殊的对流路径。为了有效识别这种特殊的对流路径，模拟中在河床与河岸带的表面网格中心处释放大量的无质量示踪粒子，示踪粒子在地下水流场作用下的轨迹线即河岸带孔隙区的对流路径，以 SG2 工况为例模拟分析流径变化，潜流流径模拟结果如图 5.15 所示。由图 5.15 可以看出，孔隙水的强对流区主要集中于河岸带的邻水区与河床近岸区。河岸的孔隙对流路径主要起始于凹岸附近的水力高压区，终止于凸岸附近的水力低压区。近岸的孔隙水流运动具有独特的双向性，既有向下游的流动，也有向上游的流动，这与以往认识的孔隙水应从河岸带上游向下游流动的运动方式有所不同。事实上，河岸带孔隙水流的运动方向取决于河岸带沿线的局部压力梯度。

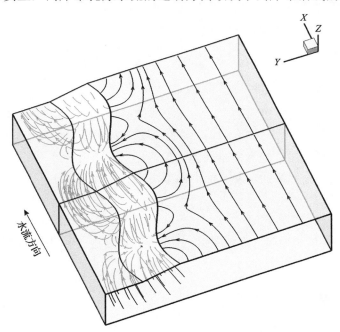

图 5.15　潜流流径分布图（黑色流线为表面流线，灰色流线为内部流线）

另外，在河岸带的临水区域，孔隙对流路径相对较短，地表水及其携带的示踪剂将沿着这些短途路径与地下水进行快速交换，进而导致潜流交换前期较高的示踪剂交换速率。而相对远离河岸的区域，孔隙对流路径相对较长，通过该路径进入孔隙区的示踪剂滞留于地下的时间也相应延长，这将使示踪剂的交换速率减慢。这一现象进一步解释了前文所述"河岸带泵吸效应引起示踪剂交换速率先快后慢"的结论。

5.4.2　交换区临界面的识别方法

金光球（2009）在研究二维情况下泵吸交换区范围时，认为可利用对流临界流线将泵吸交换区(孔隙对流区)与地下水环境流区区分开来，并据此定义了潜流交换的面积与交换范围，如图 5.16 所示。但是在三维情况下，对流流线的空间分布极其复杂，难以直观判断潜流交换的范围(图 5.15)。为此，本节将通过对流返回地表的流线所包络的临界流面定义潜流交换的范围与交换体积。

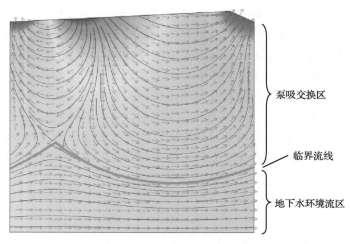

图 5.16　二维沙波作用下孔隙流场示意图(金光球，2009)

对于不可压缩流体的二维流动，存在一显式流函数 $\psi(x,y)$，流线则可用流函数的等值线 $\psi(x,y)=C$ 来刻画。而三维流动不一定存在显式流函数，但是 Wijk(1993)提出可借鉴二维流函数的定义方法，定义三维的隐式流面函数。因此，本节将应用隐式流面法求解河岸带泵吸交换的临界流面，隐式流面函数可定义为式(5.12)。

$$f(x,y,z)=C \tag{5.12}$$

流面上任意点法向量需与该处的速度矢量相切，因此，该流面函数需要满足如下条件：

$$\bar{u} \cdot \nabla f = 0 \tag{5.13}$$

式中，$\bar{u}$ 为速度矢量；∇f 为流面的法向量。

构造如下形式的流面控制方程：

$$\frac{\partial f}{\partial t} = -\bar{u} \cdot \nabla f \tag{5.14}$$

首先利用河岸带地下水计算区域网格模型与地下水模型求得的孔隙水流场 u，再应用 FLUENT 软件的自定义函数(UDS)模块，求解该控制方程。

流面控制方程的边界条件为：河岸带计算区域的上下游边界设定为周期性边界，左、右两侧的垂直面与底部、顶部的水平面设定为壁面边界条件($\frac{\partial f}{\partial \bar{n}}=0$)，河床与河岸带表面的边界条件设置为式(5.15)：

$$\begin{cases} f=1 & \vec{u}\cdot\vec{n}\geqslant 0 \\ \dfrac{\partial f}{\partial \vec{n}}=0 & \vec{u}\cdot\vec{n}<0 \end{cases} \tag{5.15}$$

式中，$\vec{u}$ 为河床与河岸表面的达西速度(指向河岸区域为正)；$\vec{n}$ 为界面的单位向量(指向河岸区域为正)。

流面控制方程的求解初始条件为河岸带内部区域的流面函数值为 0(即 $f=0$)。

在给定 f 的边界条件与初始条件后，当计算达到稳态($\partial f/\partial t=0$)时，式(5.14)退化为式(5.13)，理论上 $f=1$ 的流面即所求的临界流面。由式(5.14)可以看出，该控制方程的形式与没有扩散项的对流扩散方程一致。隐式流面法的求解过程可用一个简单的物理现象来描述，即在河床与河岸带表面达西流速指向多孔介质内部的边界处注入浓度为 1 的墨汁，该墨汁不发生扩散，仅随对流运动，待墨汁运动稳定后，其所描绘出的浓度为 1 的墨汁锋面即泵吸交换的临界流面。但在实际计算中，以试验 E2 工况为例，在数值弥散的影响下，发现 $f=0.8$ 的流面能较好地包络所有可以通过对流返回地表的流线，如图 5.17 所示，因此，实际计算中以 $f=0.8$ 的流面作为泵吸交换的临界流面。

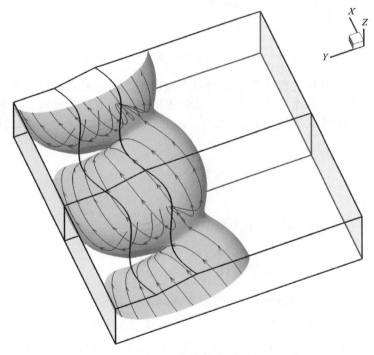

图 5.17　河岸泵吸交换的临界面(E2 工况)

5.4.3　交换范围的表征参数

为了进一步定量研究河岸带泵吸交换的规律，需要明确定义用以衡量泵吸交换强弱、影响范围大小的特征参数，并将其标准化(无因次化)。这里，定义泵吸交换体积 V 为临界流面与河岸带面、河床面共同包围的体积；定义泵吸交换宽度 W 为临界流面沿横向延伸的最远位置距离河岸带平均位置的长度；定义泵吸交换深度 D 为临界流面沿垂向的最深位置距离河岸带地下水面位置的长度，如图 5.18 所示。这些几何特征参数用以衡量泵吸交换的作用范围。

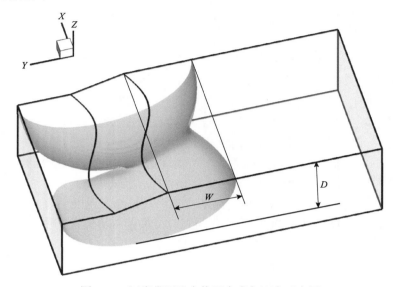

图 5.18 河岸带泵吸交换区宽度与深度示意图

由于稳态的泵吸交换进程需要遵循质量守恒原理，即通过水沙交界面进入河岸带地下区域的单位面积入渗流流量应等于返回地表的单位面积上升流流量（$q_{\text{in}} = q_{\text{out}}$）。这里，定义单位面积上的平均入渗流流量 $\bar{q}_{\text{in}}$ 以衡量河岸带泵吸交换的强弱，如式(5.16)：

$$\bar{q}_{\text{in}} = \frac{\int q_{\text{in}} \mathrm{d}A}{\int \mathrm{d}A} \tag{5.16}$$

式中，$\mathrm{d}A$ 为河岸带与河床表面的单元面积元。

$$q_{\text{in}} = \begin{cases} \boldsymbol{u}_{\text{b}} \cdot \boldsymbol{n} & \boldsymbol{u}_{\text{b}} \cdot \boldsymbol{n} > 0 \\ 0 & \boldsymbol{u}_{\text{b}} \cdot \boldsymbol{n} \leqslant 0 \end{cases} \tag{5.17}$$

式中，$\boldsymbol{u}_{\text{b}}$ 为河岸与河床边界处的达西流速(指向河岸孔隙区域内部为正)；$\boldsymbol{n}$ 为河岸带与河床表面网格单元的法线方向(指向河岸带孔隙区域内部为正)。

泵吸交换的体积 V、宽度 W 和深度 D 选择河岸带蜿蜒波长 λ 作为参考变量，将它们无量纲化处理，其无因次形式分别为 V/λ^3、W/λ、D/λ。

选择孔隙介质的渗透系数 K 为参考变量,对泵吸交换的单位面积平均入渗流流量 $\bar{q}_{\text{in}}$ 进行无量纲处理，其无因次形式如式(5.18)：

$$q_{\text{in}}^{*} = \bar{q}_{\text{in}} / K \tag{5.18}$$

式中，q_{in}^{*} 为平均入渗流量。

5.5　潜流交换范围的主要影响因素及其作用机理

5.5.1　河岸带蜿蜒形态对交换范围特征参数的影响

　　主要以 S3、S8、S13、S18 四组工况的计算结果分析河岸带蜿蜒形态对交换范围特征参数的影响。各工况下河岸带蜿蜒形态对交换宽度和交换强度的影响如图 5.19、图 5.20 所示。由图 5.19 可以看出，泵吸交换的宽度随河岸弯曲振幅的增大而增大，但交换宽度的增大趋势则随着蜿蜒振幅的增大而逐渐减缓，这表明泵吸交换范围的增长具有一定的渐近极限。由图 5.20 可以看出，泵吸交换的平均入渗流量随着河岸振幅与波长比的增大而增大，而且两者之间呈明显的线性关系，这表明泵吸交换的强度随着河岸弯曲程度的增大而逐渐加强。

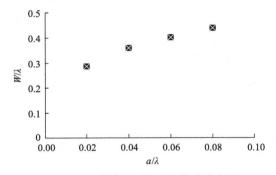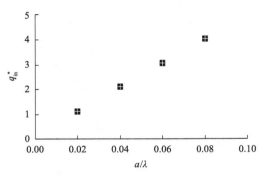

图 5.19　河岸带蜿蜒形态对交换宽度的影响　　　　图 5.20　河岸带蜿蜒形态对平均入渗流量的影响

5.5.2　地表水流速对交换范围特征参数的影响

　　以 S6～S10 工况的计算结果为例，地表水断面平均流速对泵吸交换范围的影响如图 5.21 所示。由图 5.21 可以看出，泵吸交换宽度随地表水流速的增大而增大。流速较小时，交换宽度的增长趋势较为陡峭；流速较大时，交换宽度的增长趋势则较为平缓。

　　以 S11～S15 工况的计算结果为例，地表水流速对泵吸交换强度的影响如图 5.22 所示。由图 5.22 可以看出，泵吸交换的平均入渗流量随地表水流速的增大而增大，且增大的趋势越来越陡峭，这表明泵吸交换强度对地表水流速较为敏感。

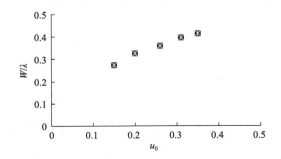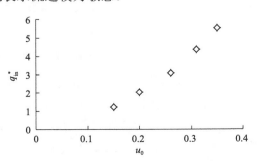

图 5.21　地表水流速对交换宽度的影响　　　　图 5.22　地表水流速对平均入渗流量的影响

5.5.3　河岸带形态雷诺数对交换范围特征参数的影响

为进一步揭示泵吸交换与地表水运动、河岸带蜿蜒形态之间的相互关系，选择河岸带蜿蜒振幅 a 为特征长度，地表水平均流速 u_0 为特征流速，定义河岸带形态雷诺数 Re_R，如式(5.19)。

$$Re_R = \frac{u_0 a}{\upsilon} \tag{5.19}$$

式中，Re_R 为河岸带形态雷诺数，表示河岸带形态引起的惯性离心力与黏性力作用的相对大小；u_0 为河流地表水的断面平均流速；a 为河岸振幅；υ 为运动黏性系数(一个标准大气压下，20℃水的运动黏性系数为 $\upsilon = 1.01 \times 10^{-6}\,\text{m}^2/\text{s}$)。

以 S1～S20 工况的计算结果为例，河岸带形态雷诺数与泵吸交换宽度、平均入渗流量之间的关系如图 5.23 和图 5.24 所示。由图 5.23 可以看出，在相同地下水条件下，泵吸交换宽度随着河岸形态雷诺数的增大而增大。当 Re_R 较小时，交换宽度的增长趋势较快；当 Re_R 较大时，增长趋势逐渐减慢。从模拟结果的数据点分布来看，泵吸交换宽度与 Re_R 之间存在渐近增长关系。因此，采用 Hill 增长模型对其数据点进行曲线回归拟合，拟合回归关系式为式(5.20)：

$$\frac{W}{\lambda} = \frac{V_{\max} \cdot Re_R{}^p}{k^p + Re_R{}^p} \tag{5.20}$$

式中，回归系数 $V_{\max} = 1.56$，$k = 126221$，$p = 0.489$。

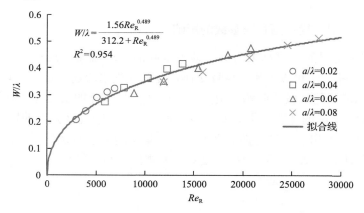

图 5.23　泵吸交换宽度与 Re_R 间的关系

从拟合回归结果来看，当 Re_R 为 0 时，泵吸交换宽度为 0；当 $Re_R \to \infty$ 时，泵吸交换宽度为河岸蜿蜒波长的 1.56 倍。虽然这一渐近宽度是在河岸边坡系数 m 为 3 的情况下计算而得的，但在模拟计算其他河岸边坡系数工况时，发现泵吸交换宽度与 Re_R 之间同样存在增长渐近关系，其差别仅在于渐近宽度的具体数值不同。

由图 5.24 可以看出，平均入渗流量随 Re_R 的增大而增大，且增长的速率越来越快。

平均入渗流量与 Re_R 之间的关系并无渐近趋势，因此，采用指数函数对平均入渗流量与
Re_R 之间的关系进行曲线拟合回归，回归关系如式(5.21)：

$$q_{in}^* = mRe_R^{\ i} \tag{5.21}$$

式中，q_{in}^* 为平均入渗流量；m 为回归系数；i 为指数。本模拟结果的回归系数 m=2.0×
10^{-5}；i=1.274。

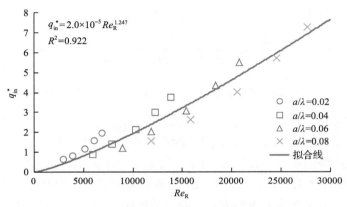

图 5.24　平均入渗流量与 Re_R 间的关系

5.5.4　地下水水面纵比降对交换范围特征参数的影响

由于地表水水面与地下水水面可视为近似齐平，因此，在近岸区域中忽略地下水水
面横比降的影响，仅研究地下水水面纵比降对泵吸交换的作用。以 S13、S21、S22、S23
和 S24 的计算结果为例，地下水水面坡降对泵吸交换范围与交换强度的影响如图 5.25 和
图 5.26 所示。由图 5.25 可以看出，随着地下水水面纵比降 s 的增大，泵吸交换的宽度反
而减小，且减小幅度显著。这表明地下水环境流的纵向平均流速较大时，将抑制河岸侧向
的孔隙对流，进而减小泵吸交换的范围。由图 5.26 可以发现，平均入渗流量随地下水水
面纵比降的增大而增大，但地下水水面坡降增大 5 倍，平均入渗流量的增幅却不足 1%，
这表明在不考虑地下水横比降的情况下，泵吸交换强度受地下水纵比降的影响相对较小。

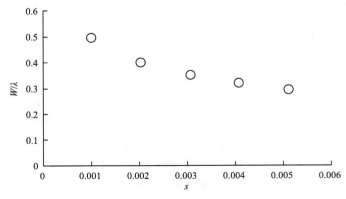

图 5.25　地下水水面纵比降对泵吸交换宽度的影响

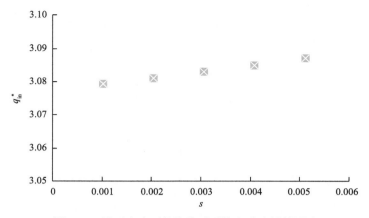

图 5.26　地下水水面纵比降对平均入渗流量的影响

由上节分析可知，泵吸交换宽度与 Re_R 之间存在渐近增长关系，由数值模拟的数据点可回归拟合一渐近曲线，以此估算泵吸交换宽度的渐近值。然而，这些数据点是在相同地下水水面纵比降的条件下计算而得的。在近似均匀流情况下，当河流水深不变、河岸地形相同时，由谢才公式[式(5.22)]可知(赵振兴和何建京，2005)，河流地表水水面纵比降 i 随着地表水流速的增大而增大。在临水的河岸区域，地下水水面纵比降 s 近似与河流地表水水面纵比降 i 相等，因此也随着地表水流速的增大而增大。由前文分析可知，地下水水面纵比降的增大将抑制潜流交换的范围。因此，若考虑地表水流速对近岸地下水纵比降的影响，则由式(5.20)拟合曲线推算而得的渐近交换宽度将会偏大。

$$u = \frac{1}{n}R^{2/3} \cdot i^{-1/2} \tag{5.22}$$

式中，u 为流速；n 为糙率系数；R 为水力半径；i 为水面坡降。

相应潜流交换宽度与 Re_R 的关系如图 5.27 所示。由图 5.27 可以看出，该条件下泵吸交换宽度在 Re_R 较大时增长趋势更缓和。同样应用式(5.20)的增长模型对该情况下的数

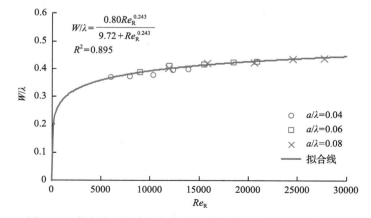

图 5.27　考虑地下水水面纵比降的潜流交换宽度与 Re_R 的关系

据进行曲线回归，回归后的系数为 V_{max} =0.80，k=11629，p=0.243。由此可见，考虑地下水水面纵比降影响的渐近交换宽度比未考虑地下水水面纵比降影响的渐近交换宽度将减小约一半，约为河岸蜿蜒波长的 0.80 倍。这一宽度范围是河岸带泵吸作用的活跃区域，河流地表水与河岸带孔隙水在此区域发生强烈的对流交换。若河流发生突然性污染，这一范围的河岸带地下水会很快被波及，若这一范围内的河岸带地下水受到污染，则污染物质将快速影响河流水质。因此，河岸带侧向泵吸交换的渐近宽度范围可作为河岸带的保护宽度范围。

5.5.5　交换范围特征参数间的相互关系

泵吸交换的宽度、交换深度与交换体积之间的相互关系如图 5.28、图 5.29 所示。由图 5.28 可以看出，潜流交换宽度与深度之间呈明显的线性关系。数据点的初步回归分析显示，回归的直线方程在纵坐标上具有截距，即交换宽度为 0 时，交换深度不为 0。为了得到更符合物理意义的拟合结果，研究中限制了回归方程的截距为 0，按下式进行线性回归：

$$\frac{D}{\lambda} = c\frac{W}{\lambda} \tag{5.23}$$

式中，D 为潜流交换深度；W 为潜流交换宽度；λ 为蜿蜒波长；D/λ 和 W/λ 分别为潜流交换深度与交换宽度的无量纲化变量；c 为回归系数，其值为 1.152。

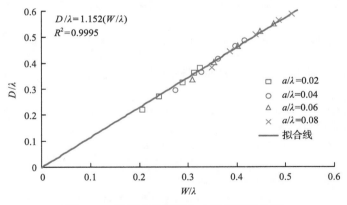

图 5.28　潜流交换深度与交换宽度的关系

由图 5.29 可以看出，潜流交换宽度与交换体积之间呈上升的曲线关系，潜流交换宽度越大，潜流交换体积也越大，且呈幂函数形式增长，因此可采用如下幂函数形式对潜流交换的宽度与体积数据进行曲线回归：

$$\frac{V}{\lambda^3} = m\left(\frac{W}{\lambda}\right)^n \tag{5.24}$$

式中，回归系数 m=2.174；n=2.361。

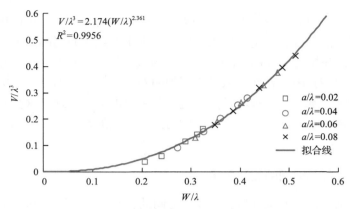

图 5.29　潜流交换宽度与交换体积的关系

　　可见，泵吸交换的宽度、深度与体积之间存在明显的函数相互关系，泵吸交换范围的三个表征参数之间可以通过上述拟合的函数关系式相互换算，因此可以选择泵吸交换宽度作为泵吸交换范围的度量标准。

参 考 文 献

金光球. 2009. 河流中水流沙波作用下潜流交换机制. 南京: 河海大学博士学位论文.

王福军. 2004. 计算流体动力学分析. 北京: 清华大学出版社.

赵振兴, 何建京. 2005. 水力学. 北京: 清华大学出版社.

Alfrink B J, Van-Rijn L C. 1983. Two-equation turbulence model for flow in trenches. Journal of Hydraulic Engineering, 109(1): 941-958.

Bradford S F, Sanders B F. 2002. Finite-volume model for shallow-water flooding of arbitrary topography. Journal of Hydraulic Engineering, ASCE, 128(3): 289-298.

Cardenas M B. 2009. A model for lateral hyporheic flow based on valley slope and channel sinuosity. Water Resources Research, 45: W01501.

Elliott A, Brooks N H. 1997a. Transfer of nonsorbing solutes to a streambed with bed forms: laboratory experiments. Water Resources Research, 33(1): 137-151.

Elliott A, Brooks N H. 1997b. Transfer of nonsorbing solutes to a streambed with bed forms: theory. Water Resources Research, 33(1): 123-136.

FLUENT Inc. 2006. Fluent user's Guide, Version 6.3. Lebanon, FLUENT Inc.

Hassanizadeh M S, Gray W G. 1979. General conservation equations for multiphase systems: 1. averaging procedure. Advances in Water Resources, 2: 131-144.

Molls T, Molls F. 1998. Space-time conservation method applied to Saint Venant equations. Journal of Hydraulic Engineering, ASCE, 124(5): 501-508.

Packman A I, Salehin M. 2004. Relative roles of stream flow and sedimentary conditions in controlling hyporheic exchange. Hydrobiologia, 494: 291-297.

Tonian D, Buffington J M. 2007. Hyporheic exchange in gravel bed rivers with pool-riffle morphology: laboratory experiments and three-dimensional modeling. Water Resources Research, 43: W01421.

Tonina D, Buffington J M. 2009. Hyporheic exchange in mountain rivers I: mechanics and environmental effects. Geography Compass, 3(3): 1063-1086.

Wijk J J V. 1993. Implicit stream surfaces. Proceedings of IEEE Visualization, 245-252.

第6章 非均质河岸带潜流交换机理

6.1 基质组成取样与测定方法

6.1.1 研究区概况

1. 河流水系

浙江省龙游县(119°02′~119°20′E,28°44′~29°17′N)位于浙江省西部金衢盆地腹地。境内河流属于钱塘江流域,境内以钱塘江南源上游衢江为主,另有一小部分属于钱塘江北源新安江。境内溪流以衢江为干流,由西向东贯穿中部,干流长28km。衢江南北共有22条一级支流汇入,其中较大的支流有7条。衢江北有塔石溪、模环溪和士元溪;衢江南有芝溪、灵山港、罗家溪和社阳溪。各支流均为雨源型山丘性河流,具有河床比降大、源短流急、年内洪枯变化大的特点。其中灵山港水资源最丰富。灵山港为钱塘江上游衢江右岸的一条重要支流,发源于遂昌县高坪乡和尚岭,主流自南往北流经沐尘至龙游县城汇入衢江。研究区段为沐尘水库至入衢江口。该区段流域面积为367.6km²,主河道长43.79km,平均比降为2.45‰,滩地资源丰富(伊紫函等,2016)、河道植被多样(余根听等,2017)。

2. 地质地貌特征

研究区属于金衢盆地,境内有山脉、丘陵、平原、河流等地形地貌,中部以衢江河谷平原为界,南部有仙霞岭余脉,最高海拔1438.9m,向北依次为中山、低山、平原带。北部有千里岗余脉,最高海拔940.1m,向南依次为高丘、低丘、缓坡岗地。灵山港流域位于仙霞岭山脉东北缘,地势总体东南高、西北低,北止于金衢盆地,山体稳定性较好。

3. 土壤类型

由于岩性复杂,地貌类型多样,因此,境内土壤类型多样。根据1984年全国第二次土壤普查,研究区土壤总面积达982.72km²,共5类土,12个亚类,43个土属,106个土种。总体以红壤为主,分布具有明显的垂直地带性。红壤类面积为530.93km²,占土壤总面积的54.03%;水稻土面积为286.29km²,占土壤总面积的29.13%;黄壤类面积为82.57km²,占土壤总面积的8.40%;岩性土面积为56.94km²,占土壤总面积的5.80%;潮土面积为25.99km²,占土壤总面积的2.64%。灵山港为典型的山丘区中小河流,沿线分布众多滩地,滩地土壤母质均以河流沉积物为主,沉积物组成复杂,主要以土壤和卵砾石为主(曹伟杰等,2017;张琦等,2019)。

4. 气候特征

研究区属于亚热带季风气候区，光照充足、温度适中、雨量充沛、旱涝明显。年平均气温为 17.1℃，极端最低气温为-11.4℃，极端最高气温为 41.0℃。多年平均降雨量为 1666.4mm，年平均相对湿度为 79%，全年日照数为 1761.9h。但由于其地形地貌特征，区域内日照、气温、降水、湿度、温度等气候因子年内变化明显。

6.1.2　取样点布置与取样方法

1. 典型滩地特征

按照坡降特点，将河道分为上游、中游、下游三个区段。根据河道坡降、弯曲度、滩地类型及平滩水位的特点，沿河道纵向上选择沐尘、溪口、江潭等 10 个典型边滩，其中沐尘滩地、溪口滩地、江潭滩地位于上游河段；下徐滩地、寺下滩地、梅村滩地和周村滩地位于中游河段；姜席堰滩地、上杨村滩地、彩虹桥滩地位于下游河段。典型滩地的基本特征见表 6.1。

表 6.1　典型河岸带滩地基本特征

区段	典型滩地	河段特征	土地类型	主要植物种类
上游	沐尘滩地(L1) 溪口滩地(L2) 江潭滩地(L3)	坡降: 3.66‰ 平滩水深: 1.56m 河道宽度: 152.15m	林灌地、灌草地、裸露地	板栗林、竹林、狗牙根、棒头草、小飞蓬
中游	下徐滩地(L4) 寺下滩地(L5) 梅村滩地(L6) 周村滩地(L7)	坡降: 2.32‰ 平滩水深: 1.87m 河道宽度: 181.25m	林灌地、灌草地、裸露地	竹林、毛茛、棒头草、艾草、沿阶草
下游	姜席堰滩地(L8) 上杨村滩地(L9) 彩虹桥滩地(L10)	坡降: 1.37‰ 平滩水深: 3.03m 河道宽度: 258.17m	林灌地、灌草地、裸露地	杨树林、竹林、棒头草、看麦娘、野燕麦

2. 取样点布置与取样方法

在每个典型滩地的滩头、滩中和滩尾各布置一个取样断面，在各取样断面的不同滩位分别布置三个取样点，应用 GPS 勘测记录取样点位置信息(包括经纬度、距离河底高度、距离水边距离)。取样点布置如图 6.1 所示。每个取样点分别按 0~20cm 和 20~40cm 分层取样，每个土层各取三个重复样。取样时，先铲除地表凋落物，再用容积为 100cm^3 环刀取样，共取环刀样 180 个。对于有卵砾石的滩地，先记录砾石分布范围，再在每个取样点位置布设 1m×1m 的样方，用数码相机拍照记录。

6.1.3　样品测定方法

采用比重瓶法测定土壤密度。采用环刀法测定土壤饱和含水率、总孔隙度、体积质量，采用沉降法测定土壤颗粒组成。

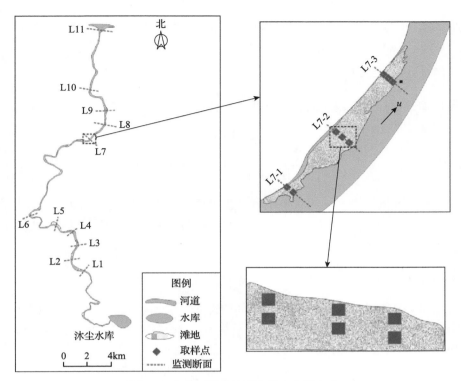

图 6.1　典型河岸滩地及取样点布置方式

1. 土壤密度测定方法

采用比重瓶法测定土壤密度。将土壤样品放置在室内自然风干，剔除粗根和小石块等杂物，研磨过 2mm 筛，混合均匀，取样品 8～10g 放入 105℃烘箱烘干，测定吸湿系数，用比重瓶测定土壤密度。

2. 土壤颗粒组成测定方法

采用沉降法测定土壤颗粒组成。样品带回实验室风干、去除枯落物后，经研磨过 2mm 筛，每个土样取 5g，加少量蒸馏水湿润。加 20ml 浓度为 10%的 H_2O_2 预处理土壤样品，充分反应，去除土样中的有机物。加 10ml 浓度为 0.5mol/L 的 NaOH 溶液（本研究中所有样品均为酸性）后，加蒸馏水至 250ml，在电热板上加热去除过量的 H_2O_2，为防止样品溢出，加入适量异戊醇消泡。样品冷却至室温后，使用激光衍射粒度分析仪测定土壤粒径。按照国际制土壤质地分级标准对其进行分级。

6.1.4　数据处理方法

1. 土壤分类方法

在数据处理时，首先将各滩地滩头、滩中、滩尾的数据进行平均，再将各区段内的每个典型滩地数据进行平均，看作该区段的实际值。根据测定结果，按照国际制土壤质地分类标准,分别统计计算黏粒(<0.002mm)、粉粒(0.002~0.02mm)、细砂(0.02~0.2mm)和粗砂(0.2~2mm)的质量百分比。

2. 土壤分形维数计算方法

采用幂指数法计算土壤质量分形维数(杨培岭和罗远培,1993),如式(6.1),详细分析土壤物理性质的空间变化。

$$\lg\left[\frac{M(r < \bar{R}_i)}{M_r}\right] = (3 - D)\lg\left(\frac{\bar{R}_i}{R_{\max}}\right) \tag{6.1}$$

式中,r 为土壤颗粒粒径;$\bar{R}_i$ 为土壤机械分析中位于两筛分粒级 R_i 与 R_{i+1} 之间粒径的算术平均值;$M(r < \bar{R}_i)$ 为粒径小于 $\bar{R}_i$ 的颗粒累积质量;M_r 为土壤颗粒的总质量;$R_{\max}$ 为最大粒径;D 为土壤颗粒的质量分形维数。

3. 统计分析方法

利用 SPSS 19.0 进行不同样品数据组间的方差分析和相关性分析,采用最小显著差数法对组间差异性进行显著性水平($P<0.05$)检验,最小显著差数计算式见式(6.2)。应用 Origin 9.1 绘制数据处理和分析结果图。

$$\text{LSD}_{\alpha} = t_{\alpha} S_{\bar{y}_1 - \bar{y}_2} \tag{6.2}$$

$$S_{\bar{y}_1 - \bar{y}_2} = \sqrt{\frac{2\text{MS}_e}{n}} \tag{6.3}$$

式中,LSD_{α} 为最小显著差数;t_{α} 为 t 值,可查学生氏 t 值表;$\bar{y}_1 - \bar{y}_2$ 为两组平均数的差值;$S_{\bar{y}_1 - \bar{y}_2}$ 为标准误差;MS_e 为组内均方差;n 为观察值个数。

4. 卵砾石图像识别与数据提取方法

应用 ImageJ 软件识别读取卵砾石样方信息。ImageJ 软件由美国国立卫生研究院开发。该软件能够提取图片中斑块的面积、圆形率、直径、标准差、质心等数据,可实现图像信息的滤波、边缘探测、快速傅里叶变换及二值分析。

1)图像预处理

野外拍摄样方照片时因站位、手工操作等,所拍照片存在不正交及照片光线、尺寸不一致等问题(图 6.2)。首先,利用 Photoshop 对所拍样方照片进行透视、裁剪、矫正等预处理(图 6.3)。

2)图像二值化

应用 ImageJ 的背景提前功能去除连续的背景颜色,突出卵石边缘,使用锐化边缘方法进一步增强边缘颜色,设定阈值将图像的像素值分成两部分,二值化图像,使图像中的卵砾石颗粒以黑色突显,进一步与原图比对,对局部存在噪声信息的杂质进行剔除处理(图 6.4)。

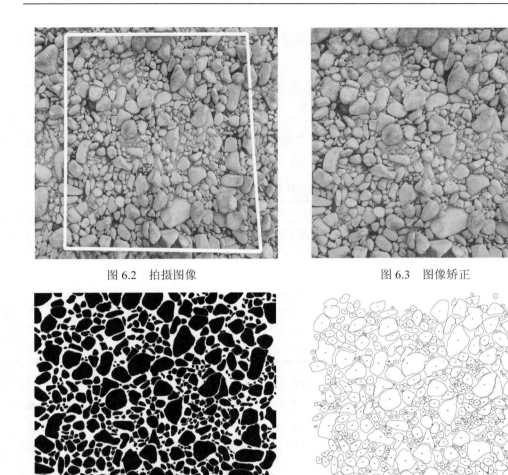

图 6.2　拍摄图像　　　　　　　　　　　　　　　图 6.3　图像矫正

图 6.4　图像二值化　　　　　　　　　　　　　　图 6.5　识别边缘

3) 边缘识别与数据提取

设置标尺长度，通过粒子分析功能自动识别二值化图片中卵砾石颗粒边缘信息，形成边缘图像 (图 6.5)，进一步读取颗粒的周长、面积等信息。图片边缘提取过程中有一部分会损失，采用等效直径进行处理。

$$d_{e} = \frac{d_{\max} + d_{\min}}{2} \tag{6.4}$$

式中，d_{e} 为等效直径；$d_{\max}$ 为最大费雷特直径；$d_{\min}$ 为最小费雷特直径。

5. 卵砾石分级方法

卵砾石分级常根据粒径和粒度进行分级。粒度通常根据粒径大小来确定，见式 (6.5)。

目前国际上应用最广泛的粒度分级标准是乌登-温特沃思粒度分级标准。以 1mm 作为基数乘以或者除以 2 进行分级。

$$\phi = -\log_2 d \tag{6.5}$$

式中，ϕ 为卵砾石粒度；d 为卵砾石粒径。

一般将卵砾石细分为细砾、细卵砾、中卵砾、粗卵砾、巨卵砾、小卵石、大卵石。各类型粒径及粒度范围见表 6.2。

表 6.2　卵砾石粒径与粒度分级标准

级别	粒径/mm	粒度
细砾	2~4	−1~−2
细卵砾	4~8	−2~−3
中卵砾	8~16	−3~−4
粗卵砾	16~32	−4~−5
巨卵砾	32~64	−5~−6
小卵石	64~128	−6~−7
大卵石	128~256	−7~−8

根据表 6.2 的卵砾石分级标准，灵山港卵砾石总体分布如图 6.6 所示。由图 6.6 可以看出，灵山港河岸带滩地基本没有 2~4mm 的细砾分布，所有滩地卵砾石粒径都在 4mm 以上。沐尘滩地超过 50%的卵砾石为大颗粒(64~256mm)卵砾石，而小颗粒(4~64mm)卵砾石少于 50%，其余滩地超过 60%的卵砾石为 4~64mm 的小颗粒，而 64~256mm 的大颗粒卵砾石低于 30%。

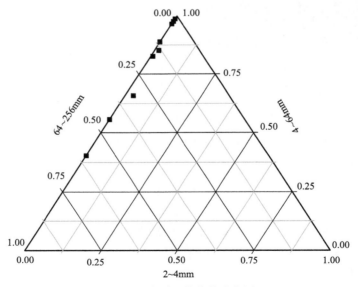

图 6.6　卵砾石的总体分布图

对于每组样品的粒度值，以 0.25ϕ 为间隔分级统计，利用 SPSS 软件算出粒度分布曲线中对应的百分位ϕ值。分别计算样品的平均粒度(M_Z)、标准偏差(σ_1)、偏度(SK_1)、峰态(K_G)。

$$M_Z = \frac{(\phi_{16} + \phi_{50} + \phi_{84})}{3} \tag{6.6}$$

$$\sigma_1 = \frac{\phi_{84} - \phi_{16}}{4} + \frac{\phi_{95} - \phi_5}{6.6} \tag{6.7}$$

$$SK_1 = \frac{\phi_{84} + \phi_{16} - 2\phi_{50}}{2(\phi_{84} - \phi_{16})} + \frac{\phi_{95} + \phi_5 - 2\phi_{50}}{2(\phi_{95} - \phi_{25})} \tag{6.8}$$

$$K_G = \frac{\phi_{95} - \phi_5}{2.44(\phi_{75} - \phi_{25})} \tag{6.9}$$

式中，ϕ_5、ϕ_{16}、ϕ_{50}、ϕ_{75}、ϕ_{84}、ϕ_{95} 分别表示累积百分比为 5%、16%、50%、75%、84%、95%的粒度值。

6.2 河岸带非均质性特征与空间分布格局

6.2.1 土壤颗粒组成总体特征

灵山港河岸带滩地土壤主要以砂粒、粉粒和黏粒组成。表层土壤颗粒中，砂粒、粉粒和黏粒含量的质量百分比平均值分别为 76.78%、12.37%、10.85%。砂粒含量百分比范围为 62.07%～91.46%，从上游到下游总体沿程呈递减趋势，分布如图 6.7 所示。由图 6.7 可以看出，砂粒含量高值区域主要位于沐尘村附近的上游区段，大于 85%；低值区主要位于下游区段，小于 70%；中游区段砂粒含量约为 75%，变化幅度较小。

粉粒含量百分比范围为 3.14%～21.79%，从上游到下游总体沿程呈递增趋势，与砂粒含量的沿程变化趋势相反，如图 6.8 所示。由图 6.8 可以看出，上游区段粉粒含量最少，小于 6%；中游区段粉粒含量约为 11%，但溪口滩地和寺下滩地等滩地内粉粒含量明显较高，达 15%；下游区段粉粒含量最大，大于 18%。

黏粒含量百分比范围为 5.14%～16.14%，从上游到下游总体沿程呈递增趋势，与粉粒含量的沿程变化趋势基本一致，如图 6.9 所示。由图 6.9 可以看出，上游区段黏粒含量最少，小于 7%；中游区段黏粒含量大多约 12%，但江潭滩地和下徐滩地附近黏粒含量偏少，约为 9%，主要因为这两个滩地高程较低，易淹水；下游区段黏粒含量最大，均大于 14%。

河岸带滩地表层土质地组成特征见表 6.3。由表 6.3 可以看出，河岸带滩地表层沉积物组成以砂粒为主，粉粒和黏粒含量较低，其质地主要是砂质壤土。从上游到下游沿水流方向粗颗粒含量逐渐减少，细颗粒含量逐渐增加。同时滩地离床面的高度差异对细颗粒组成的影响较大。

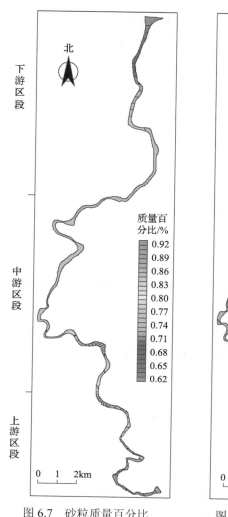

图 6.7　砂粒质量百分比

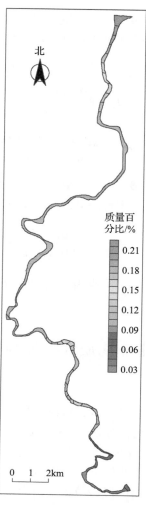

图 6.8　粉粒质量百分比

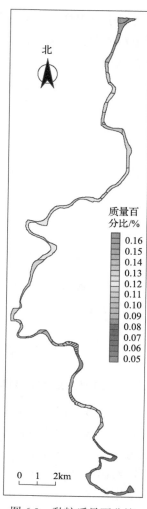

图 6.9　黏粒质量百分比

表 6.3　河岸带滩地表层土质地特征

土壤粒径	平均值/mm	标准差/mm	最小值/mm	最大值/mm	变异系数 CV/%	K-S 正态分布检验 P 值	双侧检验概率 P
砂粒	76.78	7.44	62.07	91.46	9.69	0.69	0.72
粉粒	12.37	4.65	3.41	21.79	37.59	0.80	0.54
黏粒	10.85	3.00	5.14	16.14	27.65	0.42	0.42

　　由表 6.3 可知，从样本的 K-S 正态分布检验值及对应的双侧检验概率来看，灵山港河岸带滩地的砂粒、粉粒、黏粒含量均服从正态分布。但从变异系数看，灵山港河岸带滩地质地组成的空间差异性明显。砂粒含量变异系数为 9.69%，属于弱变异强度，表明砂粒含量主要受物源影响，而沉积环境对其影响较小。粉粒和黏粒含量的变异系数分别为 37.59%和 27.65%，均属于中等变异强度，其中粉粒含量空间变异性最明显，主要是由水流的搬运作用引起的，表明河岸带滩地粉粒、黏粒的空间分布特征受环境因素影响较大，因此，不同沉积环境对沉积物组成性质的影响主要体现在细颗粒组成上。

6.2.2　土壤水文物理性质

灵山港沿线河岸带滩地表层土壤水文物理特征见表 6.4。由表 6.4 可知，灵山港河岸带滩地土壤密度从上游到下游分别为 2.67g/cm³、2.63g/cm³、2.60g/cm³，各区段土壤密度在 0～20cm 与 20～40cm 两个土层上的变化趋势基本相同，沿程逐渐降低，这一特征趋势符合河流冲积物的运移分布规律(王光谦，2007)。对于普通矿质土壤而言，其密度变化幅度一般较小(中国科学院南京土壤研究所，1978)。由于沉积环境及水动力条件的差异，上游与下游土壤密度差异达到显著水平。

表 6.4　河岸带滩地土壤水文物理特征

土层	区段	土壤密度/(g/cm³)	土壤体积质量/(g/cm³)	总孔隙度/%	饱和含水率/%
表层 (0～20cm)	上游	2.67±0.07a	1.36±0.04a	48.48±1.51b	35.57±2.08b
	中游	2.63±0.09ab	1.14±0.12b	56.69±4.57a	50.22±9.47a
	下游	2.60±0.08b	1.24±0.08a	51.90±3.10b	43.66±5.04b
下层 (20～40cm)	上游	2.68±0.08a	1.34±0.02a	49.13±0.7b	36.45±1.03b
	中游	2.63±0.08ab	1.04±0.15b	60.83±5.7a	56.56±8.70a
	下游	2.61±0.07b	1.22±0.09a	51.7±6.2b	41.49±6.5b

注：表中同列相同字母表示差异不显著($P>0.05$)，下同。

总孔隙度与饱和含水率是反映土壤水分物理特性的基本指标，能较好地反映土壤的疏松性、结构性、持水性等(Mottes et al.，2015)。对于河岸带滩地而言，总孔隙度与饱和含水率能反映滩地土壤为洪水提供应急水分储存、削减洪水和涵养水源的能力大小(魏晓明等，2014)。由表 6.4 可知，上游、中游、下游各区段河岸带滩地的表层土壤总孔隙度分别为 48.48%、56.69%、51.90%，呈现中游＞下游＞上游的趋势，中游区段总孔隙度与上游和下游相比差异显著。下层土壤总孔隙度的大小比表层有所增大，但从上游到下游，总孔隙度的变化总体趋势与表层基本一致。不同区段的饱和含水率在 35.57%～56.56%，与上游和下游相比，中游区段滩地具有较高的土壤饱和含水率，而且下层土壤饱和含水率明显高于表层。

土壤体积质量是土壤重要的物理性质之一，可以反映土壤孔隙的大小、土壤水肥气热变化(闫建梅等，2014)。土壤体积质量的差异性变化主要与土壤的质地、结构状况及松紧度密切相关。由表 6.4 可知，上游、中游、下游各区段河岸带滩地的表层(0～20cm)土壤体积质量分别为 1.36g/cm³、1.14g/cm³、1.24g/cm³，呈现中游＜下游＜上游的变化趋势。上游区段表层土壤体积质量最大，主要是由于河道坡降较大，靠近水库，水流流速较大，水流挟沙能力较强，滩地沉积物以密度较大的粗颗粒砂粒为主(表 6.4)，透气性好，渗透性强，细颗粒、有机质及动植物残体分解流失快。中游区段表层土壤体积质量最小，与上游和下游区段相比差异显著($P<0.05$)，主要是由于中游区段大部分滩地高程较低，易受水淹，滩地环境处于还原状态，土壤微生物活动微弱，动植物残体分解缓慢，增大了土壤的疏松性(Triska et al.，1989)。下游区段滩地土壤体积质量相比于中游区段增大了 9%，主要是由于下游河道展宽，坡降变小，水流流速变缓，水流挟沙能力降低，滩地

高程有所增加，常水位时滩地处于非淹没状态，土壤中腐殖质的分解速度快于中游滩地，同时由于下游区段人口密集，滩地受人为干扰程度增大，滩地土壤的密实程度增大。在垂向上，总体而言，下层土壤体积质量比表层小，尤其在易淹没滩地比较明显，中游区段滩地最明显，这主要与滩地的淹没程度有关，水位上涨后，泥沙淤积，将原先生长在滩地下层的植被覆盖，形成一定程度的腐殖层，相比于表层，下层土壤的淹水程度更大，腐殖质的分解速率更加缓慢（毕利东等，2015）。这一特点与非淹水区域土壤正好相反。

6.2.3　不同河段土壤颗粒组成与分布特征

土壤粒径分布影响土壤的水力特性、养分状况、土壤侵蚀及潜流交换特性，是土壤的重要物理性质（王洪杰等，2003）。土壤粒径分布由各种成土因素和成土过程相互作用所决定（Peng et al.，2014）。对于河岸带滩地而言，土壤粒径反映了滩地土壤在不同水流条件和沉积环境影响下的变化差异。灵山港河岸带滩地沉积物粒径差异主要受物源、坡降、地形和水动力条件的影响。灵山港河岸带滩地粒径特征见表 6.5。由表 6.5 可知，对于滩地表层土壤而言，上游区段粗砂质量分数最高，达 63.48%，土壤质地为壤质砂土。中游和下游区段细砂质量分数最高，分别为 61.16%、55.92%，土壤质地分别为砂质壤土和砂质黏壤土。各个区段细颗粒组分（粉粒、黏粒）质量分数差异性达到显著水平，总体趋势为下游＞中游＞上游；而粗砂质量分数则呈相反趋势。可以看出，沿着河道水流方向，滩地上土壤粒径的变化基本呈现沿程细化的特征，与河床沉积物粒径的变化一致（Church and Kellerhals，2011）。进一步分析可知，上游区段河道坡降较大，达 3.66‰，且靠近水库出口，滩地处于水流高能态的沉积环境，水流冲刷能力强，滩地细颗粒物质及养分等容易受水蚀而发生流失。中游区段河道坡降为 2.32‰，水流能态降低，植被生长分布比上游更丰富，可以有效削弱漫滩水流的挟沙能力（徐卫刚等，2013），促使细颗粒泥沙容易淤积在滩地表面，使得中游区段滩地粉粒和黏粒质量分数相比于上游区段分别增大了 6.36%、4.10%。下游区段处河道坡降为 1.37‰，河道变缓，河道断面明显增宽，流速明显较小，滩地处于低能态的沉积环境，细颗粒物质极易沉积，从而使得下游区段滩地的粉粒和黏粒质量分数显著增大，与上游区段相比分别增大了 18.33%、11.88%。从土壤分层上看，从上游到下游下层土壤粒径分布的变化趋势与表层基本一致。中游区段

表 6.5　河岸带滩地土壤粒径特征

土层	区段	粗砂/% 0.2～2m	细砂/% 0.02～0.2mm	粉粒/% 0.002～0.02mm	黏粒/% ＜0.002mm	分形维数 D	土壤质地
表层 (0～20cm)	上游	63.48±8.49a	28.23±7.13b	3.08±0.88b	5.21±0.89c	2.49±0.02c	壤质砂土
	中游	20.09±8.54b	61.16±7.63a	9.44±3.09b	9.31±2.75b	2.56±0.04b	砂质壤土
	下游	5.57±5.62c	55.92±8.32a	21.41±5.03a	17.09±6.03a	2.65±0.06a	砂质黏壤土
下层 (20～40cm)	上游	60.78±7.92a	30.25±6.79b	3.74±0.86b	5.23±0.88b	2.50±0.02b	壤质砂土
	中游	12.54±4.23b	57.72±9.56a	16.71±5.97a	13.03±4.02a	2.62±0.05a	砂质壤土
	下游	5.16±3.19c	63.02±7.54a	18.47±4.85a	15.09±3.95a	2.64±0.04a	砂质黏壤土

滩地下层与表层相比,粗颗粒(粗砂、细砂)减少,细颗粒(粉粒、黏粒)增加,这主要由于中游区段滩地高程较低,滩地表层易被漫滩水流携带的粗颗粒泥沙覆盖,同时,下层土壤受生物残体(地表枯落物、植物残根等)腐解还原的影响时间也比表层更长,使得粉粒和黏粒质量分数增大。下游区段滩地下层土壤与表层相比细颗粒(粉粒、黏粒)质量分数略小,主要是因为下游大多滩地高程较高,表层基本不会被淹没,很难受到水流冲刷的影响,同时表层受到枯枝落叶覆盖和分解的影响,细颗粒在表面逐渐增加。

　　土壤分形维数是反映土壤结构几何形态的参数,能够有效地表征沉积物的来源、搬运、沉积及结构特征。土壤质地越粗,越不易形成良好的结构,分形维数越小;反之分形维数越大。由表 6.5 可知,上游、中游、下游区段滩地表层土壤分形维数分别为 2.49、2.56、2.65,三者之间的差异达到显著水平,从上游到下游,分形维数沿程逐渐增大,上游<中游<下游。总体变化趋势与细颗粒质量分数变化趋势基本一致,说明河道沿程细颗粒质量分数逐渐增大,使得滩地土壤结构从上游到下游逐渐改善。上游区段滩地土壤分形维数最小,表明滩地土壤组成比较均匀,且以砂粒为主。

6.2.4　不同滩位土壤颗粒组成与分布特征

　　按照滩地与河床床面的高差大小,可将灵山港河岸带滩地分为低滩、中滩、高滩。按照分布植物类型,可将灵山港河岸带滩地分为林灌滩地、灌草滩地和裸滩地。据调查,从低滩到高滩,植被类型从草本向木本过渡,而且低滩、中滩、高滩分别与裸滩地、灌草滩地和林灌滩地对应(余根昕等,2017)。不同类型滩地上的植物分布及其所受的水流作用条件差异明显(符饶等,2016)。枯水期裸滩地大部分露出水面,平水期裸滩地和部分灌草滩地会被淹没。洪水期水位较高时,仅林灌滩地的局部区域不会被完全淹没,其余滩地全部被淹。不同类型滩地土壤颗粒组成及分形维数特征见表 6.6。由表 6.6 可知,表层与下层细颗粒组(粉粒、黏粒)质量分数变化规律为高滩>中滩>低滩,三者差异显著。高滩中细颗粒质量分数最大,主要有两方面原因:一方面是高滩靠近岸边,从两岸农田冲刷下来的细颗粒土壤在高滩沉积(高晓东等,2015);另一方面是高滩处林地根系发达,表层植物覆盖度大,能够减小降雨及水流冲刷,从而起到了保持水土和改良土壤的作用。当漫滩水流流过中滩时,在灌草的作用下,水流流速降低,其夹带的粗颗粒悬浮物质沉积在滩地表面,灌草滩地内粗砂质量分数相比于林灌滩地增大了 21.58%。低滩中的颗粒组成主要受河流冲积物的物源及水流能态的影响,其组成以砂粒为主。由表 6.6 可知,高滩、中滩、低滩的土壤粒径分形维数分别为 2.66、2.52、2.50,呈逐渐下降趋势。这与植被覆盖度有关,植被覆盖度越高,土壤分形维数越大,这也在一定程度上反映了滩地的不同土地利用方式对土壤性质的影响(胡云峰等,2005;吕圣桥等,2011)。从分形维数的变化来看,林灌滩地植被覆盖度最高,土壤结构最好,土壤质地属于砂质黏壤土。灌草滩地土壤质地属于砂质壤土,裸滩地土壤质地属于壤质砂土。因此,土壤分形维数的变化也能够很好地反映出滩地土壤在不同沉积环境中颗粒组成的变化。

表 6.6　不同类型滩地土壤颗粒组成及分形维数

土层	滩地类型	粗砂/%	细砂/%	粉粒/%	黏粒/%	分形维数 D	土壤质地
		0.2～2mm	0.02～0.2mm	0.002～0.02mm	<0.002mm		
表层 (0～20cm)	高滩(林灌滩地)	7.05±3.56c	56.57±7.81a	20.75±3.08a	15.63±0.68a	2.66±0.01a	砂质黏壤土
	中滩(灌草滩地)	28.63±5.62b	57.04±11.02b	7.64±1.57b	6.69±1.72b	2.52±0.03b	砂质壤土
	低滩(裸滩地)	55.03±9.68a	36.75±7.95c	2.82±0.87c	5.38±1.11c	2.50±0.02b	壤质砂土
下层 (20～40cm)	高滩(林灌滩地)	8.76±3.43c	62.73±10.39a	15.31±3.81a	13.26±2.79a	2.62±0.03a	砂质壤土
	中滩(灌草滩地)	11.15±4.33b	63.76±11.68a	14.50±4.98b	10.58±1.23b	2.59±0.04b	砂质壤土
	低滩(裸滩地)	53.03±7.98a	38.45±7.06b	3.72±1.04c	4.79±0.11c	2.49±0.05c	壤质砂土

6.2.5　卵砾石物理性质与空间分布格局

1. 卵砾石平均粒度与中值粒径空间变化

按照式(6.4)～式(6.7)可计算出灵山港河岸带沿线各滩地卵砾石的粒度参数 M_Z、σ_1、SK$_1$、K_G 及 d_{50} 值，计算结果见表6.7。平均粒度 M_Z 和中值粒径 d_{50} 是沉积物主要的粒度特征，用来表示沉积物颗粒的粗细。由表6.7可以看出，沐尘滩地卵砾石平均粒度为–6.25，而灵山港出口彩虹桥滩地卵砾石平均粒度为–4.17。平均粒度沿程有波动地细化，沉积物平均粒度沿线呈波动性增大。

表 6.7　灵山港河岸带滩地卵砾石粒度参数

滩地	d_{50}/mm	M_Z	σ_1	SK$_1$	K_G
沐尘滩地(L1)	153.54	–6.25	0.72	0.05	0.93
溪口滩地(L2)	90.51	–5.00	0.95	0.00	0.98
江潭滩地(L3)	64.00	–4.50	0.82	–0.41	1.02
下徐滩地(L4)	76.11	–4.58	1.05	–0.09	0.89
寺下滩地(L5)	152.22	–5.42	1.14	0.10	1.04
梅村滩地(L6)	151.10	–5.52	0.92	0.11	1.02
周村滩地(L7)	152.22	–6.08	0.78	–0.13	1.23
姜席堰滩地(L8)	128.00	–4.83	1.29	–0.11	0.94
上杨村滩地(L9)	107.63	–4.75	1.23	0.00	0.94
彩虹桥滩地(L10)	53.82	–4.17	0.88	0.06	1.19

河岸带沿线各滩地卵砾石中值粒径 d_{50} 变化如表6.7所示。由表6.7可以看出，中值粒径 d_{50} 与平均粒度 M_Z 的变化基本一致。在受水动力冲刷大的滩地上卵砾石粒径较大，一些相对小的砾石容易被冲走，如上游的沐尘滩地上卵砾石中值粒径 d_{50} 最大，为153.54mm。下游彩虹桥处中值粒径 d_{50} 最小，为53.82mm。但在中下游的寺下、周村、姜席堰等滩地上，卵砾石中值粒径 d_{50} 均偏大，主要是由于在寺下滩地、周村滩地、姜席堰滩地等位置，河道宽度较小，水面较窄，水流流速较大，从而使得粒径均偏大。可见，滩地卵砾石平均粒度受搬运介质的平均动能和源区物质的粒度的共同影响。

2. 卵砾石分选性空间变化

以卵砾石粒径与平均值的差表示粒径标准差,粒径标准差反映了沉积物的分选程度。粒径标准差越小,沉积物颗粒的分选越好,表明颗粒大小的均一性越明显。河岸带沿程各滩地卵砾石的分选系数变化如图 6.10 所示。由图 6.10 可知,在沐尘滩地(L1)和周村滩地(L7)两个滩地内,卵砾石的分选系数在 0.5~0.8 之间。按照弗里德曼的分选性等级划分标准(表 6.8),这两个滩地卵砾石分选性较好,颗粒大小均一性明显。其余各滩地内卵砾石分选系数均在 0.8~1.4 之间,属于分选性中等等级,颗粒大小较均一。

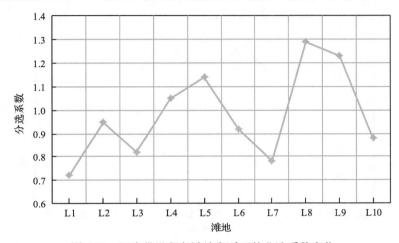

图 6.10　河岸带沿程各滩地卵砾石的分选系数变化

表 6.8　分选性等级表

分选性等级	分选系数 σ_1	
	福克和沃德(Folk and Ward, 1957)	弗里德曼(Friedman, 1961)
极好	<0.35	<0.35
好	0.35~0.50	0.35~0.50
较好	0.50~0.71	0.50~-0.8
中等	0.71~1.00	0.80~1.40
较差	1.00~2.00	1.40~2.00
差	2.00~4.00	2.00~2.60
极差	>4.00	>2.60

3. 卵砾石粒径偏度和峰态的空间变化

粒度对称特征通常用偏度来表示,它反映了累积含量的不对称程度,并说明了众数、平均值和中位数的相对位置。粒度的聚合性通常用峰态表示,它能够用来度量粒度正态分布中部与两端的展形之比,表达不同来源物质的混合程度。峰态值 K_G 越大,粒度分布越集中。K_G 大于 0 为尖峰态,反之则为"低峰态"。偏度能够反映沉积物的搬运能力大小及介质类型。中值粒径与标准差属于中央组分特征，可以解释原沉积环境条件，而偏度、峰态更能反映级配曲线两端变化特征，级配曲线的尾部反映后期沉积环境对沉积物的改造状况。各滩地卵砾石偏度与峰态变化如图 6.11 所示。由图 6.11 可以看出，灵山港河岸带滩地卵砾石的偏度在−0.4~0.1 之间。其中负值称为负偏，表示平均值在中值粒径的左侧，说明粗颗粒占优势，如江潭、下徐、周村、姜席堰等 4 个滩地的卵砾石均属于负偏，主要由于这几个滩地所处河段的水流流速较大，冲刷能力强，细小的颗粒难以在表面沉积，滩地大多是颗粒较大的卵石，使得河道沉积物粒径为负偏。灵山港河岸带滩地的峰态值在 0.93~1.19 之间，峰态分布较窄，表明颗粒组成比较集中。

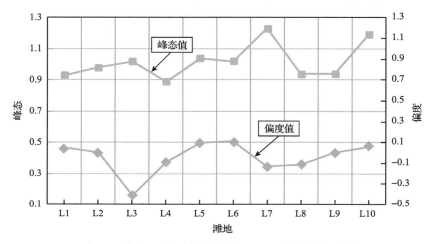

图 6.11　河岸带沿线各滩地卵砾石的偏度和峰态变化

6.3　非均质河岸带潜流交换试验设计

6.3.1　试验装置

以第 5 章双循环河岸带试验模型为基础，河岸带基质采用不同粒径的砾石和砂作为填料，试验装置如图 6.12 所示。河道整体坡降为 2‰。河岸蜿蜒形态为正弦曲线 [$y = a\sin(2\pi x / \lambda)$，式中，$a$ 为河岸振幅，λ 为河岸波长]，河岸边坡系数为 3，河岸铺设高度为 13cm，平均宽度为 128cm。河岸带基质为非均质填料，表层为砾石，下层为砂，如图 6.13 所示。试验监测段起点位于距离上游进水口 5m 处，试验监测段长度为一个波长 λ，分别在 0λ、0.25λ、0.5λ、0.75λ、1λ 布置 5 个电导率监测断面，每个断面自临水边向岸外每隔 20cm 布置一个测点，每个测点布置一只直径为 1cm、高为 22cm 的钢丝弹簧管(用尼龙网布包裹)，埋入深度为 20cm，共 25 个监测点。另外，分别在监测段的 0λ、0.125λ、0.25λ、0.375λ、0.5λ、0.625λ、0.75λ、0.875λ、1λ 断面内，距离床面向上 6cm 处各布置一根长为 2m 的测压管，测压管线进水口用尼龙网布包裹，以防止泥沙颗粒堵塞测压管，使其透水不透沙。压力测量时，将沙槽右侧的测压管头部放低，利用河道水流与管口产生的压力梯度进行排气处理。

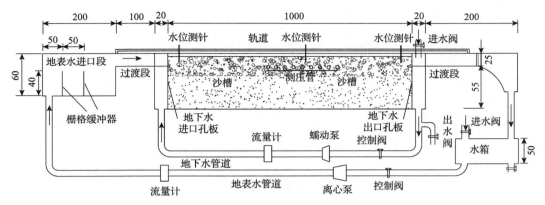

图 6.12　非均质河岸带试验系统装置图(单位：cm)

图 6.13　铺设的砾石微弯河岸

6.3.2　试验基质组成与示踪剂的选择

根据灵山港河岸带滩地分布特征，可以发现滩地沉积物主要表现为上层为粗颗粒、下层为细颗粒的二元沉积物结构。选择两种不同性质的模型沙分别代表土壤沉积物和卵砾石沉积物，土壤沉积物中黏性土的渗透系数较小，不利于试验的开展，因此选择渗透系数较大的砂性土铺设河岸形态。卵砾石的选择根据河道平滩水深进行同比例缩小，灵山港河道沿线的平均平滩水深为 1.5m，卵砾石的中值粒径为 150mm，模型河岸的铺设高度为 15cm，因此，选择模型砾石中值粒径为 15mm。其粒径级配曲线如图 6.14 所示。模型沙的特征粒径(d_{10}=0.53mm，d_{50}=0.78mm，d_{90}=1.5mm)，渗透系数为 0.584cm/s，孔隙度为 0.45。模型砾石的特征粒径(d_{10}=8mm，d_{50}=15mm，d_{90}=23mm)，渗透系数为 9cm/s，孔隙度为 0.53。采用常水头法测定渗透系数，排水法测定孔隙度，筛分法测定中值粒径，测定结果与所需基质要求进行比对，从而确定基质组成。

选用 NaCl 作为惰性示踪剂，自来水作为循环用水。试验前，先率定 NaCl 浓度与电导率的关系。电导率使用便携式电导率仪测量。

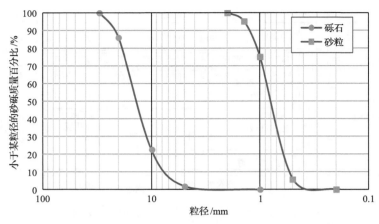

图 6.14　基质组成级配曲线

6.3.3　试验工况与试验方法

试验中，河岸振幅 a 设置四组：0cm、4cm、6cm、8cm。地表水流量 Q 设置四组：60m³/h、50m³/h、40m³/h、63.4m³/h，与 Q 相对应的流速 u 分别为 0.31m/s、0.26m/s、0.2m/s 和 0.27m/s。控制两种不同的水深 h：11cm 和 12.5cm。每组工况都进行砂粒和砾石的试验。试验工况组合见表 6.9。

表 6.9　非均质河岸带潜流交换试验工况组合

工况	a/cm	Q/(m³/h)	h/cm	u/(m/s)
SR1	8	60	11	0.31
SR2	8	50	11	0.26
SR3	8	40	11	0.2
SR4	8	63.4	12.5	0.27
SR5	6	60	11	0.31
SR6	6	50	11	0.26
SR7	6	40	11	0.2
SR8	4	60	11	0.31
SR9	4	50	11	0.26
SR10	4	40	11	0.2
SR11	0	60	11	0.31
SR12	0	50	11	0.26
SR13	0	40	11	0.2
SR14	0	63.4	12.5	0.27

注：河岸波长为 1m。

6.4　河岸带基质组成对潜流交换量的影响

6.4.1　流速与基质组成对潜流交换量的复合影响

在循环的地表水与地下水交换容器中，忽略示踪剂的损耗，每组工况试验过程中示踪剂总质量保持不变,可以通过示踪剂浓度平衡方程来表示潜流交换的平衡状态。假设地表水的示踪剂初始浓度为 C_0,地下水的初始浓度为 0,经过一定时长的潜流交换,示踪剂浓度平衡方程可用式(5.1)表示。本试验采用 $C(t)/C_0$ 来表征潜流交换量的多少,从而探究潜流交换量与河岸带基质组成的关系。

以河岸振幅为 8cm 的 SR1、SR2 工况为例,砾石和砂粒两种河岸带在两组不同地表水流速下潜流交换量的变化如图 6.15 所示。由图 6.15 可以看出,砂粒和砾石两种基质对潜流交换量的影响在最初的 5min 内差异最明显。砾石性河岸带中,地表水示踪剂相对浓度从 1 下降到 0.85,用时 5min;而砂粒性河岸带中,地表水相对浓度从 1 下降到 0.85 用时 100min。可见,砾石性河岸带潜流交换速度明显高于砂粒性河岸带,而且在前期交换强度较大。由图 6.15 还可以看出,地表水流速对潜流交换强度也有显著影响,当地表水流速增大时,河岸带坡面水力梯度会增大,从而增大潜流交换强度,因此,无论是砂粒还是砾石,地表水流速的增大均会增大潜流交换强度(曹伟杰,2017)。

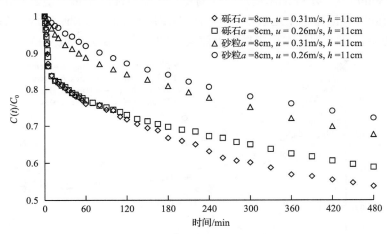

图 6.15　不同流速条件下基质组成对潜流交换量的影响

6.4.2　河岸形态与基质组成对潜流交换量的复合影响

在砾石和砂粒两种基质条件下,振幅为 8cm 的蜿蜒河岸和顺直河岸的两组不同河岸中,基质组成与河岸带形态共同作用下潜流交换量的变化如图 6.16 所示。由图 6.16 可以看出,不同基质组成与河岸带形态对潜流交换量的影响有明显差异,示踪剂浓度变化曲线的初始斜率代表潜流交换的速度快慢。这里的交换平衡是一个相对概念,定义为两次(间隔 10min)浓度测量值的相对变化小于 1%。

快速的水流与不平整的卵砾石表面会产生紊动交换,驱动沉积物中的孔隙对流。同时粗颗粒沉积物表面会产生滑移速度,最高可达 20cm/s(Nagaoka and Ohgaki,1990)。因此,紊动交换引起的孔隙对流主要由入渗和表面滑移引起,孔隙流速可以用式(6.10)表示:

$$U(y) = U_\text{d} + (U_\text{s} - U_\text{d})\text{e}^{-\alpha y} \tag{6.10}$$

式中,U 为稳定的孔隙流速;U_s 为交界面的滑移流速;U_d 为沉积物中的达西流速;y 为交界面向下的深度;α 为常系数。

速度沿着交界面以指数形式衰减，所以紊动交换的作用范围主要在交界面的表层。因此，砾石粗糙的表面可以增大紊动交换深度，较高的渗透系数也会增大对流交换的速度。

对于顺直型河岸带，潜流交换的前期以紊动交换作用为主，后期接近稳定时以扩散交换为主。在潜流交换的前期，砾石性顺直河岸带的潜流交换速度是砂粒性河岸带的 3 倍。由于砾石更强的紊动交换及更大的渗透系数，480min 时示踪剂溶度基本达到相对稳定，此时砾石性河岸带地表水的示踪剂相对浓度为 0.66，而砂粒性河岸带地表水的示踪剂相对浓度为 0.78。

对于蜿蜒型河岸带，潜流交换前期以对流交换耦合紊动交换作用为主，如图 6.16 所示。蜿蜒型砾石河岸带在潜流交换 5min 时，地表水示踪剂相对浓度迅速下降至 0.85，表明对流交换和紊动交换耦合作用大大增强了前期潜流交换强度。渗透系数的增大可以加快对流交换的速度，在开始的 15min 内，砾石性河岸带中潜流交换速度是砂粒性河岸带的 5 倍。在 480min 时，示踪剂浓度达到相对稳定，砾石性河岸带中地表水示踪剂相对浓度为 0.53，而砂粒性河岸带中地表水示踪剂相对浓度为 0.67。可见 480min 后，潜流交换以扩散交换为主，在达到基本稳定后，潜流交换的方式主要为扩散交换。

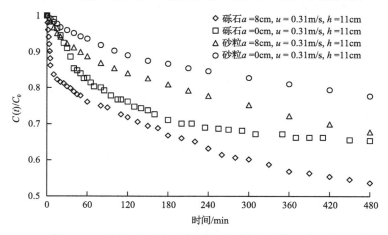

图 6.16　不同河岸形态下基质组成对潜流交换量的影响

6.5　河岸带基质组成对潜流入渗量的影响

6.5.1　潜流入渗量在河岸带纵向上的变化

在微弯的正弦型河岸断面内，由于水压力分布并不均匀，水力高压区与水力低压区之间的压力梯度将产生对流交换，所以在不同的河岸断面上，入渗量的分布并不均匀，如图 6.17 和图 6.18 所示。以 0λ 与 1λ 处两个断面作为基准比较各断面的入渗量。从图 6.17 来看，因为河岸形态蜿蜒，水流在 0.5λ 断面附近(凸岸与凹岸之间)受到的水流阻力大于其他区域，0.5λ 断面附近为水力高压区，入渗量最大。而且，随着河岸带蜿蜒振幅增大，受到的阻力也会增大，由此产生的水力梯度也会增大，从而促进潜流交换，使得潜流交换入渗量增加。当振幅为 4cm 时，潜流入渗量最小；当振幅为 8cm 时，潜流入渗量最大。

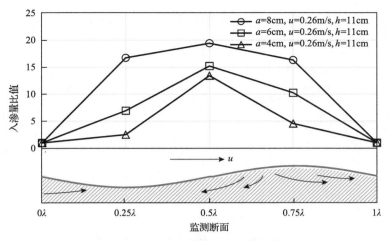

图 6.17　不同振幅砾石河岸潜流入渗量比值变化

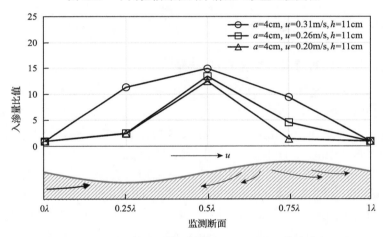

图 6.18　不同流速砾石河岸潜流入渗量比值变化

由图 6.18 可以看出，三组流速工况相比，流速为 0.31m/s 时，入渗量最大；当流速为 0.20m/s 时，入渗量最小。水力高压区同样出现在 0.5λ断面附近，入渗量最大。可见，在河岸蜿蜒振幅相同的条件下，随着地表水流速增大，河岸带纵向上产生的水力梯度将会增大，从而促进潜流交换，潜流入渗量也会增加。因此，在河岸带纵向上，入渗量随着地表水流速度的增大而增加。

6.5.2　河岸形态与基质组成对潜流入渗量的复合影响

不同河岸形态、不同基质组成条件下，河岸带潜流入渗量的变化如图 6.19 所示。由图 6.19 可以看出，当地表水流速相同时，河岸形态的变化与基质组成的不同改变了潜流入渗量，蜿蜒振幅越大，潜流入渗量也越大。基质组成的变化对潜流入渗量的影响较为明显，砾石性河岸带中潜流入渗量增大幅度明显大于砂粒性河岸带。在振幅为 8cm、6cm、4cm、0cm，流速为 0.31m/s 的条件下，砾石性河岸带中潜流入渗量分别为 45.4L/min、24.9L/min、20.1L/min、7.4L/min，砂粒性河岸带中潜流入渗量分别为 4.6L/min、2.7L/min、

2.1L/min、1.9L/min。砾石性河岸带与砂粒性河岸带中潜流入渗量的增长幅度分别为 6.1
倍和 2.4 倍。

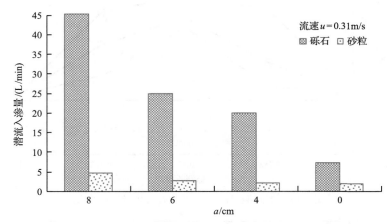

图 6.19　不同河岸形态下不同基质组成对潜流入渗量的影响

6.5.3　流速与基质组成对潜流入渗量的复合影响

不同流速下、不同基质组成河岸带潜流入渗量变化如图 6.20 所示。如图 6.20 所示，
在工况 SR5、SR6、SR7 中，砾石性河岸带在流速为 0.31m/s、0.26m/s、0.20m/s 时所对
应的潜流入渗量分别为 24.9L/min、17.5L/min、8.7L/min，砂粒性河岸带的潜流入渗量分
别为 2.7L/min、2.4L/min、2.1L/min。表明随着地表水流流速增大，将产生更大的水力梯
度，促进泵吸交换，砾石颗粒表面均为微小的不规则粗糙性表面，使水流能够产生更大
的压力，从而驱动对流交换。由图 6.20 还可以看出，两种基质的河岸带中潜流入渗量均随
地表水流流速的增大而增大，但是砾石性河岸带中潜流入渗量增长幅度明显大于砂粒性河
岸带，砾石河岸带中，0.31m/s 流速工况下的入渗量比 0.2m/s 工况增加了 1.862 倍；砂粒河
岸带中，0.31m/s 流速工况下的入渗量比 0.2m/s 工况增加了 0.286 倍。主要是由于砾石与砂
粒的渗透系数相差了 15 倍，砾石性河岸带与砂粒性河岸带的潜流入渗差值存在明显差异。

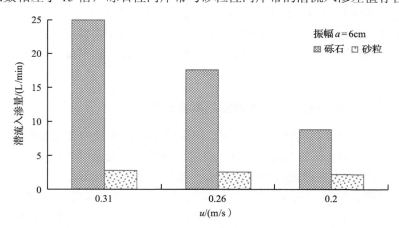

图 6.20　不同流速下不同基质组成对潜流入渗量的影响

6.5.4　多因素作用下潜流入渗量的计算方法

1. 蜿蜒河岸带潜流入渗量计算式

潜流交换的区域体积随着时间推移会逐渐趋于稳定。潜流中存在溶质时，溶质会随水流一起运移，这一过程称为对流运移，表示示踪剂随着水流向前移动的过程，在对流运移过程中，示踪剂通量 J_c 可用式 (6.11) 计算 (李学垣，2001)：

$$J_c = q\Delta c = -\left(K\frac{dh}{dx}\right)\Delta c \tag{6.11}$$

式中，J_c 为单位时间内通过地表水与地下水单位截面积溶液中的溶质通量；q 为土壤水流通量；Δc 为单位体积地表水水溶液中溶质浓度与地下水溶质浓度之差；dh/dx 为水头梯度；K 为渗透系数。

溶质的扩散是指离子和分子在溶液中的不规则热运动引起的溶质分散和混合作用。扩散运动的总体趋势是溶质从高浓度区域运动到低浓度区域。即使在静止的溶液中，只要存在浓度梯度就会发生扩散运动，直到整个溶液的溶质浓度一致。土壤中溶质浓度扩散过程常用菲克第一定律表示，如式 (6.12)：

$$J_d = -D_s\frac{dc}{dx} \tag{6.12}$$

式中，J_d 为土壤中溶质的扩散通量；D_s 为溶质的有效扩散系数。

溶质在土壤中的扩散系数远远小于溶质在自由水体中的扩散系数。主要是因为土壤中只有孔隙处的液体可以为溶质提供扩散通道，总的扩散面很小。因此土壤中总的溶质扩散通量可用式 (6.13) 表示：

$$J = J_c + J_d \tag{6.13}$$

在潜流交换的前期，对流交换对地表水示踪剂浓度的稀释起主要作用，相比于对流，扩散引起的溶质通量可以忽略。因此，入渗量可以表示为式 (6.14)：

$$q = \frac{J_c}{\Delta c} \tag{6.14}$$

从水动力条件来看，根据第 3 章平均潜流入渗量计算公式 $q = \dfrac{1}{A}\displaystyle\int_A q(x,y,z)\mathrm{d}A$，则潜流入渗量 Q 可写为

$$Q = KAI \tag{6.15}$$

式中，K 为沉积物渗透系数；A 为入渗面积；I 为水力梯度。

对于蜿蜒型河岸带而言，由第 4 章式 (4.70)、式 (4.71) 表明，压力水头变化可近似为正弦形函数，且与蜿蜒振幅成正比。

　　另外，Elliott 和 Brooks(1997)通过水槽试验和数学推导发现，对于压力水头呈正弦分布的情况，由式(3.45)可知，坡面压力水头与流速的平方成正比。

　　综合以上分析，蜿蜒型河岸带潜流入渗量可用式(6.16)表示：

$$Q = \beta Kau^2 \tag{6.16}$$

式中，K 为沉积物渗透系数；a 为河岸带蜿蜒振幅；u 为地表水流速；β 为比例系数。

2. 入渗量计算式的修正

　　由式(6.16)可以看出，潜流入渗量是渗透系数、蜿蜒振幅、地表水流速共同作用的结果，而且潜流入渗量与渗透系数、蜿蜒振幅、地表水流速平方组成的复合变量 M 呈线性关系，但是，试验数据拟合表明(图 6.21)，潜流入渗量与复合变量 M 并不完全成正比例函数关系，而是存在一定的线性截距。本试验拟合的该线性截距值为 2.35，与复合变量 M 的比例系数为 4.3×10^{-4}。因此，试验表明潜流入渗量计算式(6.16)可修正为式(6.17)：

$$Q = \beta M + Q_0 = Kau^2 + Q_0 \tag{6.17}$$

式中，Q_0 可认为是潜流初始通量。

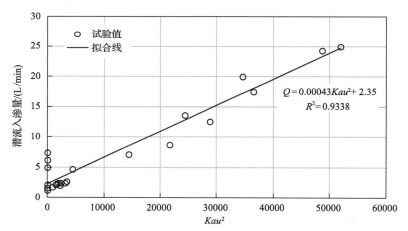

图 6.21　河岸形态、水流速度与渗透系数对潜流入渗量的复合影响

　　本试验中，β 为 0.00043，$Q_0 = 2.35$，入渗量拟合公式为

$$Q = 0.00043 Kau^2 + 2.35 \qquad R^2 = 0.9338 \tag{6.18}$$

6.6　河岸带基质组成对潜流交换宽度的影响

6.6.1　流速与基质组成对潜流交换宽度的复合影响

　　潜流交换宽度反映了河流潜流带内生物活性反应区的有效宽度，是河岸带功能有效

发挥的重要影响参数，也是评估潜流带对维持河流生态健康贡献大小的关键指标（林俊强等，2013；夏继红等，2013；陈孝兵，2014；Boano et al.，2014）。由上文分析可知，潜流交换强度主要受地表水流速、河岸带形态、河岸带基质组成等因子的影响，而潜流交换强度决定着潜流交换宽度，因此，潜流交换宽度主要受地表水流速、河岸带形态及基质特性的共同影响。通过测量 5 个断面上不同河岸位置示踪剂浓度变化进一步讨论地表水流速、河岸带形态及基质组成对潜流交换宽度的影响。理想情况下，潜流交换的实际宽度为地表水与地下水充分交换并达到绝对稳定后，河岸带潜流层到达岸外最远的区域范围，这个范围是地表水和地下水充分交换的有效宽度。但实际观测中很难直接测量出这一充分交换范围，因此，本试验研究中，将整个水流系统交换过程达到相对稳定时所对应的区域宽度定义为潜流交换宽度。

通过对多组工况地表水示踪剂浓度随时间的变化特点的观测发现，前 180min 潜流交换较快，主要是泵吸交换稀释了地表水的示踪剂浓度，180min 后主要以扩散过程为主，示踪剂浓度主要依靠介质孔隙间的扩散过程来降低。可见，当交换时间在 180min 之后，地表水的示踪剂浓度变化幅度较小，基本趋于平缓，所以本试验定义的交换相对稳定时间为 180min。另外，Triska 等（1989）根据地表水的含量比例划定了潜流层不同分层，将地表水含量大于 98%的区域称为潜流层表层，将地表水含量为 10%～98%的区域称为潜流层下层。据此，本研究将地表水含量为 90%的位置作为潜流交换宽度的临界点。因此，研究中将断面上示踪剂相对浓度 C'/C'_0 达到 0.9 时（C' 和 C'_0 分别为地下水中示踪剂浓度与地表水中示踪剂浓度）称为相对平衡状态。

以 SR_1 和 SR_2 工况为例，180min 时刻，砂粒和砾石性河岸带不同位置相对浓度变化如图 6.22 所示。由图 6.22 可以看出，达到相对稳定状态时，砾石性河岸带内潜流交换宽度约为 42cm，砂粒性河岸带内潜流交换宽度约为 20cm。由于砾石的高渗透性，泵吸交换的强度增大，从而扩大了潜流交换范围，使潜流交换宽度约为砂粒性河岸带潜流交换宽度的 2 倍，即在 180min 时刻潜流交换宽度的区域范围是整个潜流交换过程中最为活跃的区域范围。

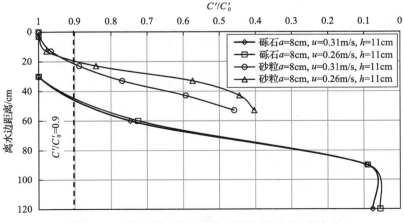

图 6.22　砂粒和砾石性河岸带不同位置相对浓度变化

6.6.2　河岸形态与基质组成对潜流交换宽度的复合影响

不同河岸形态与不同基质组成对潜流交换宽度的影响如图 6.23 所示。由图 6.23 可以看出，在河岸蜿蜒振幅为 8cm、6cm、4cm、0cm 条件下，当 C'/C_0' 达到 0.9 时，潜流交换宽度分别为 45cm、44cm、42cm、39cm，潜流交换宽度平均约为 42.5cm。可见，不同河岸带蜿蜒振幅条件下，潜流交换宽度的差异性不明显。因此，结合上文分析结果，并对比图 6.22 和图 6.23 可以看出，基质组成的渗透系数对潜流交换宽度影响程度较大，是潜流交换宽度的决定性因素。

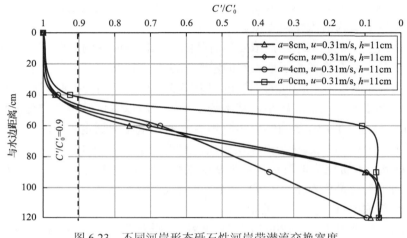

图 6.23　不同河岸形态砾石性河岸带潜流交换宽度

另外，根据泵吸交换原理可推导出不同基质中孔隙水流速分布，孔隙水流速可以用式 (6.19) 确定 (Elliott and Brooks，1997；Cardenas and Wilson，2007)：

$$u = -Kkh_{\mathrm{m}} \cos kx\mathrm{e}^{ky} \tag{6.19}$$

式中，u 为孔隙水流速；K 为渗透系数；k 为沙坡的波数；x 为河流水流方向的长度；h_{m} 为压力水头的振幅；y 为入渗深度。

由式 (6.19) 可以看出孔隙水流速在沿着基质深度方向上呈指数衰减趋势。当 u 速度减小并趋近于零时，基质宽度为潜流交换的宽度。而且由式 (3.45) 可以看出，h_{m} 与 u 的平方成正比，由此可判断，渗透系数与孔隙水流速对潜流交换宽度的影响最显著，是影响潜流交换宽度的关键因子。

参 考 文 献

毕利东, 夏继红, 陈永明, 等. 2015. 不同土地利用方式下农村河岸带土壤水文物理性质研究. 灌溉排水学报, 34(2): 41-44.

曹伟杰. 2017. 蜿蜒型河岸带基质组成特点及其对潜流交换的影响. 南京: 河海大学硕士学位论文.

曹伟杰, 夏继红, 汪颖俊, 等. 2017. 山丘区中小河流滩地土壤物理性质及空间分布特征. 灌溉排水学报, 36(3): 69-74.

陈孝兵, 赵坚, 李英玉, 等. 2014. 床面形态驱动下潜流交换试验. 水科学进展, 25(6): 835-841.

符饶, 郝建锋, 李艳, 等. 2016. 青衣江中游河滨草本植物生态位和物种多样性. 湿地科学, 14(4): 546-552.

高晓东, 吴普特, 张宝庆, 等. 2015. 黄土丘陵区小流域土壤有效水空间变异及其季节性特征. 土壤学报, 12(1): 57-67.

胡云锋, 刘纪远, 庄大方, 等. 2005. 不同土地利用/土地覆盖下土壤粒径分布的分维特征. 土壤学报, 42(2): 336-339.

李学垣. 2001. 土壤化学. 北京: 高等教育出版社.

林俊强, 严忠民, 夏继红. 2013. 基于小扰动理论的微弯河岸沿线扰动压力分布. 力学学报, 45(3): 337-342.

吕圣桥, 高鹏, 耿广坡, 等. 2011. 黄河三角洲滩地土壤颗粒分形特征及其与土壤有机质的关系. 水土保持学报, 25(6): 134-138.

王光谦. 2007. 河流泥沙研究进展. 泥沙研究, (2): 64-80.

王洪杰, 李宪文, 史学正, 等. 2003. 不同土地利用方式下土壤养分的分布及其与土壤颗粒组成关系. 水土保持学报, 17(2): 44-46.

魏晓明, 夏江宝, 孔雪华, 等. 2014. 不同植被类型对黄河三角洲贝壳堤土壤水文功能的影响. 水土保持通报, 34(4): 28-32.

夏继红, 鞠蕾, 林俊强, 等. 2013. 河岸带适宜宽度要求与确定方法. 河海大学学报(自然科学版), 41(3): 229-234.

徐卫刚, 张化永, 王中玉, 等. 2013. 植被对河道水流影响的研究进展. 应用生态学报, 24(1): 251-259.

闫建梅, 何丙辉, 田太强, 等. 2014. 川中丘陵区不同土地利用方式土壤入渗与贮水特征. 水土保持学报, 28(1): 53-57.

杨培岭, 罗远培. 1993. 用粒径的重量分布表征的土壤分形特征. 科学通报, 38(20): 1896-1899.

伊紫函, 夏继红, 汪颖俊, 等. 2016. 基于形态指数的山丘区中小河流滩地分类方法及演变分析. 中国水土保持科学, 14(4): 128-133.

余根听, 夏继红, 毕利东, 等. 2017. 山丘区中小河流边滩植被分布驱动因子及响应关系. 中国水土保持科学, 15(2): 51-61.

张琦, 夏继红, 汪颖俊, 等. 2019. 基于分形维数的中小河流滩地沉积物空间分布研究. 水土保持研究, 26(2): 366-369, 376.

中国科学院南京土壤研究所. 1978. 土壤理化分析. 上海: 上海科学技术出版社.

Boano F, Harvey J W, Marion A, et al. 2014. Hyporheic flow and transport processes. Reviews of Geophysics, 42(6): 1671-1682.

Cardenas M B, Wilson J L. 2007. Dunes, turbulent eddies, and interfacial exchange with permeable sediments. Water Resources Research, 43: W08412.

Church M, Kellerhals R. 2011. On the statistics of grain size variation along a gravel river. Canadian Journal of Earth Sciences, 15(7): 1151-1160.

Elliott A H, Brooks N H. 1997. Transfer of nonsorbing solutes to a streambed with bed forms: theory. Water Resources Research, 33(33): 123-136.

Folk R L, Ward W C. 1957. Brazos river bar: a study in the significance of grain size parameters. Journal of Sedimentary Petrology, 27: 3-26.

Friedman G M. 1961. Distinction between dune, beach and river sands from textural characters. Journal of Sedimentary Research, 31: 514-529.

Mottes C, Lesueur-Jannoyer M, Charlier J B, et al. 2015. Hydrological and pesticide transfer modeling in a tropical volcanic watershed with the WATPPASS model. Journal of Hydrology, 52(9): 909-927.

Nagaoka H, Ohgaki S. 1990. Mass transfer mechanism in a porous riverbed. Water Research, 24(4): 417-425.

Peng G, Xiang N, Lv S Q, et al. 2014. Fractal characterization of soil particle-size distribution under different land-use patterns in the Yellow River Delta Wetland in China. Journal of Soils and Sediments, 14(6): 1116-1122.

Triska F J, Kennedy V C, Avanzino R J, et al. 1989. Retention and transport of nutrients in a third-order stream: channel processes. Ecology, 70(6): 1877.

第7章 有植被河岸带潜流交换机理

7.1 试验设计与数值模拟方法

7.1.1 试验模型

以第 5 章、第 6 章试验模型为基础,在河岸带坡面增加布置试验植被,试验装置如图 7.1 所示。河道整体坡降为 2‰。河岸蜿蜒形态为正弦曲线[$y = a\sin(2\pi x / \lambda)$,式中,$a$ 为河岸振幅,λ 为河岸波长],河岸边坡系数为 3,河岸铺设高度为 13cm,平均宽度为 128cm。试验植被沿岸蜿蜒交替布置,植被纵向间距保持不变,为 25cm,如图 7.2 所示。试验监测段起点位于距离上游进水口 5m 处,试验监测段长度为一个波长 λ,分别在 0λ、0.25λ、0.5λ、0.75λ、1λ 布置 5 个电导率监测断面,每个断面自临水边向岸外每隔 20cm 布置一个测点(图 7.2),每个测点布置一只直径为 1cm、高为 22cm 的钢丝弹簧管(用尼龙网布包裹),埋入深度为 20cm,共 25 个监测点。另外,分别在监测段的 0λ、0.125λ、0.25λ、0.375λ、0.5λ、0.625λ、0.75λ、0.875λ、1λ 断面内,距离床面向上 6cm 处各布置一根长为 2m 的测压管,测压管线进水口用尼龙网布包裹,以防止泥沙颗粒堵塞测压管,使其透水不透沙。压力测量时,将沙槽右侧的测压管头部放低,利用河道水流与管口产生的压力梯度进行排气处理。

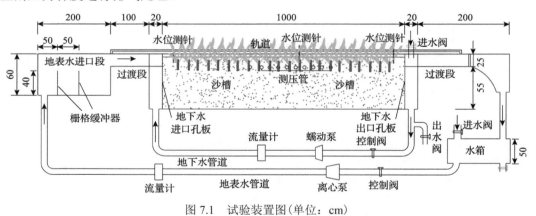

图 7.1 试验装置图(单位:cm)

图 7.2 植被与测量点布置方式(单位:cm)

7.1.2 试验材料与工况组合

1. 基质组成

河岸带基质选用第 5 章模型试验用的模型沙，D_{50} 为 0.78mm，渗透系数 K 为 0.584cm/s，孔隙率 θ 为 0.45。

2. 试验植被

据调查，菖蒲是河岸带近岸水域较为常见的水生植物（卜发平等，2010；陈永华等，2008；李悦等，2011；林立怀等，2016；宋绪忠，2005；王忄，2010；余根听等，2017）。因此，本试验以菖蒲为研究对象。因鲜活菖蒲在室内难以长期成活，为保证试验的连续性，本试验选用仿真菖蒲模拟实际菖蒲。仿真菖蒲的几何尺寸与实际菖蒲基本一致。仿真菖蒲的平均株高为 1.0m，平均秆茎高 0.13m，叶片平均长 0.7m，平均宽 0.02m。植被纵向间距 d_y 保持为 25cm，横向间距 d_x 设置三种情况：无植被（none）、d_x=10cm（图 7.3）和 d_x=5cm（图 7.4）。

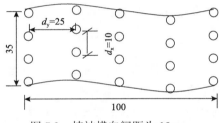

图 7.3　植被横向间距为 10cm

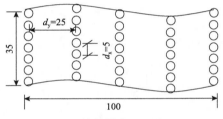

图 7.4　植被横向间距为 5cm

3. 工况组合

试验中流量设置三组工况：40m³/h、50m³/h 和 63.4m³/h；河岸振幅设置三组工况：0cm、4cm 和 8cm，共设置 13 组工况（表 7.1）。表 7.1 中，利用工况组（R1、R2、R3）、（R4、R5、R6）、（R7、R8、R9）分别研究相应植被间距条件下，不同振幅对潜流交换的影响。利用工况组（R1、R4、R7）、（R2、R5、R8）、（R3、R6、R9）分别研究相应振幅条件下，不同植被间距对潜流交换的影响。利用工况组（R7、R10）、（R9、R11）分别研究不同流量对潜流交换的影响。利用工况组（R10、R12）、（R11、R13）分别研究不同水深对潜流交换的影响。在分析单因子对潜流交换影响的基础上，进而分析双因子组合对潜流交换的复合影响。此设计能够较好地揭示河岸蜿蜒性或植被布置方式的单独作用和组合作用对潜流交换特性的影响。

表 7.1　植被河岸带潜流交换试验主要参数

工况	植被间距 d_x/cm	河岸振幅 a/cm	流量 Q/(m³/h)	水深 h/cm	流速 u/(m/s)
R1	无植被	0	40	11	0.2
R2	无植被	4	40	11	0.2
R3	无植被	8	40	11	0.2

工况	植被间距 d_x/cm	河岸振幅 a/cm	流量 Q/(m³/h)	水深 h/cm	流速 u/(m/s)
R4	10	0	40	11	0.2
R5	10	4	40	11	0.2
R6	10	8	40	11	0.2
R7	5	0	40	11	0.2
R8	5	4	40	11	0.2
R9	5	8	40	11	0.2
R10	5	0	50	11	0.26
R11	5	8	50	11	0.26
R12	5	0	63.4	12.5	0.27
R13	5	8	63.4	12.5	0.27

7.1.3 测量指标与试验方法

1. 流量与流速测量方法

地表水流量采用量程为 30～85m³/h 的转子流量计量测，地下水流量采用量程为 0～100L/h 的浮子流量计量测。地表水流速采用超声波多普勒流速仪量测。

2. 电导率测量方法

电导率选用便携式电导率仪量测，该电导率仪可根据温度变化自动实现电导率的温度补偿。以 NaCl 为示踪剂，通过地表水和地下水电导率来反映示踪剂浓度变化。试验前率定电导率与示踪剂浓度关系曲线，试验中量测地表水和地下水电导率，应用电导率与示踪剂浓度对应关系曲线获得不同时刻示踪剂浓度。

3. 试验方法与测量频率

每组试验启动时，缓慢调节尾门与地表水管道阀门，控制地表水流量与水深，以形成近似均匀流，使床面与坡面均无泥沙启动，保证床面与河岸形态完好。调节地下水管道阀门，使地下水与地表水水位齐平。待地表水与地下水均稳定后，在水箱中投放 500g NaCl，并搅拌，开启地表水循环系统，待地表水 NaCl 电导率均一后(约 5min)，应用电导率仪定时测量地表水及测井中地下水电导率。每组试验持续量测 14h。初期 2h 内，每间隔 5min 测量一次；2～4h 内，每间隔 10min 测量一次；4～7h 内，每间隔 20min 测量一次；7～10h 内，每间隔 30min 测量一次；10～14h 内，每间隔 60min 测量一次。每组试验结束后，需换水与洗沙，清洗残留盐分，直至填料孔隙水 NaCl 浓度降至背景值。

7.1.4 数值模拟三维模型及工况组合

1. 地表水计算模型

通过建立有植被河岸带计算模型，精细模拟分析有植被河岸带潜流交换机理。河岸带形态为蜿蜒型，且在河岸带迎水面布设了植被，水流与河岸及植被之间会发生复杂相互作用，蜿蜒河岸带近岸区及植被附近均会出现紊动水流。因此，地表水计算模型将在采用水流运动的连续性方程和动量方程的基础上，进一步选用第 3 章的 RNG k-ε 模型，模拟分析河岸蜿蜒形态与植被共同作用下地表水水流压力场与流场变化。

2. 地下水计算模型

第 5 章、第 6 章物理试验研究表明，河岸带区域地下水流速较小，而且河岸带基质的多孔阻滞作用极大地削弱了地表水流对地下流场的冲击效应，使得地表水流的紊流影响仅局限于河岸临界面的薄层区域。另外，Detert 等(2007)、Packman 等(2004)研究认为，湍流波动能够穿越的河岸带宽度仅约为河岸带基质平均直径的 2～10 倍，即地表湍流波动仅能影响地表表层区域的地下水。河岸带地下水流场可近似看作层流水流，适用于达西定律。因此，地下水计算模型选用达西模型。

3. 计算区域三维模型

选取物理试验模型的监测区段作为模拟计算区域，计算区域长度为一个波长(长1m)，河岸边坡系数为 3，底宽 0.33m，上口宽 0.72m，高 0.13m。应用 AutoCAD 建立有植被顺直型河岸带和有植被蜿蜒型河岸带计算区域三维模型，分别如图 7.5 和图 7.6 所示。由于地表水水深均未淹没植被秆茎，因此，建立计算模型时将植被简化为圆柱形桩柱群，即图 7.5、图 7.6 中的桩柱为植被秆茎的模型。

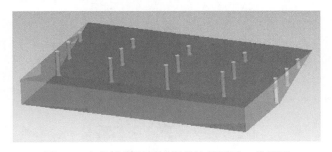

图 7.5　有植被顺直型河岸带计算区域三维模型

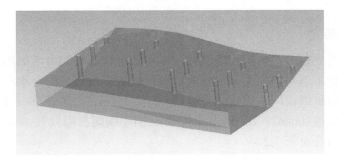

图 7.6　有植被蜿蜒型河岸带计算区域三维模型

4. 网格剖分

应用 AutoCAD 建立计算区域三维模型，导出模型文件(模型文件格式为*.sat)，再将模型文件导入 ICEM，并利用 ICEM 对计算区域三维模型进行网格剖分。考虑到密集型植被分布下三维模型分块的复杂性,网格以六面体为主,采用 Tetra/Mixed 三维网格进行划分。由于植被与水流作用的复杂性,植被附近的网格也需加密处理,在地表水边界、自由液面及植被附近,需要对网格进行加密处理。对河岸壁面附近的边界层设定最大网格尺寸为 10cm,高为 2cm,膨胀率为 1.2,层数为 5 层。地表水区域网格剖分截面图如图 7.7 所示。植被附近的边界层设定最大网格尺寸为 3cm,高、膨胀率、层数与河岸壁面网格相同。如果植被附近出现少许网格缺失情况,则可通过控制全局网格及边界网格尺寸使网格闭合,从而可以较好地保证模拟的精确性。植被附近网格剖分如图 7.8 所示。计算模型的网格单元(cells)总数为 605412 个,总面数(faces)为 1418351 个,总节点数(nodes)为 232756 个。

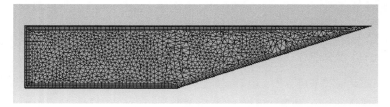

图 7.7　地表水区域网格剖分截面图

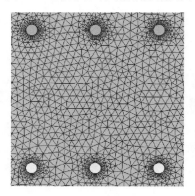

图 7.8　植被附近网格剖分

5. 计算工况组合

模型试验未考虑植被纵向间距的变化。本章数值模拟将综合考虑植被纵向间距、横向间距、河岸蜿蜒形态对潜流交换的影响。数值模拟工况设定时,水流工况与模型试验工况组合一致,植被纵向间距设置无植被(none)、25cm、12.5cm 和 6.25cm 四组;植被横向间距设置无植被(none)、10cm、5cm 三组;河岸蜿蜒振幅设置 4cm 和 8cm 两组。具体数值模拟工况组合见表 7.2。

表 7.2　潜流交换数值模拟工况

	R2	R5	R8	M1	M2	M3	R3	R6	R9	M4	M5	M6
振幅 a/cm	4	4	4	4	4	4	8	8	8	8	8	8
横向间距 d_x/cm	无植被	10	5	10	5	5	无植被	10	5	10	5	5
纵向间距 d_y/cm	无植被	25	25	12.5	12.5	6.25	无植被	25	25	12.5	12.5	6.25

7.1.5　边界条件与方程求解

1. 近壁区边界处理

有界壁面情况下的非稳态流动，水流运动表现出明显的分区现象，主要分为壁面区与湍流核心区。对于近壁区，水流运动复杂多变，常用的壁面处理方法有壁面函数法。壁面函数法是应用计算式将各种输运方程的壁面值与内节点值进行联系。主要有可伸缩壁面函数法(scalable wall functions)、增强壁面函数法(enhanced wall functions)、标准壁面函数法(standard wall functions)、非平衡壁面函数法(non-equilibrium wall functions)。本章数值模拟中对近壁区边界选用非平衡壁面函数法，它考虑了压力梯度效应，适用于存在分离、再附着及撞击等复杂水流现象，可以解决平均速度与压力梯度密切相关且变化迅速的复杂流动问题。另外，边界区域(黏性底层与过渡层)黏性力相较于惯性力占主导作用，使得边界薄层附近雷诺数较低，因此，在划分网格时对近壁区边界进行了细化处理，从而增加了模拟精度。

2. 自由水面处理

第 5 章、第 6 章研究表明：在低弗劳德数($Fr \leqslant 0.53$)及低弯曲度($a/\lambda \leqslant 0.08$)情况下，刚盖假定法能够较好地模拟微弯河岸不同水深分层沿线的扰动压力分布。本章数值模拟工况的水流弗劳德数及河岸带蜿蜒弯曲度均在此范围内，所以模拟时自由水面的处理采用近似无摩擦的刚盖假定法，并设置对称边界条件，保证所有向量在边界处没有垂向速度。

3. 方程离散与求解

对控制方程的离散方式选用有限体积法。由于 PISO 算法相较于 SIMPLE 和 SIMPLEC 算法增加了修正步，具有"预测—修正—再修正"功能，从而能够加快单个迭代步中的收敛速度(王福军，2004)，而且该算法具有邻近校正功能，能够校正扭曲网格。由于植被周边及弯曲河岸边界网格大多是扭曲的，因此，选用 PISO 算法，对控制方程压力项采用 PRESTO! 离散，其余项采用二阶迎风格式离散，以提高收敛速度。迭代设定时，将时间作为迭代参数，且模拟残差值设定为 10^{-5}。

本章数值模拟旨在探讨微弯河岸压力分布及瞬态存储问题。由于基于密度法的求解器(density-based)仅包含 Coupled 算法，其适用性受到限制。因此，本章数值模拟中选用适用性较宽的基于压力法(pressure-based)的求解器，应用压力修正算法求解控制方程。

7.2　植被密度与河岸带蜿蜒性对交界面压力场的影响

7.2.1　植被密度对交界面压力场的影响

选取工况 R5、R8、M1、M2 四组工况比较相同蜿蜒振幅条件下植被横向、纵向间距变化对地表水与地下水交界面压力分布的影响。四组工况下，地表水与地下水交界面纵向和横向水压力分布如图 7.9～图 7.13 所示。(注：图 7.9～图 7.13 是通过选择合适的工作平面去切计算模型得到的压力分布图，图中的横坐标为相对位置坐标，是模拟系统根据工作平面的位置自动生成。纵向压力分布图是沿水流方向上的压力分布，分布图中压力显示区域的横坐标最大值与最小值的差为 1m，即为模型河道的一个波长，横向压力分布图是模型横断面上的压力分布，分布图中压力显示区域的横坐标最大值与最小值的差为 0.35m，即为模型河道宽度。)比较工况 R5、R8 和比较工况 M1、M2 均发现：随着植被横向间距 d_x 的减小，交界面横向压力出现明显振荡。当纵向间距 d_y=25cm 时，地表水与地下水交界面平均横向压力从 30Pa 增大到 43Pa。当纵向间距 d_y=12.5cm 时，地表水与地下水交界面平均横向压力从 32.5Pa 增大到 50Pa。可见，随着植被纵向间距减小，地表水与地下水交界面横向压力会增大，而且横向压力振荡更剧烈，振荡幅度增大，振荡范围变宽。这主要是由于随着植被纵向间距减小，植被间的紊动增强，流场振荡范围明显扩大，从而增大了横向压力梯度。可见，植被纵向间距的减小可以增大横向扰动压力，从而促进潜流交换，而且植被横向间距较小时，促进效果更显著(余根听，2018)。

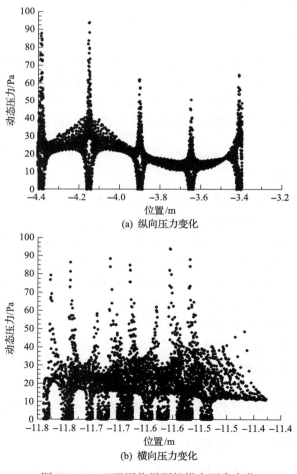

(a) 纵向压力变化

(b) 横向压力变化

图 7.9　R5 工况下临界面纵横向压力变化

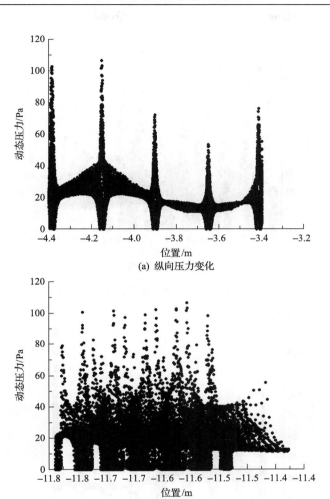

(a) 纵向压力变化

(b) 横向压力变化

图 7.10　R8 工况下临界面纵横向压力变化

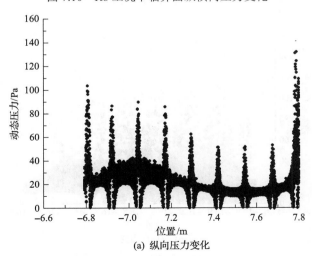

(a) 纵向压力变化

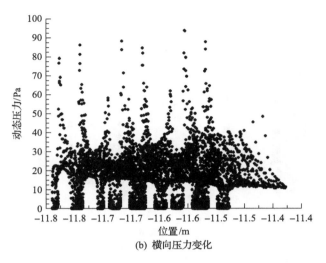

(b) 横向压力变化

图 7.11　M1 工况下临界面纵横向压力变化

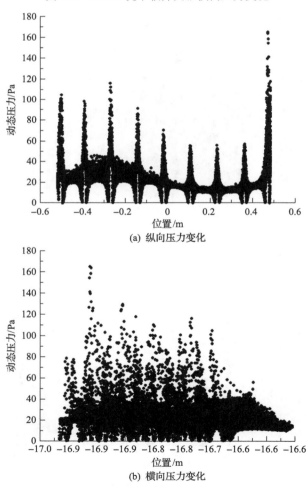

(a) 纵向压力变化

(b) 横向压力变化

图 7.12　M2 工况下临界面纵横向压力变化

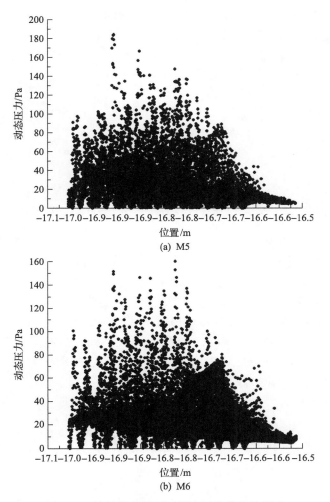

图 7.13　植被纵向间距对横向压力分布的影响

7.2.2　河岸带蜿蜒性对交界面压力场的影响

选择工况 R2（a=4cm）和 R3（a=8cm），模拟分析不同蜿蜒振幅对地表水与地下水交界面压力场的影响，模拟结果如图 7.14 和图 7.15 所示。由图 7.14 和图 7.15 可以看出，河岸带形态的变化会引起交界面压力场的波动起伏，它以河岸带蜿蜒波迎水面的波峰与背水面的波谷为对称轴，呈两边对称分布特征。随着蜿蜒振幅 a 的增大（从 a=4cm 增大到 8cm），迎水面水压力明显增大，从波峰顶端的 33.4Pa 增大到 48.1Pa，增幅为 44.01%。而背水面水压力却减小，从 a=4cm 时的 11.9～13.3Pa 降为 a=8cm 时的 5.05～7.20Pa，降幅为 45.86%～57.56%。这主要是由于背水面存在一定的滞流区域，当蜿蜒性增大时，滞流区域会逐渐扩大，对来流的缓冲滞留效应增强，动态压力会受到抑制，从而降低水压力。

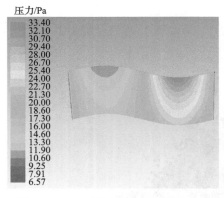

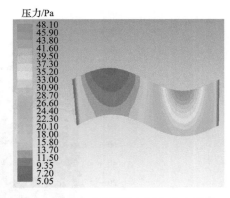

图 7.14　R2 工况下纵向压力分布云图　　　　图 7.15　R3 工况下纵向压力分布云图

纵向压力值如图 7.16 和图 7.17 所示。(注:图 7.16 和图 7.17 是通过选择合适工作平面去切计算模型得到的压力分布图,图中的横坐标为相对位置坐标,是模拟系统根据工作平面的位置自动生成。纵向压力分布图是沿水流方向上的压力分布,分布图中压力显示区域的横坐标最大值与最小值的差为 1m,即为模型河道的一个波长。)由图 7.16 和图 7.17 可以看出,在河岸带蜿蜒波迎水面的水压力沿水深方向逐渐减小,而背水面呈相反规律,即水压力沿水深方向逐渐增大。因此,在背水面波谷处,潜流交换主要受中底层水流及邻近水流扰动的影响,在该区域内潜流交换存在一定的迟滞效应。另外,由图 7.16 和图 7.17 还可以看出,单位波长内,蜿蜒型河岸的压力分布与河岸形态特征呈现类镜像效应,且随着蜿蜒振幅的增大,其压力分布曲线更加尖瘦,断面压力梯度更大。

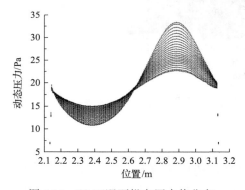

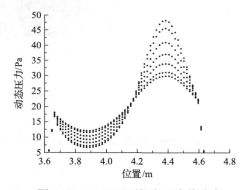

图 7.16　R2 工况下纵向压力值分布　　　　图 7.17　R3 工况下纵向压力值分布

7.2.3　植被密度与蜿蜒性对交界面压力场的复合影响

植被横纵向间距与河岸蜿蜒性共同作用下,河岸带区域地表水与地下水交界面压力场的变化如图 7.18～图 7.29 所示。由图可知,在植被密度与河岸蜿蜒性的复合作用下,河岸带蜿蜒波迎水面与背水面的运动压力存在显著性差异。在迎水面,运动压力较大,且在水深方向,随水深增大,运动压力逐渐减小;而在背水面,运动压力较小,且在水深方向,随水深增大,运动压力逐渐增大。这一过程主要是蜿蜒性作用所产生的影响。比较 a=8cm 的工况 R3(图 7.19)、R6(图 7.21)、R9(图 7.23)、M4(图 7.25)、M5(图 7.27)、

M6(图 7.29)可以发现，随着植被横向间距和纵向间距的减小，运动压力先增大后减小，当横向间距和纵向间距分别为 5cm、12.5cm 时，运动压力明显大于植被横纵向间距大的工况。但当纵向间距从 12.5cm 减小到 6.25cm 时，横向平均压力不再增大，基本保持在65Pa，即随着纵向间距继续减小，交界面压力无明显变化，基本保持不变。可见，横向间距和纵向间距分别为 5cm、12.5cm 时，压力最大。这主要是由于随着植被分布密度的增大，相邻植被对水流的影响相互叠加，植被桩群绕流导致流场局部流速发生骤变，使

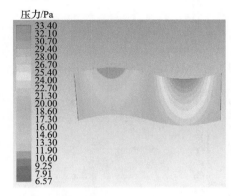
图 7.18　R2 工况下临界面压力场分布(a=4cm)

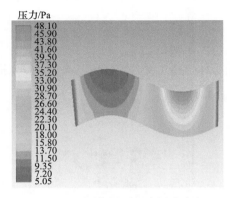
图 7.19　R3 工况下临界面压力场分布(a=8cm)

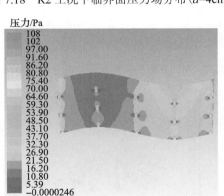
图 7.20　R5 工况下临界面压力场分布(a=4cm)

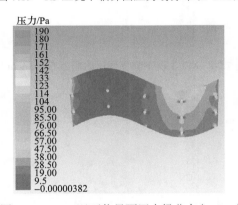
图 7.21　R6 工况下临界面压力场分布(a=8cm)

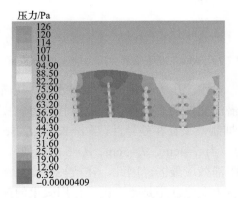
图 7.22　R8 工况下临界面压力场分布(a=4cm)

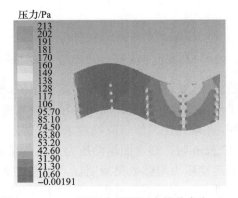
图 7.23　R9 工况下临界面压力场分布(a=8cm)

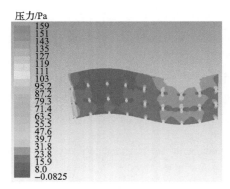
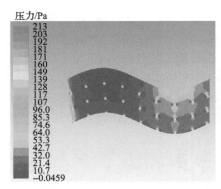

图 7.24　M1 工况下临界面压力场分布（a=4cm）　　　图 7.25　M4 工况下临界面压力场分布（a=8cm）

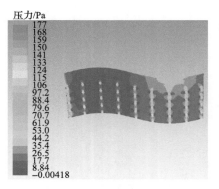
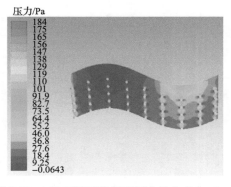

图 7.26　M2 工况下临界面压力场分布（a=4cm）　　　图 7.27　M5 工况下临界面压力场分布（a=8cm）

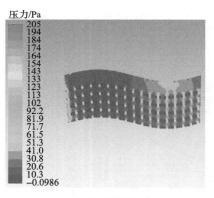
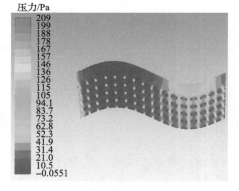

图 7.28　M3 工况下临界面压力场分布（a=4cm）　　　图 7.29　M6 工况下临界面压力场分布（a=8cm）

得稳定流场转变为振荡流场，促进了流动分离，对水流压力变化产生抑制效应，从而抑制了潜流交换。可见，河岸带植被分布密度对潜流交换的影响存在一定的临界值。模拟发现，在蜿蜒性河岸带波峰迎水面与背水面，其抑制效果存在差异性。当 a=8cm、d_x=5cm、d_y=12.5cm 时，迎水面运动压力增强效果最明显；当 a=4cm、d_x=5cm、d_y=6.25cm 时，背水面运动压力增强效果最明显，对潜流交换的阻滞效应最弱。因此，在植被密度与河岸蜿蜒性共同作用下，地表水与地下水交界面的压力变化并不是单一因子作用效果的简单叠加，而是存在复合消长效应。

7.2.4 流量对交界面压力场的影响

以工况 M_5（a=8cm，d_x=5cm，d_y=12.5cm）为例，设置不同的地表水来流流量，模拟分析不同流量对交界面压力场分布变化的影响，模拟结果如图 7.30 和图 7.31 所示。(注：图 7.30 和图 7.31 是通过选择合适的工作平面去切计算模型得到的压力分布图，图中的横坐标为相对位置坐标，是模拟系统根据工作平面的位置自动生成。纵向压力分布图是沿水流方向上的压力分布，分布图中压力显示区域的横坐标最大值与最小值的差为 1m，即为模型河道的一个波长，横向压力分布图是模型横断面上的压力分布，分布图中压力显示区域的横坐标最大值与最小值的差为 0.35m，即为模型河道宽度。)由图 7.30 可知，在河道纵向上，随着流量的增大，纵向水压力变化波动性更强，压力峰值增幅明显加大，河岸带蜿蜒波迎水面波峰位置压力从 160Pa 增大到 375Pa，增幅为 134.38%。背水面波谷位置压力从 40Pa 增大到 100Pa，增幅为 150%。由图 7.31 可知，在河道横断面上，随着流量的增大，横向水压力明显增大，平均压力从 60Pa 增大到 145Pa，增幅为 141.67%。可见，流量的变化对河岸地表水与地下水交界面运动压力变化的影响极为明显，相较于蜿蜒振幅与植被间距，交界面运动压力对流量的敏感性更强。

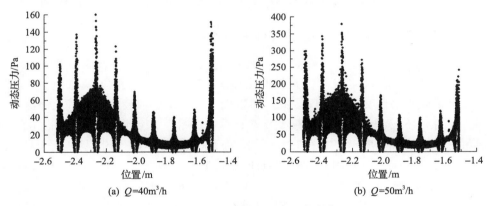

(a) Q=40m³/h　　　　　　(b) Q=50m³/h

图 7.30　不同流量下纵向压力变化

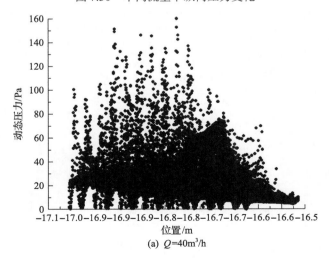

(a) Q=40m³/h

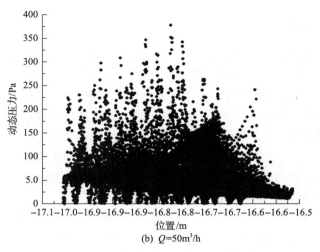

(b) $Q=50\text{m}^3/\text{h}$

图 7.31　不同流量下横向压力变化

7.3　植被密度与蜿蜒性对潜流交换通量的影响

7.3.1　顺直河岸带植被密度对潜流交换通量的影响

在河岸带地表水和地下水交界面压力变化的作用下，河岸带区域会发生潜流交换，随着潜流交换发生，地表水与地下水水体示踪剂浓度也会发生变化。其浓度变化程度在一定程度上反映了潜流交换程度，因此，可根据水体示踪剂浓度变化来确定潜流交换通量大小。应用式(5.1)通过示踪剂浓度变化来计算河岸带潜流交换通量。不同工况下潜流交换通量变化如图 7.32 所示。由图 7.32 可知，在无植被顺直河岸带中(即工况 R1)，潜流交换以扩散为主，示踪剂浓度梯度的大小反映了扩散的快慢程度，在开始的 120min 内潜流交换扩散速度较快，交换通量较大。在 120～400min 内，扩散速度减慢，潜流交换通量减小。在 400min 后，扩散通量基本不变。由图 7.32 可以发现，当河岸带布置有植被时，

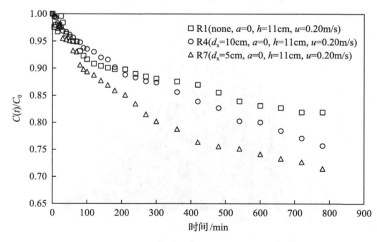

图 7.32　顺直河岸带植被密度对潜流交换通量的影响

在开始的 120min 内，潜流交换通量与无植被时无明显差异。在 120min 后，潜流交换出现明显差异，尤其在 200min 以后，有植被工况与无植被工况相比，潜流交换强度明显增大，潜流交换通量明显增大，而且交换稳定时间也明显后移。在 780min 时，工况 R4 和 R7 条件下示踪剂相对浓度分别为 0.757 和 0.715，较无植被工况 R1 分别下降了 5.87% 和 14.55%，而且随着植被间距减小，示踪剂相对浓度逐渐减小，表明潜流交换通量明显增大。

7.3.2　蜿蜒河岸带植被密度对潜流交换通量的影响

应用式 (5.2)、式 (5.3) 计算净交换通量和泵吸交换的贡献率。河岸振幅、植被间距及双因子共同作用下蜿蜒河岸带潜流交换通量变化如图 7.33 所示。由图 7.33 可知，随着时间的推移，潜流净泵吸交换累积量逐渐增加，但交换速率呈现下降趋势，最终会稳定在一定交换率范围内波动。植被单因子、振幅单因子及双因子复合作用下，河岸带净泵吸交换量呈现出不同的变化率。当植被横向间距保持不变时，河岸带蜿蜒振幅越大，净泵吸交换速率越快，总交换通量也越大。当河岸带蜿蜒振幅保持不变时，植被横向间距越小，净泵吸交换量越大。在双因子复合影响下，各工况对泵吸交换均有促进作用。

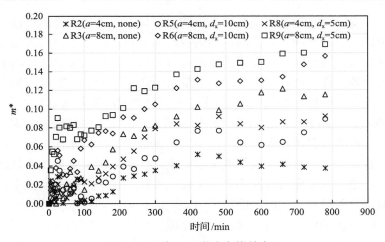

图 7.33　各工况潜流交换效应

但由图 7.33 可以看出，振幅与植被间距对泵吸交换的影响程度存在差异，对泵吸交换通量的贡献率明显不同。以工况 R6、R8 和 R9 为例，由河岸带蜿蜒振幅变化 (R8、R9) 引起的净泵吸交换量累积差值为 3.314；而由植被作用 (R6、R9) 引起的净泵吸交换量累积差值仅为 1.370，可见，植被密度对潜流交换的贡献率明显小于蜿蜒振幅的贡献率。在比较其余工况时，均表现为这一规律。因此，河岸带潜流泵吸交换对振幅的敏感性明显强于对植被间距。

从泵吸交换的贡献率变化来看，贡献率能更好地反映这一特点，例如在 240min 和 480min 时，不同蜿蜒振幅条件下，随植被间距的变化，泵吸交换贡献率的变化如图 7.34 所示。由图 7.34 可以看出，随着蜿蜒振幅的增大及植被间距的减小，泵吸交换贡献率 $P(t)$ 逐渐增大，表明河岸形态及植被分布格局的变化均可影响潜流交换，尤其在以泵吸交换为主的交换前期影响较为显著。

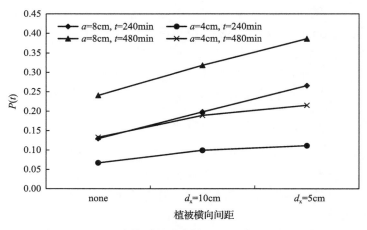

图 7.34　泵吸交换贡献率变化(240min 和 480min 时)

7.3.3　蜿蜒河岸带植被密度对潜流入渗量的影响

示踪剂浓度变化率与净泵吸交换率虽然能很好地反映潜流交换的快慢,但由试验发现,潜流交换量在一段时间后不随着时间的推移而变化。这与潜流入渗量关系密切,潜流入渗量也是反映潜流交换强度非常关键的参数。因此,如能准确计算潜流入渗量,则可以更好地揭示各条件下潜流交换机理。本章采用式(6.16)计算潜流入渗量。

不同蜿蜒振幅及植被密度条件下,河岸带不同位置的潜流入渗量变化如图 7.35 所示。由图 7.35 可以看出,随着河岸带蜿蜒性振幅的增大,潜流入渗量随之增大,而且在河岸带不同断面上,入渗量存在较大差异。在 0.25λ 断面内,即迎水面波峰处,河岸形态的作用使得水面宽度变窄,流速纵向梯度大幅增大,促进了潜流交换,而且随着河岸带蜿蜒程度的变化,地表水流向与流速均会发生较大变化,影响潜流交换强度,因此在单位波长内该断面位置入渗量达到最大值。在 0.75λ 断面内,即背水面波谷处,水面宽度最大,水流滞流区体积的扩增导致岸坡附近水流流速振荡梯度急剧下降,不能为潜流交换提供充足的动力条件,使得 0.75λ 断面附近的潜流交换通量为单位波长内的最低值。0λ、

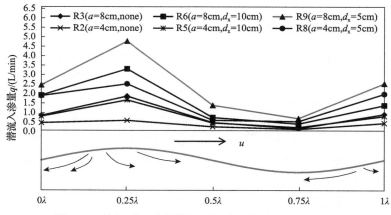

图 7.35　蜿蜒型河岸植被布置方式对潜流入渗量的影响

0.5λ 和 1λ 断面内为背水面波谷与迎水面波峰之间的过渡地带，也是水面平均宽度的临界点，这几个断面内存在着波谷缓慢旋流与波峰急速绕流两种水流状态，是扰动压力水头出现较大变化的临界点，所以这几个断面内的潜流入渗量均比 0.75λ 断面大。在蜿蜒型河岸带中栽种植被后，相应断面内的潜流入渗量均有显著增加，而且迎水面内的潜流入渗量变化率大于背水面。由图 7.35 还可以发现，蜿蜒性与植被密度复合作用下，潜流入渗量比单因子作用下显著增大。

7.4　植被密度与蜿蜒性对潜流交换宽度的复合效应

7.4.1　顺直河岸带植被密度对潜流交换宽度的影响

为解决临界流线有效宽度难以监测的问题，本章通过绘制平衡态时河岸带地下孔隙水浓度 C' 和表层循环水浓度 C_0' 比值（相对浓度 C'/C_0'）的关系曲线图来确定临界流线范围。根据示踪剂相对浓度变化率大小来反映潜流交换宽度的大小（陈孝兵等，2014）。在顺直河岸带中，不同植被密度下潜流交换宽度随离水边距离远近的变化特征如图 7.36 所示。由图 7.36 可知，示踪剂相对浓度随着与水边距离的增大而逐渐降低，相对浓度侧向分布近似服从负指数分布，且随着植被间距的减小及流量的增大，相对浓度增大，潜流交换宽度也会增大。这是由于布置植被后，流速沿水深方向表现出由底面特征决定的内部边界层效应，即"第一边界"效应，流速自坡面沿水深垂直方向先增大后减小（惠二青，2009），且在植被尾部区域形成尾涡，导致水流振荡幅度增大，使得压力梯度增大，从而促进了潜流交换（Tonina and Buffington，2009）。另外，随着流量增大，"第一边界"效应及植被秆茎形成的尾涡更加明显，使得潜流交换强度更大，也使得潜流交换宽度更宽。

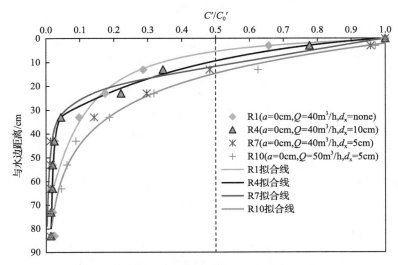

图 7.36　顺直河岸带植被密度对潜流交换宽度的影响

7.4.2　蜿蜒河岸带植被密度对潜流交换宽度的影响

采用上节方法确定蜿蜒河岸带中不同植被密度条件下潜流交换宽度范围。蜿蜒性对潜流交换宽度的影响如图 7.37 所示，蜿蜒性与植被密度共同作用下潜流交换宽度的变化如图 7.38 所示。由图 7.37 可知，随着河岸带蜿蜒振幅的增大，潜流平均交换宽度逐渐增大，但是通过比较相同相对浓度 C'/C_0' 下潜流交换宽度的增大幅度值发现，随着蜿蜒性振幅的增大，潜流交换宽度的增幅逐渐减小，表明泵吸交换宽度的增长具有一定的渐近极限，这与均质条件下潜流交换宽度变化的研究结论吻合(林俊强，2013)。由图 7.38 可知，在蜿蜒振幅与植被密度的共同作用下，潜流交换宽度比单因子作用下有大幅增加。但是，由前述研究结论可知，由于植被密度对潜流交换存在一定的阈值性，而且植被密度过大会促进水流归槽，对潜流交换具有抑制效应，从而使得潜流交换宽度增幅减小，在一定条件下，交换宽度将不会增加。植被密度影响的阈值性导致了潜流交换宽度的阈值性。

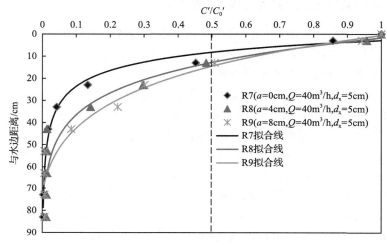

图 7.37　河岸带蜿蜒性对潜流交换宽度的影响

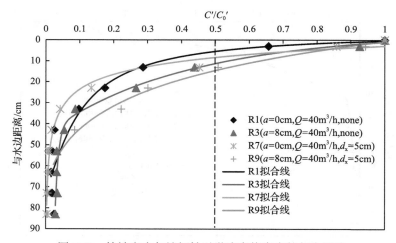

图 7.38　植被密度与蜿蜒性对潜流交换宽度的复合影响

由图 7.37、图 7.38 还可以发现，当 $0.50<C'/C_0'<1.0$ 时，潜流交换宽度在稳定态时变幅极小。当 $C'/C_0'<0.50$ 时，相对浓度随着离水边距离的增大逐渐减小，且降幅逐渐增大，所以当河岸带地下孔隙水浓度 C' 和表层循环水浓度 C_0' 的比值等于 0.50 时，示踪剂

运移宽度可以作为潜流交换侧向适宜宽度。多组模型试验发现，潜流侧向平均交换宽度均在 20cm 范围内，约为平均河岸宽度的 1/6。

7.5　植被密度与河岸带蜿蜒性对潜流驻留时间的复合效应

7.5.1　植被密度对潜流驻留时间的影响

选取河岸带蜿蜒振幅 a=4cm 的 R2（none）、R5（d_x=10cm）、R8（d_x=5cm）三组工况分析植被密度对潜流驻留时间的影响（图 7.39）。由图 7.39 可以看出，有植被蜿蜒河岸带内潜流驻留时间明显比无植被时短。这主要是由于植被对水流产生了切向应力和压力差，植被秆茎迎流面水位壅高，水流动量向无桩区间隙转移，并在植被秆茎背水面形成涡流，增加了秆茎附近水流的压力梯度与扰动度，促进潜流交换，使得交换速率增大，从而缩短潜流驻留时间，而且随着植被密度增大，潜流驻留时间减少，但降幅存在差异。R8 较 R2 潜流驻留时间下降了 22.22%，R5 较 R2 潜流驻留时间下降了 13.65%；R8 较 R5 潜流驻留时间下降了 9.93%。总体而言，潜流驻留时间降幅与植被密度呈幂率分布关系（伊杰里奇克，1985）。由于本试验中 Re 在 $10^4 \sim 10^5$ 之间，植被群内摩擦阻力变化较小，其作用程度较小，因此，压强阻力起主导作用（Fathi-Maghadam，1997；Nehal et al.，2005），而且当植被密度增大到一定程度后，压强阻力基本保持不变，使得驻留时间基本不变。可见，植被密度存在一定的阈值，当植被密度超过这一阈值时，潜流驻留时间无明显变化。

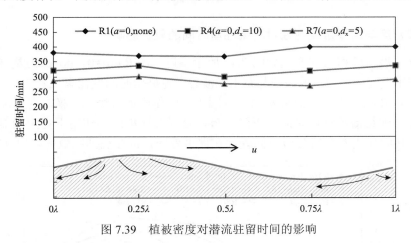

图 7.39　植被密度对潜流驻留时间的影响

7.5.2　河岸带蜿蜒性对潜流驻留时间的影响

选取无植被覆盖的 R1（a=0）、R2（a=4cm）、R3（a=8cm）三组工况分析河岸带蜿蜒性对潜流驻留时间的影响，如图 7.40 所示。由图 7.40 可以看出，当河岸形态顺直时（即振幅 a=0 时），河岸带沿线潜流驻留时间基本保持在 360~390s，无明显变化。这主要是由于河岸坡面水流近似为均匀流，坡面同一水层上各向压力基本相同，进入河岸的地表水与地下水的交换量、交换速率基本相同，从而使潜流驻留时间基本不变。当河岸为蜿蜒形态时（即振幅 a>0 时），河岸带沿线潜流驻留时间波动较大，其波动方向与河岸蜿蜒波动方向基本相反，表现为类镜像特征，而且潜流驻留时间与河岸带蜿蜒性程度和相角密切相关。河岸带蜿蜒波迎水面内，潜流驻留时间随着蜿蜒性程度的增大而减小；在背水面内，潜流驻留时间随着蜿蜒性程度的增大而增大。这主要是由于当河岸带蜿蜒性程度增大时，迎水面河道断面水面变窄，流速梯度增大，坡面水压力增大，促使潜流交换速率增大，从而使潜流驻留时间变短。而背水面河道断面水面变宽，坡面水压力减小，潜流交换速率降低，从而使潜流驻留时间变长。可见，河岸带蜿蜒性程度对潜流时间具有抑制与促进双重效应，且迎水面平均驻留时间约为背水面的 1/2。

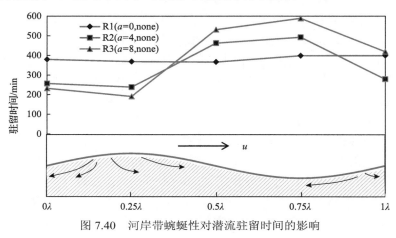

图 7.40　河岸带蜿蜒性对潜流驻留时间的影响

7.5.3　植被密度与河岸带蜿蜒性对潜流驻留时间的复合影响

各工况下潜流驻留时间变化如图 7.41 所示。以工况 R1(a=0，none)为基准，单因子和双因子作用下河岸带迎水面波峰与背水面波谷潜流驻留时间变化率见表 7.3。由图 7.41、表 7.3 可知，在河岸带蜿蜒波迎水面，双因子共同作用促进潜流交换，对潜流驻留时间起抑制效应，使得潜流驻留时间呈下降趋势，且降幅比单因子作用下更为明显；在背水面，双因子共同作用对潜流驻留时间既存在促进效应，也存在抑制效应，如 R5 和 R8 工

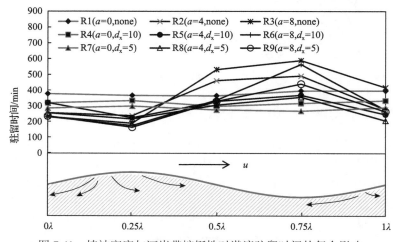

图 7.41　植被密度与河岸带蜿蜒性对潜流驻留时间的复合影响

表 7.3　各因子作用下潜流驻留时间变化率

因子		潜流驻留时间变化率/%	
		迎水面波峰	背水面波谷
单因子	$d_x=10$	−9.00	−20.04
	$d_x=5$	−18.49	−32.38
	$a=4$	−35.22	23.63
	$a=8$	−48.11	75.29
双因子	$d_x=10, a=4$	−38.75	−7.08
	$d_x=10, a=8$	−52.09	41.63
	$d_x=5, a=4$	−40.77	−10.29
	$d_x=5, a=8$	−54.96	10.93

注：表中负值表示对应工况条件能够减小溶质停留时间，正值表示该工况能够加长溶质停留时间。

况下背水面驻留时间变化率为负值，但 R6 和 R9 工况下背水面驻留时间变化率为正值，这取决于主导作用因子。当蜿蜒性较小时，植被密度起主导作用，一定程度上能促进潜流交换，缩短潜流驻留时间。当蜿蜒性较大时，蜿蜒性起主导作用，对潜流交换起抑制作用，从而延长背水面潜流驻留时间。可见，植被密度、蜿蜒性对迎水面潜流驻留时间具有抑制效应，随着植被密度的减小、蜿蜒振幅的增大，驻留时间降幅增大；而对背水面潜流驻留时间具有抑制和促进双重效应。

由表 7.3 可知，在波峰位置，潜流驻留时间变化率均为负值，说明植被间距、河岸振幅及两者复合作用对河岸带蜿蜒波迎水面波峰处驻留时间均有抑制效应，即能够促进潜流交换，缩短驻留时间，且随着植被间距的减小、振幅的增大，驻留时间降幅增大。而在波谷位置，驻留时间变化率既有正值也有负值，表明各工况下在背水面波谷位置对驻留时间的影响效应不同，存在促进与抑制双重效应。其中，在植被间距单因子作用下，波谷位置驻留时间变化率为负值，即随着植被横向间距与植株秆茎的比值减小，单位波长内的驻留时间均有所降低。在河岸振幅单因子作用下，波谷位置的驻留时间变化率均为正值，为促进作用，且 $a=4\text{cm}$ 工况条件的驻留时间变化率小于 $a=8\text{cm}$ 工况，即随着振幅增大，波谷位置驻留时间变长。在植被与振幅的复合作用下，在 $a=4\text{cm}$ 小振幅工况蜿蜒波背水面，植被相较于振幅对驻留时间起主导作用，因为植被引起的扰动梯度抵消了河岸小振幅对潜流驻留时间的延缓效果，能够一定程度地加快潜流交换的进行；在 $a=8\text{cm}$ 大振幅情况中，振幅相较于植被密度对驻留时间起主导作用，因为背水面中的植被引起的水流局部压力梯度与扰动已经难以抵消大振幅所引起的延缓效应，对潜流驻留时间起促进效果，增加了波谷的驻留时间大小。

7.6　潜流交换的最优评判量与敏感因子

7.6.1　主要影响因子的量纲分析

1. 植被覆盖下的阻力分析

Fathi-Maghadam（1997）认为，在非淹没条件下，可将与水流阻力相关参数的关系用式(7.3)表示。

$$f_1(C_d, A_0, u, \rho, y_n, J, g, \mu, h, \phi, l_1, \cdots, l_n) = 0 \tag{7.1}$$

式中，C_d 为植被拖拽系数；A_0 为叶片单面面积；u 为水流速度；y_n 为植被平均高度；J 为植被刚度；h 为水深；ϕ 为树叶的偏转角度；l_1，$\cdots$，l_n 为植株间距的特征长度。假设每棵植株所占面积为 $m = l_1 l_2$，经转化得式(7.2)：

$$f_2\left(C_d, \phi, \frac{A_0}{y_n^2}, \frac{l_1}{y_n}, \frac{l_2}{y_n}, \frac{h}{y_n}, \frac{\rho u^2 y_n^4}{J}, \frac{u^2}{g y_n}, \frac{\rho u y_n}{\mu}\right) = 0 \tag{7.2}$$

为简化，将与植被有关的参数合为一项：

$$f_3\left(C_d, \frac{A}{m}, \frac{h}{y_n}, \frac{\rho u^2 y_n^4}{J}, \frac{u^2}{g y_n}, \frac{\rho u y_n}{\mu}\right) = 0 \tag{7.3}$$

式中，$A = A_0 \Phi$，且 A/m 反映了植被密度的影响，后两项为 Fr 与 Re，由于限于缓流与充分发展的紊流，两者可以忽略不计，可将上式变为(7.4)：

$$C_d\left(\frac{A}{m y_n}\right) h = f_4\left(\frac{\rho u^2 y_n^4}{J}\right) \tag{7.4}$$

Lee 等(2004)认为，在完全淹没情况下，植被阻力与相关参数的函数等式可以表示为式(7.5)。

$$f = f(\rho, \mu, U, h, s, d) \tag{7.5}$$

式中，f 为植物阻力；ρ 为水密度；μ 为水的黏性系数；U 为水流流速；h 为水深；s 为植被平均间距；d 为植被垂直水流运动方向宽度。在完全淹没情况下，沿植被垂向，s 及 d 可能会发生变化，所以也可沿垂向不同分段计算取 s 及 d 的平均值。经量纲分析得式(7.6)：

$$f = K_0\left(\frac{\rho U^2}{s}\right)(Re_s)^{a_1}\left(\frac{h}{s}\right)^{a_2}\left(\frac{d}{s}\right)^{a_3} \tag{7.6}$$

式中，K_0 为常数；Re_s 为和植被平均间距有关的雷诺数，$Re_s = \rho U s / \mu$。

以 $\rho U^2 / s$ 为标准化因子，标准化的总植物阻力可表示为式(7.7)：

$$f' = \frac{f}{\rho U^2 / s} \tag{7.7}$$

以上关系式初步揭示了植被阻力与 s、d、h、U 等参数之间的定性关系。

2. 植被覆盖条件下的扰动压力

结合以上分析，可将植被分布下蜿蜒河岸带的相关参数关系用式(7.8)表示。

$$f_5\left(u,h,\rho,p,\frac{a}{\lambda},m,B,g,\mu,d_v,d_x,d_y,h_m,J,C_d\right)=0 \tag{7.8}$$

式中，d_v 为植被杆径；d_x、d_y 为植被横向间距和纵向间距；h_m 为淹没水深；J 为植被刚度；C_d 为植被拖曳系数。

以 ρ、u、h 为基本物理量，由量纲分析求得

$$f_6\left(\frac{p}{\rho u^2},\frac{a}{\lambda},m,\frac{B}{h},\frac{gh}{u^2},\frac{\rho uh}{\mu},\frac{d_v}{h},\frac{d_x\cdot d_y}{h^2},\frac{\rho u^2 h^4}{J},C_d\right)=0 \tag{7.9}$$

选取模型植被为菖蒲，则 $h=h_m$，且试验限于充分发展的紊流条件下，不考虑 Re 的影响，可得

$$f_7\left(h_{pi},\frac{a}{\lambda},m,\frac{B}{h},Fr,\frac{d_v}{h},\frac{d_x\cdot d_y}{h^2},\frac{\rho u^2 h^4}{J},C_d\right)=0 \tag{7.10}$$

式中，$h_{pi}=p/\rho u^2$，在液体流动中，起作用的往往是压强差 Δp，所以也可称为扰动压力。这里引入 $A_p=d_v\cdot h$，A_p 为植被动量吸收面积，这里概化为长方形（惠二青，2009），可得

$$h_{pi}=f\left(\frac{a}{\lambda},m,\frac{B}{h},Fr,\frac{A_p}{d_x\cdot d_y},\frac{\rho u^2 h^4}{J},C_d\right) \tag{7.11}$$

可见，扰动压力水头 h'_{pi}（$h'_{pi}=h_{pi}-h_{p0}$，式中，h_{p0} 为起始点的压力水头）不仅与振幅波长比 a/λ、横向坡度系数 m、河道宽深比 B/h 及弗劳德数 Fr 等水力参数有关，还与植被密度、刚度、拖曳系数等有关，其中 $1/(d_x\cdot d_y)$ 表示植被种植密度，$A_p/(d_x\cdot d_y)$ 表示单位动量吸收面积。

7.6.2　潜流交换的最优评判量确定

1. 距离及贴近度计算

贴近度可以反映各工况对不同指标的响应程度。应用基于熵权 TOPSIS 的评价模型（雷勋平和邱广华，2016）计算工况 R4、R5、R6、R7、R8、R9 条件下潜流驻留时间、入渗量、净泵吸交换量及交换宽度的贴近度值。根据贴近度值的大小，寻找对潜流交换作用效应最优的评判量。

设 Y^+ 为最偏好的方案，即为评价数据中第 i 个工况在第 j 个指标内的最大值，称为正理想解；Y^- 为最不偏好的方案，即为评价数据中第 i 个工况在第 j 个指标内的最小值，称为负理想解。正理想解 Y^+ 与负理想解 Y^- 的计算方法如式（7.12）和式（7.13）。

$$Y^+=\left\{\max_{1\le i\le m}y_{ij}\bigg|i=1,2,\cdots,m\right\}=\left\{y_1^+,y_2^+,\cdots,y_m^+\right\} \tag{7.12}$$

$$Y^- = \left\{ \min_{1 \leqslant i \leqslant m} y_{ij} \middle| i = 1, 2, \cdots, m \right\} = \left\{ y_1^-, y_2^-, \cdots, y_m^- \right\} \tag{7.13}$$

式中，y_{ij} 为第 i 个工况第 j 个指标加权后的规范化值；y_i^+、y_i^- 分别为第 i 个工况在所有指标中的最偏好方案值和最不偏好方案值。

采用欧氏距离计算偏离正理想解和负理想解的距离，令 D_j^+ 为第 i 个工况与正理想解 y_i^+ 的距离，D_j^- 为第 i 个工况与负理想解 y_i^- 的距离。计算方法如式 (7.14) 和式 (7.15)。

$$D_j^+ = \sqrt{\sum_{i=1}^{m} (y_i^+ - y_{ij})^2} \tag{7.14}$$

$$D_j^- = \sqrt{\sum_{i=1}^{m} (y_i^- - y_{ij})^2} \tag{7.15}$$

第 j 个指标的贴近度记为 T_j，其取值介于 [0，1]。T_j 越大，表示潜流交换对第 j 个指标的响应程度越接近最优水平。当 $T_j=1$ 时，响应度最高；当 $T_j=0$ 时，响应度最低。因此，应用贴近度可以判断潜流交换对潜流驻留时间、入渗量、净泵吸交换量及交换宽度的响应程度，从而确定评判量的优劣顺序。第 j 个指标的贴近度 T_j 计算式为

$$T_j = \frac{D_j^-}{D_j^- + D_j^+} \tag{7.16}$$

2. 最优评判量的确定

应用式 (7.16) 计算各指标的贴近度，计算结果见表 7.4。由表 7.4 可知，驻留时间、潜流入渗量、净泵吸交换量及交换宽度对潜流交换的贴近度分别为 0.582、0.419、0.454 和 0.545。各指标对潜流交换贴近度的偏向如图 7.42 所示。由图 7.42 可以看出，四个指标对潜流交换的贴近度大小顺序为驻留时间＞交换宽度＞净泵吸交换量＞潜流入渗量。可见，驻留时间对潜流交换的贴近度最大，表示该指标为最优评判量。因此，在对潜流交换的敏感性分析中，驻留时间能够较好地反映潜流交换过程对因子变量的响应程度。

表 7.4　各评判指标规范化值及贴近度

		驻留时间	潜流入渗量	净泵吸交换量	交换宽度
不同工况下的各指标的规范化值	R4	0.442	0.105	0.213	0.306
	R5	0.410	0.240	0.242	0.340
	R6	0.436	0.464	0.539	0.408
	R7	0.393	0.121	0.129	0.408
	R8	0.369	0.450	0.306	0.443
	R9	0.395	0.706	0.704	0.446
距离	D_j^+	0.629	0.840	0.839	0.668
	D_j^-	0.793	0.917	0.916	0.817
距贴近度	T_j	0.582	0.419	0.454	0.545

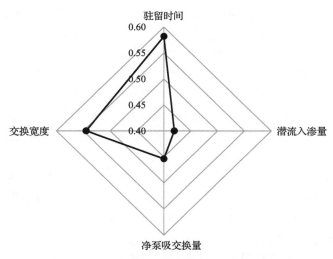

图 7.42　各评判量对潜流交换的贴近度

7.6.3　潜流驻留时间的敏感因子确定

由式(7.11)可知，扰动压力水头 h'_{pi} 大小受河岸振幅 a、植被种植密度 $1/(d_x \cdot d_y)$、水流弗劳德数 Fr、植被拖拽系数 C_d 等的影响。由第 5 章分析可知，水流弗劳德数对扰动压力的影响相对较弱，故而 h'_{pi} 的大小主要受 a 和 $1/(d_x \cdot d_y)$ 的影响(夏继红等，2020)。

应用主成分分析法(principal component analysis，PCA)，利用 Canoco 5.0 计算出各因子对驻留时间的作用程度，根据作用程度和敏感性，定量确定起主导作用的关键因子。由于本章河岸基质为均质砂，因此不考虑土壤因素，仅分析 a 及 d 的作用程度和敏感性。a 及 d 对潜流驻留时间 τ 的作用程度如图 7.43 所示。

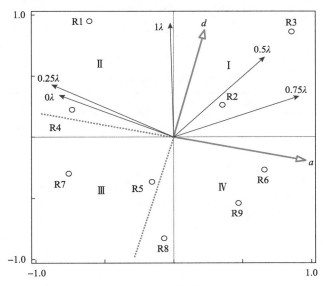

图 7.43　关键因子对潜流驻留时间的作用程度

　　由图 7.43 可知，a 与 d 对潜流驻留时间 τ 的作用程度分别为 58.32%和 32.75%，两因子对 τ 的累积作用程度达 91.07%。表明 a 与 d 是影响 τ 的关键因子。

　　由图 7.43 可以看出，在蜿蜒波背水面的 0.5λ、0.75λ 处，a 对 τ 的作用方向角为锐角，表明在河岸带蜿蜒波背水面内，a 与 τ 呈正相关关系；在蜿蜒波迎水面的 0λ、1λ、0.25λ 处，a 对 τ 的作用方向角为钝角，表明在河岸带蜿蜒波迎水面内，a 与 τ 呈负相关关系。进一步证明了河岸带蜿蜒性对潜流驻留时间具有抑制与促进双重效应。在整个蜿蜒波内，d 对 τ 的作用方向角均为锐角，表明 d 与 τ 呈正相关关系，也进一步证明了植被密度对潜流驻留时间仅具有促进效应。

　　采用各工况潜流驻留时间的变异系数差值 ΔCV 的均值来表征关键因子的敏感系数 SC，即 $SC=\sum \Delta CV_i/n$。计算得，a 的敏感系数 SC_a 为 0.2288，d 的敏感系数 SC_d 为 0.0526，a 与 d 组合的敏感系数 SC_{a+d} 为 0.2172，比较可得 $SC_d<SC_{a+d}<SC_a$，表明潜流驻留时间对蜿蜒性变化最敏感，对植被密度变化的敏感性较弱，而且潜流驻留时间对蜿蜒性变化的敏感性比对双因子的敏感性强烈，说明双因子对河岸潜流驻留时间的作用不是各因子作用的同步叠加，而是存在一定程度的削减效应。

　　以工况 R1 为基准，计算各工况与工况 R1 之间潜流驻留时间的距离(用欧氏距离计算)，计算结果见表 7.5。由表 7.5 可知，各工况与基础工况 R1 的距离从大到小依次为 R8>R9>R6>R3>R5>R7>R2>R1，可见植被与振幅复合作用下，各工况与基础工况 R1 间的距离均比单因子作用下的距离大，说明两者的复合作用能对驻留时间产生较大影响。将图 7.43 中各工况点对迎水面波峰(0.25λ)与背水面波谷(0.75λ)进行投影，分别计算投影距离，各工况波峰处驻留时间投影距离的排序为：R1>R4>R7>R5>R2>R8>R3>R9>R6，波谷处驻留时间投影距离的排序为：R3>R6>R2>R9>R1>R5>R8>R4>R7。可见，在迎水面处振幅与植被的作用均会促进潜流交换，缩短驻留时间。在背水面，工况 R1 驻留时间处于排序的中间位置，R3、R6、R9 均是振幅为 8cm 的大振幅条件，增长了潜流驻留时间，说明振幅起主要促进作用。R5、R8、R4、R7 是振幅为 4cm 或 0 的小振幅条件，缩短了驻留时间，说明此时植被起主要抑制作用。可见，背水面处，小振幅情况下，植被间距对驻留时间起主导作用；大振幅情况下，河岸蜿蜒度对驻留时间起主导作用。

表 7.5　不同工况间的驻留时间分布差异性

工况	与 R1 的距离大小	到 0.25λ 的投影距离	驻留时间大小排序	到 0.75λ 的投影距离	驻留时间大小排序
R1 ($a=0$, none)	0	0.941	1	−0.142	5
R4 ($a=0$, $d_x=10$)	0.716	0.744	2	−0.617	8
R7 ($a=0$, $d_x=5$)	1.246	0.564	3	−0.802	9
R2 ($a=4$, none)	1.155	−0.216	5	0.428	3
R5 ($a=4$, $d_x=10$)	1.359	−0.018	4	−0.277	6
R8 ($a=4$, $d_x=5$)	1.814	−0.271	6	−0.363	7
R3 ($a=8$, none)	1.44	−0.438	7	1.100	1
R6 ($a=8$, $d_x=10$)	1.721	−0.686	9	0.485	2
R9 ($a=8$, $d_x=5$)	1.803	−0.621	8	0.205	4

7.6.4 潜流驻留时间追踪

通过设置无质量示踪粒子，模拟示踪粒子的运动轨迹，以遍寻潜流驻留时间变化轨迹。以工况 M2 和 M5 为例，在河床与河岸坡表面释放无质量示踪粒子，模拟遍寻潜流驻留时间变化轨迹，如图 7.44 和图 7.45 所示。由图 7.44 和图 7.45 可知，河岸带内离水边越远，驻留时间越长。在蜿蜒河岸波峰背水面内示踪粒子的驻留时间比迎水面内长，且存在量级上的差异。这主要是由于在波峰背水面，受河岸蜿蜒性及植被密度的共同作用，水流发生局部分离，使得局部水压力减小，进入潜流层的示踪剂通量减小，交换速率减慢，从而导致驻留时间变长。从右视图可以看出，沿深度方向，示踪剂驻留时间逐渐变长，且迎水面内示踪剂运移的最大深度小于背水面。从纵向上看，河岸带沿线示踪剂最大运移深度峰值线也呈现类似正弦形分布特征。对于不同蜿蜒性河岸带而言，小振幅(a=4cm)河岸带波峰迎水面示踪剂运移深度比大振幅(a=8cm)河岸带深，驻留时间更长，但小振幅(a=4cm)河岸带波峰背水面示踪剂运移深度却比大振幅(a=8cm)浅。这主要

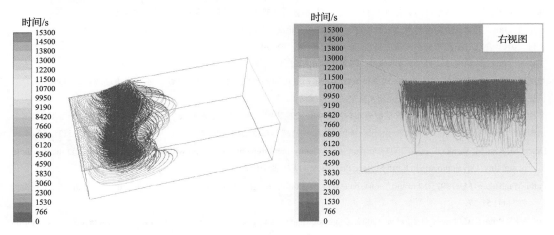

图 7.44　M5 工况下潜流驻留时间追踪图

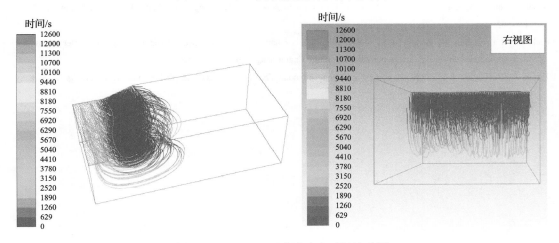

图 7.45　M2 工况下潜流驻留时间追踪图

因为在大振幅条件下，波峰迎水面压力增大，促进地表水与地下水的交换，增强了示踪剂交换强度，缩短了粒子回流到地表水的时间，即示踪剂驻留时间变短。但波峰背水面滞留区体积却明显增大，使得背水面压力减小，降低了交换强度，粒子会向更深层的清水中扩散，扩大了交换深度，增长了驻留时间。这也进一步解释了图 7.41 中驻留时间的分布规律。

参 考 文 献

卜发平, 罗固源, 许晓毅, 等. 2010. 美人蕉和菖蒲生态浮床净化微污染源水的比较. 中国给水排水, 26(3): 14-17.

陈孝兵, 赵坚, 李英玉, 等. 2014. 床面形态驱动下潜流交换试验. 水科学进展, 25(6): 835-841.

陈永华, 吴晓芙, 蒋丽鹃, 等. 2008. 处理生活污水湿地植物的筛选及净化潜力评价. 环境科学学报, 28(8): 1549-1554.

惠二青. 2009. 植被之间水流特性及污染物扩散试验研究. 北京: 清华大学博士学位论文.

雷勋平, 邱广华. 2016. 基于熵权 TOPSIS 模型的区域资源环境承载力评价实证研究. 环境科学学报, 36(1): 314-323.

李悦, 马溪平, 李法云, 等. 2011. 细河河岸带植物多样性研究. 广东农业科学, (19): 131-134.

林俊强. 2013. 微弯河岸潜流侧向交换水动力学特性研究. 南京: 河海大学博士学位论文.

林立怀, 夏继红, 毕利东, 等. 2016. 平原村庄区河岸带植被特征研究. 中国农村水利水电, (7): 56-58, 61.

宋绪忠. 2005. 黄河下游河南段滩地植被特征与功能研究. 北京: 中国林业科学研究院博士学位论文.

王忖. 2010. 含双重植物明渠水流特性研究. 水电能源科学, (9): 70-72.

王福军. 2004. 计算流体动力学分析. 北京: 清华大学出版社.

夏继红, 窦传彬, 蔡旺炜, 等. 2020. 河岸带蜿蜒性与植被密度对潜流驻留时间的复合效应. 水科学进展, 31(3): 433-440.

伊杰里奇克. 1985. 水力摩阻手册. 北京: 航空发动机编辑部.

余根听. 2018. 山丘区蜿蜒型河岸带植被分布对潜流侧向交换影响研究. 南京: 河海大学硕士学位论文.

余根听, 夏继红, 毕利东, 等. 2017. 山丘区中小河流边滩植被分布驱动因子及响应关系. 中国水土保持科学, 15(2): 51-61.

Detert M, Klar M, Wenka T, et al. 2007. Pressure-and velocity-measurements above and within a porous gravel bed at the threshold of stability. Developments in Earth Surface Processes, 11(7): 85-105.

Fathi-Maghadam M. 1997. Nonrigid, nonsubmerged, vegetative roughness on floodplains. Journal of Hydraulic Engineering, 123(1): 51-57.

Lee J K, Roig L C, Jenter H L, et al. 2004. Drag coefficients for modeling flow through emergent vegetation in the Florida Everglades. Ecological Engineering, 22(4-5): 237-248.

Nehal L, Yan Z M, Xia J H. 2005. Study of the flow through none-submerged vegetation. Journal of Hydrodynamics, 17(4): 498-502.

Packman A I, Salehin M, Zaramella M. 2004. Hyporheic exchange with gravel beds: basic hydrodynamic interactions and bedform-induced advective flows. Journal of Hydraulic Engineering, 130(7): 647-656.

Tonina D, Buffington J M. 2009. Hyporheic Exchange in mountain rivers I: mechanics and environmental effects. Geography Compass, 3(3): 1063-1086.

第8章　河岸带潜流层溶质迁移机理

8.1　河岸带潜流层溶质动态过程与环境效应

8.1.1　河岸带潜流层溶质迁移过程

河岸带潜流层在发生水文水动力动态过程的同时，也发生着复杂的溶质迁移和转化过程（夏继红等，2013）。随着河岸带潜流层水文、水动力过程的发生，氧气、营养物质、污染物质等溶质会随潜流水文、水动力过程发生迁移，并与植被、土壤、生物发生相互作用（Krause et al.，2011）。对流、扩散、瞬时储存和水流混合等物理水文过程控制着溶质的迁移、输运过程（Gooseff et al.，2008；Kirby，2005）。因此，潜流层溶质迁移过程主要包括对流迁移过程和扩散迁移过程，其中对流迁移起主导作用。

对流迁移是由水流对流产生的溶质运动由于河岸形态、滨岸植被、水文季节变化、河岸基质组成的变化，会形成河流水面坡降和水压力梯度，引起深层地下水水流的水面坡降，会促使潜流在纵横垂向上的交换，影响潜流循环流速，形成上升流或下降流，改变潜流流径、物理化学物质的浓度梯度及驻留反应时间等。因此，对流迁移包括下降流迁移和上升流迁移。随着河岸带潜流交换的发生，下降流能将地表水溶质向泥沙中输运，改变地下水的溶质浓度，从而影响地下水水质，进而影响潜流层生物生存的栖息环境（Tonina and Buffington，2009）。下降流在向地下泥沙流动时，也会携带一定量的溶解氧，从而可以在浅层地下水中建立有氧环境，使潜流生物能在此环境中生存。另外，潜流生物在吸收部分转移来的营养物质的同时，也会产生一些排泄物，这些代谢产物会随着潜流下降流被带入地下水，进而也会改变地下水溶质的浓度。

潜流上升流可以将地下水环境、潜流环境中的溶质带入河流地表水中，地表水可以从上升潜流中获得营养物，改变潜流及地表水的化学特性（Tonina and Buffington，2009）。上升流也是河流营养物的重要来源之一，潜流泥沙中的养分运输和转化可能会导致养分的矿化，矿化氮素、磷素会随上升流返回河道，会在近岸区形成营养物富集，增大地表水的氮磷浓度，造成局部位置发生藻华，例如在某些化工园区周边，虽然企业并未将废水直接排入地表水中，但却能在地表水和潜流层中测定出一定浓度的聚氯乙烯等污染物，这些污染物主要来源于园区企业，分析发现这些企业违规将废水排入地下水中，地下水污染物通过潜流上升流进入潜流层和地表水，从而影响潜流层和地表水水环境（Conant et al.，2004）。

扩散迁移是溶质浓度梯度而引起的溶质移动。溶质即使在最简单的通道中也会发生扩散，随着潜流层泥沙通道复杂度增大，流速分布的空间可变性增强，溶质扩散强度也会增大（Wallis and Manson，2004）。例如，潜流层内有机物的分解过程会消耗部分氧气，使氧气浓度存在一定梯度，这一梯度会促进氧气的扩散迁移。扩散迁移与溶质驻留时间、初始浓度、流速大小及潜流流径长度密切相关，尤其是与潜流的对流过程密切相关。

除有机性溶质以外，潜流层中还会出现重金属物质的累积。有学者在调查一些采矿区潜流层泥沙中养分转化过程中势的变化时发现，河岸带潜流层中重金属浓度非常高(Smith，2005)。这主要是由于采矿过程中一些重金属随水流运动与地下水发生交换，在潜流层富集，从而增大了重金属物质的浓度。这些高浓度的重金属物质会影响潜流层生物的生长，尤其是微生物的生长，从而影响潜流层生物群落结构。由于潜流层泥沙能吸附污染物质，污染物质会在潜流层停滞，形成污染物的长期累积，使得潜流层成为地表水和地下水的潜在污染源(Nzengung et al.，2004)。

8.1.2　河岸带潜流层溶质转化过程

河岸带潜流层是具有较强溶质循环的区域，它既是溶质循环的源，也是溶质循环的汇(Schindler and Krabbenhoft，1998；Hester and Gooseff，2010)。潜流层是还原性地下水和氧化性地表水的交界区域，溶质在迁移过程中，由于潜流和溶质存在一定的驻留时间，溶质的运输速度降低，从而溶质暴露于各种氧化还原状态，增加了物质化学反应和微生物调节的机会，在生物与物质化学反应的作用下，潜流层还发生着复杂的溶质转化过程(Storey et al.，2004)，主要转化过程包括稀释、生物根系吸收、微生物吸收、硝化、反硝化、氧化-还原反应等(Navel et al.，2012)。随着潜流交换的发生，在微生物、硝化、反硝化、矿化、氨化等生化反应的作用下，溶质转化成氧化或还原性物质(Coleman and Dahm，1990；Duff and Triska，1990；Hill et al.，1998；Jones et al.，1995)，从而改变地表水和地下水中的化学物质组成和浓度，影响水环境质量，形成潜流层的物理化学梯度，例如潜流过程能够促进被还原的棕黄酸的氧化过程、反硝化作用、铁和硫离子的还原反应等(Baker et al.，1999)。潜流层内硝酸盐浓度沿潜流流径方向存在明显的时空差异性，尤其是在一些障碍物周边，硝酸盐浓度变化非常显著(Krause et al.，2009)。这主要是由于潜流层的潜流交换模式、有氧/无氧条件、氧化还原化学状态所产生的。潜流环境中的反应效率主要取决于氧化还原条件，它决定了反应类型和动力特点，例如潜流的反硝化能力主要受硝酸盐浓度(第一级反应动能)、无氧条件、溶解氧浓度、是否存在还原性物质等因素的影响，还原性物质通常作为电子共体，如有机碳(异养反硝化)或黄铁矿(自养反硝化)(Moldovan et al.，2011)。一定时期内，潜流层中的厌氧条件对反硝化作用发挥着重要作用。由于局部河岸蜿蜒特性及垂向成层性，地表水/地下水交界面上硝酸盐浓度控制着潜流层内溶质迁移过程及迁移量的变化率。最初潜流层处于较低的硝酸盐浓度环境状态，起着氧化反应器的作用，这时硝化与有氧吸收占主导地位，可氧化地表水带来的氨。Jones 和 Holmes(1996)在研究美国亚利桑那州的一条荒漠性河流河岸带时发现硝化作用是氮素转化的主要过程。而在一些富营养化河流中，河岸带潜流层中氮素变化的主要过程为反硝化过程(Pinay et al.，1994)。微生物在潜流层中重金属的转化过程中发挥着重要作用，尤其是在季节变化时，微生物的作用非常明显，因此有时也利用潜流生物种群结构变化来衡量潜流层中重金属污染程度(Smith，2005)。

正是由于河岸带潜流层内存在这些复杂的生物与化学转化过程，所以河岸带潜流层对污染物质具有一定的去除率，去除一定的养分，有效净化水环境，降低下游河道氮的含量，改善水环境，也影响着河流生态系统氧气和能量循环。可见，潜流层对流域尺度下的能量流发挥着重要作用(Mulholland et al.，1997；Miller et al.，2006；Moldovan et al.，

2011）。目前普遍对潜流层中有机污染、非稳定有机化合物、垃圾残余污染等迁移转化的认识仍非常有限，尤其是对一些高毒性物质在潜流层中的累积、迁移、转化机理的认识还非常缺乏。因此，潜流层溶质迁移转化动态机理仍有待深入研究。

8.1.3 主要溶质的迁移转化过程

1. 氮素迁移与转化过程

氮素是生物体内最重要的元素之一，是生物生活的限制性元素。河岸带潜流层中氮循环主要依靠硝化和反硝化过程来实现。硝化与反硝化多数发生在潜流层的厌氧区，尤其是好氧与厌氧交界面，氮循环直接或间接地伴随着无氧作用。这两个反应过程与河岸带结构、氧气含量、溶解性有机碳、氨、硝酸盐及潜流交换通量、驻留时间等密切相关（Williams et al.，2010）。在好氧条件下，氮的主要转化过程为硝化过程，硝化细菌将 NH_4^+ 转化为硝酸盐（Storey et al.，1999）。在厌氧条件下，氮的主要转化过程为反硝化过程，通过反硝化过程将硝酸盐转化成 N_2 而释放（Zarnetske et al.，2011）。在潜流层垂向不同深度内硝酸盐含量不同，越向下层反硝化率越低，浅层硝酸盐浓度为深层的 10%～60%（Stelzer et al.，2011；Naranjo et al.，2015）。在不同洪水期，洪水淹没后的河岸带潜流层反硝化率有所增大，而且在有植被条件下，潜流层反硝化率也会增大（Roley et al.，2012）。另外，潜流驻留时间也是影响反硝化率的重要因子（Mason et al.，2012）。潜流层中硝化反应率在较短时间内会达到最大，而反硝化率要在较长的时间内才能达到最大（Zarnetske et al.，2011）。因此，可利用反硝化过程，通过测定硝酸盐含量来识别潜流层宽度、深度和潜流交换强度。

2. 磷素迁移与转化过程

磷素在水环境中通常分为溶解态磷和颗粒态磷。溶解态磷又分为可被生物利用的溶解性无机磷（dissolved inorganic phosphorus，DIP）和包含胶质的溶解性有机磷（dissolved organic phosphorus，DOP）。颗粒态磷能以颗粒状无机磷形式存在于无机复合物中（如黏土矿物、Fe 的氢氧化物、碳酸盐），或以颗粒状有机磷形式存在于有机复合物或蜂窝状复合物中（如核酸、磷蛋白质、维生素和脂类等）。河岸带潜流层中磷含量较低，主要以溶解态磷和颗粒态磷存在。在水流、河岸侵蚀、淤积、氧化还原反应的作用下，当氧气浓度较高时，颗粒态磷转化为溶解态磷，磷酸根被释放进入水体中。在氧气浓度较低时，矿物质条件决定着磷的转化过程，潜流层中会存在铁、铝矿物质，这些物质容易与磷发生反应生成矿化有机磷，厌氧生物将矿化有机磷转化为可溶性磷，为生物所吸收，从而有效降低磷的浓度（Vervier et al.，2009）。河岸带潜流层内磷的转化和衰减能力与潜流层基质组成、潜流交换特性、地表植被分布等密切相关，目前对其影响和作用机理尚有待深入研究。

3. 碳素迁移与转化过程

河岸带潜流层中的碳主要以溶解态有机碳和有机质（树叶、根系、残枝、碎屑）形式存在，转化过程主要通过生物的分解吸收完成，并随食物链传递（Gabrielsen，2012）。碳素随潜流交换发生迁移，使得碳素浓度存在一定梯度，例如孔隙中甲烷浓度要比地表水中甲烷浓度高得多，下降流中的甲烷浓度比上升流中的甲烷浓度低。通常，潜流交界面上水流较为缓慢，颗粒性物质只能运移很短的一段距离，因此，溶解态有机碳是潜流层中碳的主要来源。颗粒态或溶解态有机碳被输运进入潜流层后，潜流无脊椎生物、微生物、介质表面生物膜对其进行处理。由于没有光合作用和充分的氧气，潜流层 90%以上的碳受微生物呼吸作用的控制。

4. 氧迁移与转化过程

当河流地表水进入潜流层时，在生物的呼吸作用及新陈代谢作用下，潜流携带的氧气浓度不断降低，同时由于氧气的存在，生物新陈代谢能力会提高，有机质的分解速率加快，污染物的浓度降低，改善水环境。溶解氧的浓度随着潜流层的深度和侧向距离的增大而减小。由于氧浓度的梯度差异，潜流层中溶质的转化过程也会发生变化，因此潜流层中氧的迁移与转化是与其他溶质的迁移与转化同时存在的，不是单一过程，而是一系列相互作用的复杂氧化还原过程。当电子受体出现时，会发生氧的转换，氧的转换主要体现在碳、氮和硫循环的相互作用中。没有电子受体时，则是通过其他方式保持能量平衡。孔隙中氧气、硝酸盐和硫酸盐浓度在地下水水流方向呈下降趋势，二氧化碳、氮的氧化物、溶解性有机碳、醋酸脂、乳酸脂等物质浓度却保持不变。

5. 无机盐迁移与转化过程

潜流层中的微生物能够从铁、硫、铵、硝酸盐等无机盐的氧化过程中获得能量，刺激生物活性，从而发生着生物化学过程，产生明显的氧化还原反应梯度（Storey et al.，1999）。可见，潜流层是有效激活无机盐微生物的理想环境（Triska et al.，1993）。潜流层中微生物群的最大特点体现在硝化反应上（Storey et al.，2004）。转化过程的活性主要取决于潜流层中铵的浓度。没有铵时，细菌利用二价铁、二价锰或者还原性硫作为特有的能量源。在酸性条件下，当还原势达到约 300mV 时，铁离子会发生细菌氧化过程（Buss et al.，2009）。锰的氧化过程是受微生物调节控制的过程。锰和铁的氧化过程产生的能量比铵氧化产生的能量少。这两个过程在很大程度上会受到来流中氧化还原状态等级的影响（Hlavacova et al.，2005）。

8.1.4 河岸带潜流层对溶质的环境缓冲效应

潜流层的孔隙特性能够有效过滤、吸收污染物质，其中的生物化学过程可以分解有机物质及大部分污染物。水流和溶解性养分进入河岸带内会有利于潜流层中微生物群落的生长。这些微生物会加快和延长来自地表水中养分的生物地理化学循环，从而可以阻滞对下游水体的污染（Fischer et al.，2005）。

河流交错带，尤其是侧向洪泛平原和地下潜流层，是削减氮素的重要地点，主要通过反硝化作用完成。正是由于河岸带潜流层物理环境和潜流交换特点，当潜流从河岸带返回地表水时，由于河岸带具有很高的反硝化能力，可以将溶解性硝酸盐转化为氮气，从而减少进入地表水的氮素量，减轻氮素污染强度。尤其是存在水文连通性时反硝化作用更明显，去氮能力更显著(Roley et al.，2012)。反硝化过程是河岸带潜流层发挥去除硝酸盐作用的主要过程。

潜流层拦截养分和污染物的能力主要取决于潜流带中氧化还原的梯度(包括典型有氧/无氧条件的复杂模式)、有机质的存在及微生物活动等(Buss et al.，2009)。很多学者已经认识到潜流层的缓冲作用，建立了多尺度下潜流层对养分拦截效率的概念模型，如Fisher 等(1998)提出了伸缩生态系统模型(telescope ecosystem model，TEM)，用生态系统中不同尺度的元素(可以是某种物质，也可以是某类过程)个数表示系统的处理长度，系统对物质的处理效率是处理长度的函数，进而建立了物质螺旋式概念(material spiralling concept)模型(Fisher et al.，1998)。这一概念有助于理解河道廊道的物质阻滞、养分转化能力，包括潜流层对污染物质的阻滞、缓冲能力。

虽然重金属污染含量较低，但其对生物和人的健康影响较大。潜流层往往是雨水中溶解性砷(Brown et al.，2007)，地下水中溶解性锰、锌和钴(Fuller and Harvey，2000)、氯化物的汇集地(Conant et al.，2004)。潜流层对重金属污染具有一定的去除、缓冲作用。潜流层主要依靠水文、生物、化学过程，通过吸附、阻滞、生物吸收、新陈代谢和矿化作用减少重金属及烃类物质含量，降低污染物浓度，从而起到改善水质的作用(Gandy et al.，2007；Smith and Lerner，2008；Tonina and Buffington，2009)。例如发生暴雨时，在潜流层水的缓冲作用下，上游来流中的重金属污染含量比例会降低(Hester and Gooseff，2010)。潜流层微生物群落对重金属物质会有强烈的响应，而且在生长旺季，菌类对重金属的响应最强烈。依靠微生物，地表水流入潜流带泥沙时常常会导致 pH 和溶解氧浓度增大，这会激发细菌的活性，增强铁、锰的氧化能力，也会提高铁和锰的氧化沉淀率或锌、砷、铜等其他金属的吸收率。相反，微生物的呼吸、有机质氧化能力退化都会引起铁、锰的还原条件变化和溶解性的降低(Gandy et al.，2007)。潜流层对重金属污染的去除过程如图 8.1 所示。

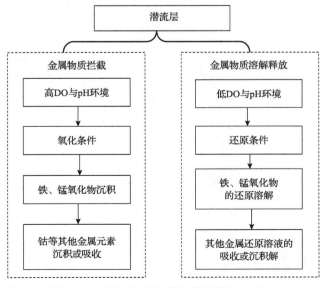

图 8.1　潜流层对金属污染的拦截作用机制(Gandy et al., 2007)

8.2　溶质迁移过程的模拟与试验方法

8.2.1　溶质驻留时间

　　溶质在潜流层中驻留时间的长短反映了溶质在潜流层中的迁移转化基本类型特点、基本作用过程和效率。潜流层是活性氮的沉积区，其转化能力取决于溶质驻留时间和潜流层氧化还原条件。据研究，溶质驻留时间是影响硝化、反硝化率的重要因子(Mason et al.，2012)。硝化、反硝化、潜流生物过程对氮通量的影响均是溶质驻留时间及新陈代谢反应速率的函数，其差别是函数关系不同(Zarnetske et al.，2011)。潜流层中硝化反应率在较短时间内会达到最大，而反硝化率要在较长的时间内才能达到最大(Zarnetske et al.，2011)。可见，驻留时间在一定程度上决定着生物化学反应过程的强度与速率，是反映潜流交换、溶质迁移转化、生物组成、生态过程等的重要特征变量(Cardenas and Wilson，2007；Cardenas et al.，2008；Mason et al.，2012)。因此，准确掌握溶质驻留时间对深入探究河岸带削减污染效率、河岸带生态修复具有重要意义。

　　Reed 和 Brown(1995)通过对 1991～1995 年美国地下水渗滤系统的研究发现，污染组分的去除率与驻留时间符合一级反应动力学方程，如式(8.1)、式(8.2)。

$$C_i / C_0 = \mathrm{e}^{-K_T t} \tag{8.1}$$

$$t = nV / Q \tag{8.2}$$

式中，C_i 为出水中某指标浓度；C_0 为进水中某指标浓度；K_T 为一级反应速率常数；t 为系统水力停留时间；n 为渗滤介质的孔隙率；V 为渗滤介质的几何体积；Q 为系统的进水负荷。

　　潜流层溶质驻留时间主要取决于潜流流径长度及基质的传导系数，而且存在一定的阈值。但由于水流示踪在时间与空间上存在持续性偏差，溶质浓度仅在时间序列的早期呈瞬态存储的幂律分布(Kirchner et al.，2000)。因此，简单的指数模型并不能完全解释溶质迁移过程(Cardenas et al.，2008)。沉积物中孔隙水的水力停留时间决定了沉积物中生态功能和生物化学转化的发生与否，但由于驻留时间分布受地形、地貌、水力传导异质性等多个因素的影响，因此，很难从嵌入式跟踪测试中提取单因子对驻留时间分布的影响机制。基于此，李现坡等(2008)在模拟湿地系统时，提出了一种基于实验响应值的平均驻留时间计算方法，如式(8.3)～式(8.5)。

$$E(t) = C(t)Q / m \tag{8.3}$$

$$\bar{t} = \int_0^\infty tE(t)\mathrm{d}t \approx \sum_{i=1}^n t_i \frac{E(t_i) + E(t_{i+1})}{2} \Delta t_{i,t+1} \tag{8.4}$$

$$\sigma_t^2 = \int_0^\infty t^2 E(t)\mathrm{d}t - \bar{t}^2 \approx \sum_{i=1}^n t_i^2 \frac{E(t_i) + E(t_{i+1})}{2} \Delta t_{i,i+1} - \bar{t}^2 \tag{8.5}$$

式中，Q 为流量；$C(t)$ 为溶质在 t 时刻的质量浓度；m 为溶质质量；$E(t)$ 为 t 时刻的驻留时间密度分布函数；$\bar{t}$ 为溶质在系统内的平均驻留时间；σ_t^2 为驻留时间分布方差。

本章基于式(3.52)、式(3.53)、式(8.4)、式(8.5)，通过示踪剂浓度达到稳定状态所需的时间来反演溶质驻留时间。根据不同时间段内示踪剂置换出清水的比例不同确定溶质驻留时间。设稳定状态时示踪剂浓度为 $C(T)$，t 时刻示踪剂浓度为 $C(t)$，溶质驻留时间 τ 为

$$\tau = \int_0^\infty t \left[\frac{C(t)}{C(T)} \right]' \mathrm{d}t \tag{8.6}$$

由于试验中各测点测量的数据存在一定的时间差，试验数据在时间上是离散型的，因此，上述驻留时间计算式需要经离散后方可应用。经离散后，溶质驻留时间计算式可改写为式(8.7)：

$$\tau = \sum_{i=1}^\infty t_i \left(\frac{C(t_{i+1}) - C(t_i)}{C(T)} \right) \tag{8.7}$$

8.2.2　溶质迁移过程模拟方法

1. 地下水溶质运移方程

定量评价潜流和生物地理化学循环通常需要依靠数学模型。潜流溶质输运过程模拟或生物地理化学循环模拟主要应用 Richards 方程进行地下水水动力特性和溶质迁移特性研究。

地下水运动方程：

$$\frac{\partial}{\partial x}\left(K_{xx} \frac{\partial h}{\partial x} \right) + \frac{\partial}{\partial y}\left(K_{yy} \frac{\partial h}{\partial y} \right) + \frac{\partial}{\partial z}\left(K_{zz} \frac{\partial h}{\partial z} \right) + W = S_s \frac{\partial h}{\partial t} \tag{8.8}$$

式中，K_{xx}、K_{yy}、K_{zz} 分别是 x、y、z 方向的水力传导系数；h 是水头；W 是源或汇的单位体积通量；S_s 是孔隙介质的单位存储系数；t 是时间。

溶质运移方程：

$$\frac{\partial(\theta C^k)}{\partial t} = \frac{\partial}{\partial x_i}\left(\theta D_{ij} \frac{\partial C^k}{\partial x_j} \right) - \frac{\partial}{\partial x_i}(\theta v_i C^k) + W C_s^k + \sum R \tag{8.9}$$

式中，θ 是孔隙率；C^k 是第 k 种物质的浓度值；t 是时间；x_i、x_j 是各方向的距离；D_{ij} 是各方向的扩散系数张量；v_i 是渗流或线性孔隙流速；C_s^k 是第 k 种物质的源或汇的浓度值；$\sum R$ 是化学反应项。

2. 瞬时存储模型

1) TSM 与 OTIS 模型

暂态存储区是指水体中水流较为缓慢的区域，包括潜流带、死水区及由河流形态、

河床地貌等因素造成的溶质暂时存储区域，是影响溶质滞留和吸收的重要因素(李如忠等，2014；丁贵珍，2014)。Bencala 和 Walters(1983)在对山区溪流溶质迁移规律进行研究时，提出了模拟对流、扩散和暂态存储过程的 TSM 模型。Runkel(1995，1998)进一步考虑了侧向补给、一阶衰减和暂态存储等作用，对模型进行改进，提出了适用于非保守性溶质模拟的 OTIS 模型，并于 1998 年开发了 OTIS-P 的计算软件。OTIS 主要由主流区流动水体与暂态存储区两部分控制方程耦合而成，通过暂态存储区与主流区之间的相互作用，对溶质进行模拟优化，从而确定溶质的驻留时间和暂态存储特征，其数学表达式由主河道和存储区两部分控制方程耦合而成，其微分方程分别如式(8.10)、式(8.11)(李如忠和丁贵珍，2014；Runkel，1995)。

$$\frac{\partial C}{\partial t} = -\frac{Q}{A}\frac{\partial C}{\partial x} + \frac{1}{A}\frac{\partial}{\partial x}\left(AD\frac{\partial C}{\partial x}\right) + \frac{q_{\mathrm{L}}}{A}(C_{\mathrm{L}} - C) + \alpha(C_{\mathrm{S}} - C) - \lambda C \tag{8.10}$$

$$\frac{\partial C_{\mathrm{S}}}{\partial t} = -\alpha\frac{A}{A_{\mathrm{S}}}(C_{\mathrm{S}} - C) - \lambda_{\mathrm{S}}C \tag{8.11}$$

式中，C 为河水溶质浓度；Q 为河水流量；A 为河道断面面积；D 为扩散系数；q_{L} 为侧向补给强度；C_{L} 侧向补给的溶质浓度；α 为河道与暂态存储区之间的交换系数；C_{S} 为暂态存储区的溶质浓度；A_{S} 为暂态存储区断面面积，代表河流河水的滞留能力，包括表面暂态存储和潜流交换存储，其数值大小受河流弯曲程度、河床底质理化性质及沉积物量的影响；λ 为主河道溶质一阶吸收系数；λ_{S} 为暂态存储区溶质一阶吸收系数；t 为时间；x 为河段长度。

2)扩散模型

Richardson 和 Parr(2015)在前人研究的基础上提出了可以用于阐述河床内溶质扩散过程的数学模型。假设床沙部分为具有初始浓度 C_0 的半无限空间，从床沙到水体的逆向角度给出了任意时刻床沙内溶度空间分布的公式，如式(8.12)、式(8.13)所示。

$$C(x,t) = C_0\left\{\mathrm{erf}\left[\frac{x}{2\sqrt{Dt}}\right] + \exp\left(\frac{Ex}{D} + \frac{E^2 t}{D}\right)\mathrm{erfc}\left[\frac{x}{2\sqrt{Dt}} + E\sqrt{\frac{t}{D}}\right]\right\} \tag{8.12}$$

单位面积上的溶质交换量可由下式表示：

$$M(t) = \frac{C_0 D}{E}\left\{\exp\left(\frac{E^2 t}{D}\right)\mathrm{erfc}\left(E\sqrt{\frac{t}{D}}\right) - 1 + 2E\sqrt{\frac{t}{\pi D}}\right\} \tag{8.13}$$

式中，$C(x,t)$ 为 x 位置 t 时刻溶质浓度；$M(t)$ 为单位面积上溶质交换量；D 和 E 分别为扩散系数和卷吸系数；x 为沙床内位置到床面水体的距离；t 为时间大小；C_0 为床沙的初始浓度。

3. 间接示踪模型

潜流、地下水盈亏量的变化不仅反映了对流变化，也决定着物质的热量梯度。潜流过程对调节河流温度、生物庇荫具有重要作用。潜流层基质组成、地表水、潜流及深层地下水混掺交换量大小等也会影响潜流温度、pH、电导率等，影响物理化学物质浓度梯度的变化（Buss et al.，2009）。在某些情况下，地下水水流对潜流与地表水流的水温高低和变化方式起着决定性作用。由于光线最多能够穿透 4～5 倍粒径大小的深度，因此，潜流层的温度不会突然改变，温度振幅随着入渗距离和深度的增大而变小，而且改变较为缓慢（朱静思等，2013；Buxton et al.，2015）。潜流交换能帮助调节地表水温度。受太阳直射的地表水与温度不变的地下水混合后，温度会降低（Woessner and Thomas，2008；Hannah et al.，2009）。这一作用过程主要取决于泥沙质地及潜流交换过程（Hester et al.，2009；Hester and Gooseff，2010）。温度的动态变化是河流中栖息地异质性的重要驱动因素，它直接影响着大型无脊椎动物和鱼类在低水位条件下的生存，而且还影响着生物地理化学反应。因此，掌握区域地表水与地下水对潜流层溶质迁移及其生物特性的影响是非常重要的。

　　温度是反映潜流生物地理化学及水文生态过程的一个重要变量。因此，考虑潜流层热交换就显得非常重要。由于大尺度下气候变化、水文、地理条件，以及微观尺度下水体温度、河床形态、床质颗粒大小、急流、渗透性、孔隙率藻类生长、大型水生生物覆盖、水流分布等因素的变化，潜流层的热交换机制具有明显的时空动态变化特点。潜流层中地表水体和地下水的交换作用时刻存在着热量的传递，热量模式是潜流运动的一种反映，观测河床潜流带温度场的时空分布和波动特征是量化潜流交换速度、识别地下水补给和排泄区域，以及确定潜流交换过程的有效方法（Constantz，2008；Rau et al.，2014）。目前这已经得到广泛认可，并作为评价河床温度、推断潜流层水文过程、识别地表水-地下水相互作用的特点和影响范围的一种重要方法。温度示踪方法也成为定量探究潜流交换过程、溶质迁移机理的重要手段（任杰等，2018）。热量在潜流层中的运移过程主要由热传导（通过沉积物中的固体和水流进行热量传递）和热对流（通过水流进行热量传递）两种方式组成。同时，潜流层对地表水温度变化的热响应取决于水分运移的方向、速度，以及沉积物和水体的物理性质。因此，潜流层中基于时间序列的温度示踪方法的热量运移过程可以通过热运移模型来描述，如式（8.14）（任杰等，2018）所示。

$$\kappa_e \nabla^2 T - \frac{\rho_w C_w}{\rho C} \nabla \cdot (Tv) = \frac{\partial T}{\partial t} \tag{8.14}$$

式中，T 是温度；t 是时间；ρ_w 和 C_w 分别是水的密度和质量热容；ρ 和 C 分别是饱和多孔介质的等效密度和等效质量热容；v 是渗流速度；κ_e 为饱和多孔介质的等效热扩散系数。

　　通过方程的求解可以确定潜流层温度场的时间序列和时空差异，进而以温度为示踪变量，精确分析潜流交换速度、交换通量、溶质迁移路径、潜流通量、溶质驻留时间等，可以较为准确地分析和研究潜流交换、溶质迁移的动态变化和过程模式，提高潜流交换、溶质迁移转化研究的可信度，避免试剂示踪法可能造成污染的风险。但由于潜流层较为复杂，温度场、潜流场、浓度场之间的相关性机理、互表征方法还需要深入研究。

4. 常用模拟模型和软件

绝大部分数学模型是无法用解析法求解的，数值法是目前求解数学模型所用的主要方法。自 20 世纪 60 年代以来，数值模拟开始应用于地下水计算中，地下水数值模拟的理论与方法得到了长足的发展。常用的数值法主要有有限差分法、有限单元法、积分有限差分法、半解析半数值法和边界元法。地下水数值模型中常采用有限差分法和有限单元法。数值模拟方法方便灵活，研究范围包括饱和带、非饱和带和饱和—非饱和带，适用于各种复杂水文地质条件，已广泛应用于水资源的配置和评价、地下水的溶质迁移和热量运移等方面，形成了多个数值模型，例如 RAM（resource assessment methodology）、IGARF （impact of groundwater abstractions on river flows）、MODFLOW、ZOOM、MIKE-SHE、SHETRAN、Hydrogeosphere、INCA、OTIS。各模型的类型、功能见表 8.1。

表 8.1　主要地下水、地表水相互作用的数值模型（Buss et al.，2009）

模型名称	模型类型及功能	开发机构
RAM	基于集中式模型（lumped model）评估地表水、地下水系统水资源有效性，地下水抽取、排水和补充水量的平衡计算	英格兰、威尔士环境保护局和英国环境有限公司联合开发（Environment Agency，2002）
IGARF	基于解析模型（analytical model）模拟分析水井抽取地下水对河流的影响，以及进行地下水抽取许可评估	英国环境保护部及环境模拟国际研究部联合开发（Environment Agency，2004）
MODFLOW	基于空间分布式有限差分空间分布式数值物理模型（numerical，physics based，spatially distributed，finite-difference），是多层近似的三维地下水模拟软件，耦合了 DAFLOW、MODBRNCH、GSFLOW、MODHMS、IHM 等模块	美国地质勘探局（United States Geological Survey，USGS）开发（Harbaugh，2005）
ZOOM	基于有限差分模型，采用嵌套网格，考虑区域水文循环，模拟地下水运动。软件由 ZOOMQ3D 和 ZIGARF（ZOOM-IGARF）组成，ZOOMQ3D 是嵌套地下水模拟系统，ZIGARF 是用户交互界面，模拟评估抽取地下水对河流的影响	英国地质调查局、伯明翰大学及英国环境保护局共同开发（BGS，2004；Environment Agency，2008）
MIKE-SHE	在欧洲水文模拟系统（Système Hydrologique Européen，SHE）的基础上开发的集成性流域模拟系统，采用有限差分网格来模拟地下水-地表水过渡区的非饱和带问题	丹麦水力学研究所开发（Danish Hydraulic Institute，DHI）
SHETRAN	集成流域模拟系统，类似于 MIKE-SHE，它集成了饱和与非饱和带的过渡变化地下水水流方程。已有多个版本，其中 SHETRAN V4 主要针对泥沙输运与污染迁移过程模拟。SHETRAN V5 集成考虑水流运动与热传导模型，能够细化局部网格	英国纽卡斯尔大学开发（Ewen et al.，2000）
Hydrogeosphere	基于有限元模型的地表水-地下水水流运动模拟系统，类似于 MODFLOW 和 SHE，但它可以模拟裂隙网络中水流运动和污染物迁移过程	加拿大滑铁卢大学开发（Therrien et al.，2004）
INCA	基于半分布式的集成流域模型，包括一套流域水质模型，模拟陆地单元上的水质和河流水质。特色模块是氮、磷、碳、泥沙和有毒物质要素的模拟模块	英国瑞丁大学和其他大学联合开发（Environment Agency，2006）
OTIS	OTIS 是一维河流溶质输运模拟模型。采用河流地表水对流扩散方程及溶质瞬时存储方法（TSM）进行模拟	USGS 开发（Runkel，1998）

随着社会的进步，特别是人机交互、计算机图形学和可视化领域的技术不断地创新和发展，利用计算机技术，集成数值计算模型，实现模型概化、模型建立、模型校正、

模型的后处理和可视化等，开发出了多个地下水数值模拟软件。目前，国际上具有影响力的软件有 Visual MODEFLOW、GMS、FEFLOW、Visual Groundwater、MT3DMS、RT3D、HST3D 等(李凡等，2018)。国内地下水数值模拟始于 20 世纪 70 年代初，分别是河北保定水文地质工程地质研究所 GWMS1.0 和清华兴达地下水地理信息系统软件(胡立堂，2004)。由于可视化、灵活性和低成本的优点，数值模拟软件已在地下水研究领域得到广泛采用。

地下水数值模拟软件各有特点，见表 8.2。GMS 是由多种模块构成的一款可视化地下水数值模拟软件，版本和功能不断更新与完善，数据处理功能更强，适用范围更广，相较而言优越于其他同类地下水模拟软件。FEFLOW 主要解决复杂的水文地质条件、密度变化流动、热对流等棘手问题，且具有良好的 GIS 数据接口和网格剖分技术，同时加快了建模速率。Visual MODFLOW 相较于其他模型而言，可视化功能强大、求解方法简单、适用范围广泛、数值模拟能力出色且三维建模简单。Visual Groundwater 是由 MODFLOW、MT3D 等模块构成的唯一用于地下水模拟后处理的三维可视化软件，但是在国内对其应用仍需进一步探索。MIKE-SHE 主要综合了地下水-地表水模型，涵盖了丰富的水文气候环境，适用于地表水-地下水频换交替及各种尺度空间。HST3D 是一款专门用来模拟热交换和溶质运移的模型软件。TOUGH2 主要模拟各种不同条件下地下水水流和热运移，具有程序结构模块化、程序代码公开化、离散方法通用、求解方法高效的特点，为使用和改进此程序提供了很大方便，并在多个领域得到广泛应用(李凡等，2018)。

表 8.2　常用地下水模拟软件(李凡等，2018)

软件名称	主要功能	开发机构
GMS	综合 MODFLOW、MODPATH、MTSD、SEEP2D、PEST、UCODE 等地下水模型功能可进行水动力学运移模拟和水质运移模拟；建立三维地层实体，进行钻孔数据管理、二维(三维)地质统计；界面可视化和打印二维(三维)模拟结果	美国 Brigham Young University 环境模型研究实验室和军工部排水工程实验站
FEFLOW	用于饱和(非饱和)流场，二维(三维)水流、热、溶质运移模拟，是一款专门从事复杂地下水模拟工程的软件	德国 WASY 公司
Visual MODEFLOW	在 MODFLOW 模型基础上，综合已有的 MODPATH、MT3D、RT3D 和 Win PEST 等模型开发的综合软件，可以进行水流模拟、溶质运移模拟、反应运移模拟	加拿大 Waterloo 水文地质公司开发
Visual Groundwater	饱和状态水流模拟、溶质运移模拟、实时动画功能，可以将复杂的技术数据以一种能够被任何人所理解的形式展现在公众面前	美国 Environmental Simulation, Inc.公司
HST3D	饱和带地下水热运移模拟，处理地质废物、填埋物浸出、盐水入侵、放射性废物、水中地热系统和能量储藏等问题	USGS
MT3DMS	地下水溶质运移，模拟高度非均质裂隙介质中的污染物运移	Zheng 和 Wang
TOUGH2	模拟各种不同条件下地下水水流和热运移	劳伦斯伯克利国家实验室

在大尺度上(从子流域到整个流域尺度)，常常会模拟地表水-地下水的相互作用，在模拟过程中，潜流层的控制通常利用边界条件的渗透性表示，河流与含水层之间交换通量(例如 MODFLOW 中河流边界条件)的控制是采用地表水-地下水的耦合模拟方法，但这些软件未能体现潜流层的生物物理化学活性。

8.2.3　监测与试验方法

1. 野外监测与试验方法

在调查掌握监测区土壤特征、生物分布特征的基础上，选择河岸带适当区域布置监测井，定期或不定期监测地表水、地下水环境、生物组成、水位变化等。监测井布置位置的选择需要综合考虑河岸带纵、横、垂向变化特点。纵向上主要考虑水系构成、汇流特点、河岸带建设方式、河岸带形态、河道比降变化等；横向上主要考虑岸坡结构与岸外土地利用方式；垂向上考虑河岸带基质分层变化。在河岸带上按照一定间距布置一定数量的监测断面(图8.2)，每个监测断面按照与水边距离布设监测井。另外，为监测河岸带植被分布和基质特性，每个监测断面按照距离水边远近布置植被样方和基质取样点。

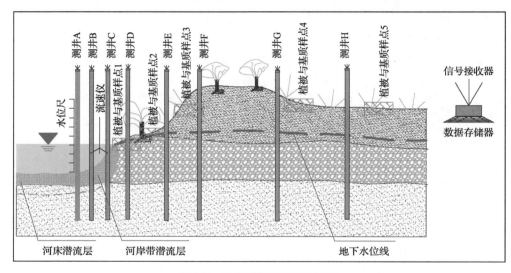

图 8.2　河岸带监测断面布置图

2. 室内试验方法

可采用第5章、第6章、第7章的河岸带模型或其他模型装置开展河岸带潜流层溶质迁移试验，研究单一因素和组合因素对潜流层溶质迁移的影响机理，掌握潜流层溶质动态过程，为污染防治、环境治理、生态保护与修复提供理论依据。

3. 常用示踪剂

通常采用环境因子示踪和人工示踪两类方法开展潜流层溶质迁移转化示踪试验研究。环境因子示踪是以潜流层中土壤和水的环境因子作为示踪变量。常用的环境因子有pH、电导率、温度、溶解氧、周边环境主要阳离子和阴离子、稳定同位素(如 ^{18}O)、放射性同位素(如 ^{222}Rn)等(Brodie et al., 2007)。人工示踪主要采用具有良好的跟随性和稳定性的保守物质作为化学示踪剂，常用的示踪剂包括染色剂(如罗丹明)和盐(如 NaCl、KCl、LiCl)。另外，为了掌握潜流溶质转化特性，通常还会选择硝酸盐、同位素及金属物质作为示踪剂(Haggerty et al.，2008)。

8.2.4　溶质迁移影响因子量纲分析

根据 Fathi-Maghadam(1997)对非淹没植被水流的量纲分析，以及第 3 章对无覆盖蜿蜒性河岸带水流量纲分析结果，非淹没蜿蜒性有植被河岸带水流特性、溶质浓度变化可用式(8.15)表示：

$$f_1\left(u,h,\rho,p,\frac{a}{\lambda},m,B,g,\mu,d_v,d_x,d_y,h_m,J,C_d,C,K\right)=0 \tag{8.15}$$

式中，u 为流速；h 为水深；ρ 为水的密度；p 为河岸坡面压强；a/λ 为河岸振幅波长比；m 为河岸边坡系数；B 为水面宽度；g 为重力加速度；μ 为动力黏度；d_v 为植被秆径；d_x、d_y 为植被横向间距和纵向间距；h_m 为淹没水深；J 为植被刚度；C_d 为植被拖拽系数；C 为某时刻示踪剂浓度；K 为土壤渗透系数。

以 ρ、u、h、C 为基本物理量，由 π 定理，式(7.1)可改写为

$$f_2\left(\frac{p}{\rho u^2},\frac{a}{\lambda},m,\frac{B}{h},\frac{gh}{u^2},\frac{\rho uh}{\mu},\frac{d_v}{h},\frac{d_x d_y}{h^2},\frac{gh^5 C}{J},C_d,\frac{K}{u}\right)=0 \tag{8.16}$$

式中，gh/u^2 与 $\rho uh/\mu$ 分别为关于弗劳德数 Fr 和雷诺数 Re 的因子项；K/u 为关于土壤渗透系数 K 的因子项。试验研究表明在非淹没条件下，Re 的影响较小，因此，式中 Re 因子项可忽略。另设 $\Delta C = gh^5 C/J$，$h_p = p/\rho u^2$，引入植被动量吸收面积 $A_p = d_v h$，则示踪剂浓度变化 ΔC 可用式(8.17)表示。

$$\Delta C = f_3\left(h_p,\frac{a}{\lambda},m,\frac{B}{h},Fr,\frac{A_p}{d_x d_y},C_d,K\right) \tag{8.17}$$

由式(8.17)可以看出，溶质浓度变化与水流特征(扰动压力 h_p、水流宽深比 B/h、弗劳德数 Fr)、河岸带形态(振幅波长比 a/λ、边坡度系数 m)、植被特征(高度、叶片长度、刚度)、植被布置方式(间距、密度)、植被拖拽阻力和土壤渗透系数等相关。可见，河岸带蜿蜒性、植被布置方式、水流参数、土壤参数是影响河岸带潜流交换、溶质驻留时间的主要因子。

8.3　非均质性河岸带潜流层溶质迁移过程

8.3.1　地表水流速对潜流层溶质迁移过程的影响

1. 不同流速对潜流层溶质迁移速度与范围的影响

河岸带不同基质条件下潜流层溶质迁移过程的试验装置、试验工况和试验方法与第 6 章相同。在第 6 章研究分析的基础上，进一步分析河岸带基质组成对潜流层溶质迁移

的影响，掌握非均质河岸带潜流层溶质迁移动态过程。选择河岸带基质组成为砾石，蜿蜒振幅为 8cm，地表水流速分别为 0.31m/s、0.26m/s、0.20m/s 三组工况，分析不同地表水流速对潜流层中溶质迁移过程的影响，三组不同地表水流速条件下潜流层溶质迁移变化过程如图 8.3 所示。对比图 8.3(a)、图 8.3(b)、图 8.3(c)可以看出，随着地表水流速的增大，河岸带潜流层中溶质迁移速度和迁移范围均会增大，且呈现出污染物羽前锋及污染区域的大小顺序为(a)＞(b)＞(c)，即在地表水流速为 0.31m/s 时，污染物羽前锋发展速度和污染区域最大，而在 0.20m/s 时，污染物羽前锋发展速度和污染区域最小。这主要是由于当地表水流速增大时，河岸带坡面水压力会增大，引起入渗量增加，促进了河岸带潜流交换，使得潜流层中溶质迁移速度也相应增大，迁移范围也会扩大，迁移范围的发展速度也会增大。在地表水流速为 0.31m/s 时，经过 8h 交换后，潜流层中的溶质已经扩散到整个河岸带；而地表水流速为 0.20m/s 时，经过 8h 交换后，潜流层中的溶质仅扩散至约河岸带宽度的 3/5 位置。而且从图 8.3 中还可以看出，在潜流交换前期，溶质从河岸带的凹岸和凸岸的中间断面位置进入河岸带潜流层；而在潜流交换后期，溶质均匀地向河岸内部扩散。

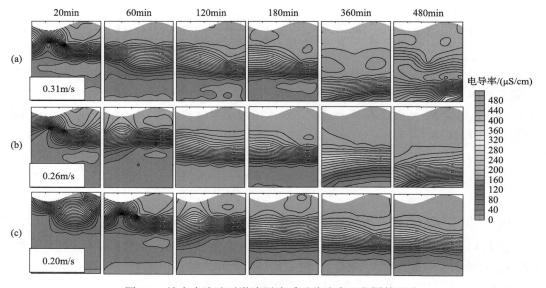

图 8.3 地表水流速对潜流层溶质迁移速度及范围的影响

2. 不同流速对潜流层溶质驻留时间的影响

地表水流速变化将引起河岸坡面水压力梯度变化，流速越大产生的压力梯度越大，溶质在河岸带潜流层的驻留时间分布也会随之改变。河岸带蜿蜒振幅为 8cm，不同地表水流速条件下，与水边不同距离位置溶质驻留时间的变化如图 8.4 所示。由图 8.4 可以看出，当地表水流速为 0.31m/s 时，河岸带各监测断面位置内溶质驻留时间均小于流速为 0.26m/s 与 0.20m/s 的工况。可见，河岸带蜿蜒程度对潜流层溶质驻留时间会产生显著影响。对比三组工况发现，在离水边约 25cm 位置处，溶质驻留时间出现突增现象。根据

第 6 章研究可知,在离水边 0~30cm 区域范围内,驱动潜流交换的水动力机制以对流交换为主,交换强度较大,从而使得该区域内溶质驻留时间较短。而在大于 30cm 的区域范围内,潜流交换的驱动机制以扩散交换为主,交换强度相对较弱,溶质的迁移和扩散以溶质浓度梯度引起的扩散交换为主,从而使得驻留时间受溶质浓度梯度及扩散速度影响较大。从溶质驻留时间的增加速率看,不同流速条件下溶质驻留时间增长速率的差异性主要集中在离河岸 0~30cm 的对流交换范围之内,而在较远的扩散交换范围内,溶质平均驻留时间的增加速率变化不大。

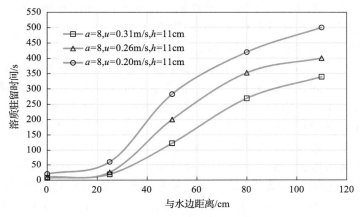

图 8.4　地表水流速对溶质驻留时间的影响

8.3.2　河岸形态对潜流层溶质迁移过程的影响

1. 不同河岸带形态对潜流层溶质迁移速度与范围的影响

选择河岸带基质组成为砾石,地表水流速为 0.31m/s,河岸带蜿蜒振幅分别为 8cm、6cm 两组工况,分析不同河岸带形态对潜流层溶质迁移的影响,如图 8.5 所示。图 8.5(a)、图 8.5(b)分别代表砾石河岸振幅为 8cm 和 6cm 工况下潜流层溶质迁移特征。对比图 8.5(a)、

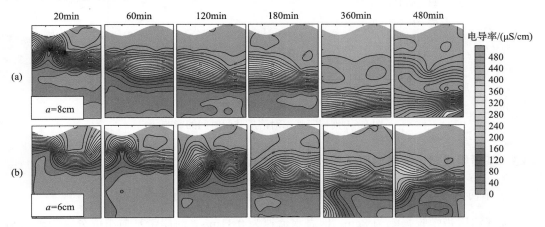

图 8.5　河岸形态对潜流层溶质迁移速度及范围的影响

图 8.5(b)可以看出，当流速相同时，河岸带蜿蜒振幅越大，潜流层溶质迁移速度越快。这主要是由于随着河岸带蜿蜒程度增大，河岸带形态对地表水产生的阻力明显增大，河岸带坡面水压力增大，促进了潜流交换，使得溶质迁移速度明显增大，而且在潜流交换前期，两种形态河岸带潜流层中溶质迁移过程基本类似；但是在潜流交换后期，河岸带蜿蜒振幅大的工况下，溶质迁移扩散范围将有所增大。

　　2. 不同河岸带形态对潜流层溶质驻留时间的影响

　　以地表水流速为 0.26m/s，河岸带蜿蜒振幅为 0cm、4cm、6cm、8cm 的四组工况为例，分析不同河岸带形态对溶质驻留时间的影响。根据第 6 章研究结论，蜿蜒振幅小的河岸带在历时 8h 后，离水边 65cm 以外的河岸区域地表水与地下水仍未完全混合，因此，研究中仅选取离水边 0cm、30cm 及 60cm 三个位置进行比较。四组工况下河岸带三个不同位置内溶质驻留时间变化如图 8.6 所示。由图 8.6 可以看出，河岸带蜿蜒程度对潜流层溶质驻留时间会产生显著影响。当河岸带蜿蜒振幅为 0cm 时(即顺直河岸)，溶质平均驻留时间最长，主要是顺直河岸带中潜流交换强度较弱，溶质不易流出河岸带，使得溶质停滞在河岸内的时间较长。随着河岸蜿蜒程度增大，溶质的平均驻留时间也会发生变化，而且随着蜿蜒振幅的增大，溶质驻留时间会缩短。例如在离水边 30cm 位置内，蜿蜒振幅为 8cm 时溶质驻留时间约为 25min，蜿蜒振幅为 6cm 时溶质驻留时间约为 85min；蜿蜒振幅为 4cm 时溶质驻留时间约为 150min，而且在离水边 60cm 的河岸带内，顺直河岸带溶质驻留时间分别是 4cm、6cm、8cm 河岸的 2 倍、2.55 倍和 3.4 倍。这主要是由于在相同的地表水流速条件下，随着河岸蜿蜒性增大，岸坡上产生的水压力梯度会增大，从而促进潜流交换，使得溶质驻留时间减少。

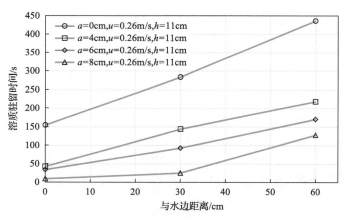

图 8.6　河岸带形态对溶质驻留时间的影响

8.3.3　基质组成对潜流层溶质迁移过程的影响

　　1. 不同河岸带基质组成对潜流层溶质迁移速度与范围的影响

　　选择河岸带蜿蜒振幅为 8cm，地表水流速为 0.31m/s，河岸带基质组成分别为砾石和砂粒两组工况，如图 8.7 所示。图 8.7(a)、图 8.7(b)分别代表河岸带基质组成分别为砾石和砂粒两组工况下潜流层溶质迁移特征。对比图 8.7(a)、图 8.7(b)可以看出，砂粒性河岸带潜流层中溶质的迁移速度明显慢于砾石性河岸带，而且砂粒性河岸带潜流层中的溶质主要集中在表层位置，迁移缓慢。本试验选用的砾石渗透系数为 9cm/s，砂粒渗透系数为 0.53cm/s，砾石渗透系数远大于砂粒，因此，砾石性河岸带的渗透性要比砂粒性河岸带的渗透性强得多，从而引起砾石性河岸带的入渗量要远大于砂粒性河岸带，使得潜流层中溶质迁移速度存在明显差异。

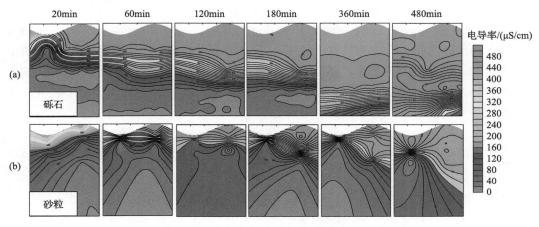

图 8.7　不同基质组成对潜流层溶质迁移速度与范围的影响

2. 不同河岸带基质组成对潜流层溶质驻留时间的影响

两组工况下不同位置溶质驻留时间的变化如图 8.8 所示。由图 8.8 可以看出，砂粒性河岸带各点的溶质平均驻留时间均比砾石性河岸带各点的溶质平均驻留时间要长。这主要是由于砾石性河岸带表面相比于砂粒性河岸带更粗糙，可以驱动更强的紊流交换，同时砾石性河岸带的渗透系数远大于砂粒性河岸带，促进了潜流交换，使得潜流交换速度更快，因此，砾石性河岸带内溶质驻留时间远小于砂粒性河岸带。可见，当地表水流速和河岸形态均相同时，河岸带基质的变化对溶质驻留时间的变化有较大影响。

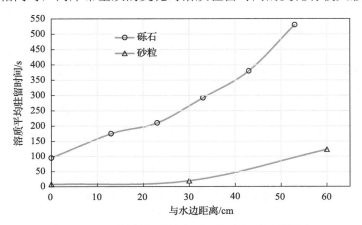

图 8.8　不同基质组成对溶质平均驻留时间的影响

8.3.4 组合因素对潜流层溶质迁移的复合效应

以河岸带蜿蜒振幅为 8cm、地表水流速为 0.31m/s、水深为 11cm、河岸带基质为砾石的工况为例，分析多因素组合条件下溶质迁移和驻留时间的变化。离水边不同位置溶质驻留时间频率分布变化如图 8.9 所示。由图 8.9 可以看出，溶质的平均驻留时间随与水边距离的远近而改变，在河岸带横断面上，潜流交换过程是由近水边缘区的泵吸交换向远离水边的扩散交换的转换过程。在距离水边 0cm 的位置，溶质平均驻留时间频率峰值在 5min 时达到最高，为 0.68，时间的跨度也非常集中。随着与水边距离越远，溶质平均驻留时间的峰值也依次向后推移。在距离水边 0cm、30cm、60cm 的位置内，溶质平均驻留时间频率峰值相差不大，都小于 75min，表明在 0～60cm 区域范围内，溶质平均驻留时间短，这主要是由于该区域以泵吸交换为主，在泵吸交换的作用下，溶质交换的速度也较快，从而使得溶质驻留时间较短。在距离水边 90cm、120cm 的位置内，溶质平均驻留时间峰值的位置距离 60cm 位置峰值线较远，说明在 60cm 以外区域内，溶质的扩散速度相比于 0～60cm 区域内泵吸交换的速度慢得多，溶质容易在此区域范围内累积。

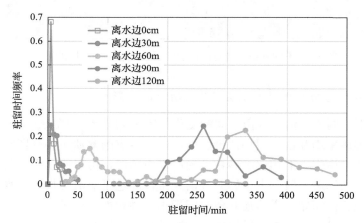

图 8.9 溶质平均驻留时间的频率分布

从以上各单因子对溶质驻留时间的影响分析可知：溶质的平均驻留时间随着与水边距离的增大而增加，随地表水流速、沉积物的渗透系数及河岸形态振幅的增大而减小，但是溶质的平均驻留时间会同时受多个因素的共同影响。本章通过相关性分析方法，分析多因素共同作用对溶质驻留时间的复合效应。由试验发现，在历时 8h 后，离水边 60cm 以外区域仍然未能完全混掺交换，而且从交换方式上，在离水边 60cm 以外区域，溶质迁移机制以扩散交换为主，溶质驻留时间变化不太明显，因此，本章仅分析 0～60cm 范围内溶质平均驻留时间与各因子间的相关性。各因子与溶质平均驻留时间的相关性见表 8.3。

由表 8.3 可知，溶质平均驻留时间 τ 与离水边距离 L 呈正相关关系，而溶质平均驻留时间 τ 与蜿蜒振幅 a、地表水流速 u 及渗透系数 K 均呈负相关关系。因此，平均驻留时间 τ 与 L、a、K、u 之间的关系分别为 $\tau \sim L$、$\tau \sim 1/a$、$\tau \sim 1/K$、$\tau \sim 1/u$。

表 8.3　各因子与溶质平均驻留时间的相关性

项目	平均驻留时间 τ	与水边距离 L	蜿蜒振幅 a	地表水流速 u	渗透系数 K
平均驻留时间 τ	1.00	0.58	−0.30	−0.10	−0.49
与水边距离 L		1.00	−0.01	0.00	0.04
蜿蜒振幅 a			1.00	−0.03	−0.32
地表水流速 u				1.00	−0.02
渗透系数 K					1.00

现将 L、a、K、u 变量进行组合得复合变量 L/Kau，则溶质平均驻留时间 τ 与复合变量 L/Kau 之间的关系为 $\tau \sim L/Kau$。但是溶质平均驻留时间 τ 与复合变量 L/Kau 之间并不是线性关系。由潜流通量的变化发现，平均驻留时间与速度的平方有关，因此，在此基础上，利用溶质平均驻留时间 τ 与复合变量的试验数据拟合两者间的关系，拟合发现两者之间呈线性关系（R^2=0.9028），如图 8.10 所示。由拟合关系式可知，溶质平均驻留时间 τ 与 L、a、K、u 四个因子之间的复合关系可用式（8.18）表示：

$$\tau = 3.8536 \frac{L}{kau^2} + 48.37 (R^2 = 0.9028) \tag{8.18}$$

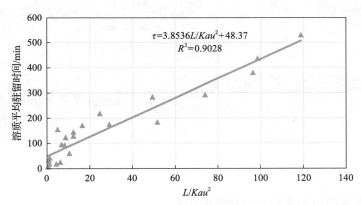

图 8.10　溶质平均驻留时间与多因素的复合效应关系

8.4　有植被河岸带潜流层溶质迁移过程

8.4.1　顺直河岸带植被密度对溶质迁移的影响

有植被条件下溶质迁移的试验装置、试验工况和试验方法见第 7 章。选择顺直河岸的工况 R1（none）、R4（d_x=10cm）、R7（d_x=5cm）三组工况，分析顺直河岸带植被分布密度对溶质迁移过程的影响，如图 8.11 所示。由图 8.11 可知，在无植被工况 R1（none）下，在相同时间、单位波长内各位置溶质迁移速率基本相同。由第 5 章、第 6 章研究分析可知，地表水在近似均匀流条件下，顺直河岸带的潜流交换以紊动扩散交换为主，河道溶质向河岸呈现层层递进的运移规律。但当河岸带布置有植被时，溶质迁移速率有所增大。在 360min 时刻，工况 R1(none)、R4(d_x=10cm)、R7(d_x=5cm)的溶质迁移宽度分别为 15cm、18cm、20cm。在 480min 时刻，工况 R4(d_x=10cm)与 R7(d_x=5cm)的溶质迁移宽度差异性显著。在 540min 时刻，R4(d_x=10cm)与 R7(d_x=5cm)工况下，溶质运移宽度皆有所增大，且此时工况 R7 和 R4 中溶质迁移宽度稳定增大，但工况 R7 的增幅比 R4 大。在 780min 时刻，R1、R4、R7 的溶质平均运移宽度分别为 20cm、25cm、35cm。可见，有植被条件下，溶质迁移范围明显增大。这主要是由于河岸有植被分布时，原来均匀的地表水流变得紊乱，产生了复杂的涡街，使得地表水扰动压力增大，并与河岸地下水形成横向压力梯度，促进了潜流侧向交换进程，而且在河岸带介质孔隙尺度上，水流运动路径曲折发散，这也使得溶质锋面沿着垂直于水流运动方向横向弥散过程更加强烈，促进了溶质向更宽的砂砾层运移。由图 8.11 还可以看出，随着植被间距的减小，植被分布密度增大，坡面水压力梯度增大，潜流交换强度更大，溶质迁移速率明显增大。

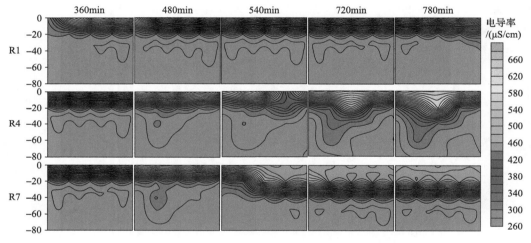

图 8.11　顺直河岸带植被布置方式对溶质迁移的影响

8.4.2　蜿蜒河岸带植被密度对溶质迁移的影响

选择第 7 章的 R1(a=0)、R2(a=4cm)、R3(a=8cm)三组工况，分析无植被条件下河岸带蜿蜒性对溶质迁移的影响，如图 8.12 和图 8.13 所示。由图 8.12 可知，随着河岸带蜿蜒振幅 a 的增大，溶质迁移速率也增大。但是在河岸带蜿蜒波的迎水面与背水面区域，溶质迁移速率增幅不相同。由图 8.13 可知，当河岸带形态为蜿蜒形态时(即 a>0 时)，蜿蜒波迎水面溶质迁移速率大于背水面，且蜿蜒振幅 a 越大，羽前锋区域范围越大。在 780min 时刻，工况 R1 中溶质迁移扩散平均距离约为 20cm；工况 R2、R3 中蜿蜒波迎水面内溶质迁移扩散平均距离约为 30cm，背水面内溶质迁移扩散平均距离约为 10cm。因为蜿蜒振幅较大的河岸带具有更大的形状阻力，河岸带蜿蜒波迎水面和背水面的动水压力梯度更大。由达西定律(Q=KAJ=$KA\Delta P/\rho g$，式中，Q 为渗透量；K 为渗透系数；A 为截面面积；J 为水头梯度；P 为压强；ρ 为密度)可知，蜿蜒河岸带坡面上的不平衡压力梯度可增加潜流通量。因此，以对流为主的蜿蜒波迎水面内，溶质迁移过程会进一步加强，而背水面由于受到河岸地下对流路径和地表滞留区域体积扩增引起的扰动压力骤减的影响，背水面前期溶质浓度变化不明显，受到一定程度的阻滞效应。总体而言，平均迁移距离约为河岸宽度的 1/6。

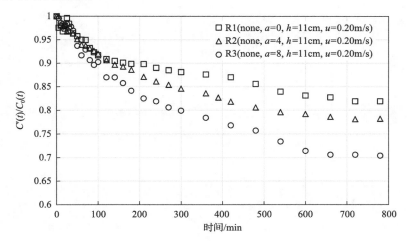

图 8.12　无植被河岸蜿蜒振幅对潜流层溶质浓度的影响

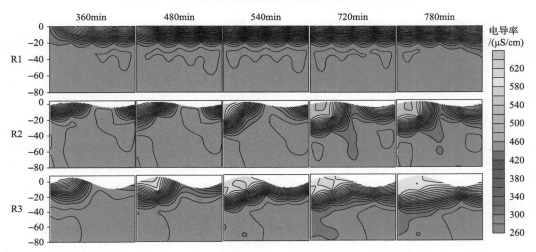

图 8.13　无植被河岸带振幅 a 对潜流层溶质迁移过程的影响

选取 R1(a=0, none)、R7(a=0, d_x=5cm)、R3(a=8cm, none) 和 R9(a=8cm, d_x=5cm) 四组工况，分析植被密度及河岸带蜿蜒性共同作用下溶质迁移过程的变化，如图 8.14 所示。由图 8.14 可以看出，单因子与组合因子对溶质迁移的影响不同。

(1)在蜿蜒振幅单因子作用下，无植被岸坡的工况 R1 与 R3 相比，河岸带蜿蜒波迎水面波峰处溶质浓度平均增幅约为 11.11%，有植被岸坡的工况 R7 与 R9 相比（横向间距为 5cm），河岸带蜿蜒波迎水面波峰处溶质浓度平均增幅约为 17.24%，明显高于无植被工况。这表明河岸蜿蜒性对溶质运移规律在迎水面呈现增强效应。

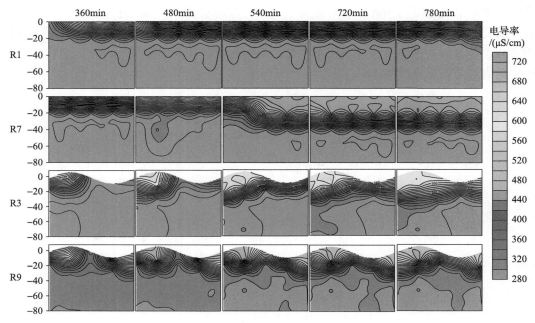

图 8.14　植被与河岸蜿蜒性共同作用下溶质运移过程

（2）植被密度单因子作用下，顺直河岸的工况 R1 与 R7 相比，河岸带蜿蜒波迎水面溶质浓度平均增幅约为 7.41%；蜿蜒型河岸振幅为 8cm 的工况 R3 与 R9 相比，河岸带蜿蜒波迎水面溶质浓度平均增幅约为 13.33%，大于顺直型河岸带。这表明植被间距大小与潜流层溶质运移速率呈现一定的负相关关系，即植被横向间距减小、植被密度增大会促进溶质的运移。

（3）植被密度与蜿蜒振幅共同作用下，在 360min 时刻，工况 R9 的蜿蜒波迎水面溶质浓度比工况 R1 平均增幅为 25.93%。可见复合作用比单因子作用下的溶质迁移更明显，这主要是由于植被与振幅在蜿蜒波迎水面处对潜流交换进程具有协同促进的作用。

（4）由图 8.14 还可以看出，各因素在蜿蜒型河岸不同位置，溶质迁移的作用效应存在显著性差异，即在河岸带蜿蜒波背水面与迎水面，溶质迁移规律表现出明显的差异性。河岸带坡面有植被分布时，明显能够促进潜流交换，增强溶质迁移速度，但背水面却出现了溶质迁移阻滞效应。在 360min 时刻，蜿蜒振幅与植被密度复合作用下（以 R9 为例），背水面靠近波谷处潜流层中的溶质浓度比工况 R1 平均降幅约为 5.56%；振幅单因子作用下，无植被河岸带（以 R1、R3 为例）背水面溶质浓度降幅约为 40.74%，有植被时（以植被横向间距为 5cm 的 R7、R9 为例），背水面溶质浓度平均降幅约为 12.07%。可见，植被桩群的存在会产生复杂的涡街，并向河道纵向延伸，加大了地表水水流的扰动压力（陆浩，1991），促进了潜流交换。但是，在河岸带蜿蜒形态的作用下，河岸带蜿蜒波迎水面流速梯度增大，背水面形成了水流滞留区，使得压力梯度减小，潜流交换受到阻滞，也阻滞了溶质迁移，因此在蜿蜒性与植被共同作用下，河岸带蜿蜒波的背水面溶质迁移呈现阻滞效应。

参 考 文 献

丁贵珍. 2014. 基于 OTIS 模型的巢湖十五里河源头段氮磷迁移转化规律及模拟. 合肥: 合肥工业大学硕士学位论文.

胡立堂. 2004. 地下水三维流多边形有限差分模拟软件开发研究及实例应用. 北京: 中国地质大学博士学位论文.

李凡, 李家科, 马越, 等. 2018. 地下水数值模拟研究与应用进展. 水资源与水工程学报, 29(1): 99-103, 110.

李如忠, 丁贵珍. 2014. 基于 OTIS 模型的巢湖十五里河源头段氮磷滞留特征. 中国环境科学, 34(3): 742-751.

李如忠, 丁贵珍, 徐晶晶, 等. 2014. 巢湖十五里河源头段暂态储存特征分析. 水利学报, 45(6): 631-640.

李现坡, 杨勇, 马院红, 等. 2008. 潜流式湿地系统停留时间分布实验结果分析. 环境污染与防治, 30(2): 64-67.

陆浩. 1991. 桥梁水力学. 北京: 人民交通出版社.

任杰, 程嘉强, 杨杰, 等. 2018. 潜流交换温度示踪方法研究进展. 水科学进展, 29(4): 597-606.

夏继红, 陈永明, 王为木, 等. 2013. 河岸带潜流层动态过程与生态修复. 水科学进展, 24(4): 589-597.

朱静思, 束龙仓, 鲁程鹏. 2013. 基于热追踪方法的河道垂向潜流通量的非均质性研究. 水利学报, 44(7): 818-825.

Baker M A, Dahm C N, Valett H M. 1999. Acetate retention and metabolism in the hyporheic zone of a mountain stream. Limnol. Oceanogr, 44(6): 1530-1539.

Bencala K E, Walters R A. 1983. Simulation of solute transport in a mountain pool-and-riffle stream: a transient storage model. Water Resources Research, 19(3): 718-724.

BGS. 2004. User's Manual for the Groundwater Flow Model ZOOMQ3D. British Geological Survey Internal Report IR/04/140.

Brodie R, Sundaram B, Tottenham R, et al. 2007. An Overview of Tools for Assessing Groundwater-surface Water Connectivity. Canberra: Bureau of Rural Sciences.

Brown B V, Valett H M, Schreiber M E. 2007. Arsenic transport in groundwater, surface water, and the hyporheic zone of a mine-influenced stream-aquifer system. Water Resource Research, 43(11): W11404.

Buss S, Cai Z, Cardenas B, et al. 2009. The Hyporheic Handbook—A handbook on the Groundwater-surface Water Interface and Hyporheic Zone for Environment Managers. Environment Agency, UK, Integrated Catchment Science Programme Science Report: SC050070.

Buxton T H, Buffington J M, Tonina D, et al. 2015. Modeling the influence of salmon spawning on hyporheic exchange of mar. Canadian Journal of Fisheries and Aquatic Sciences, 72(8): 15-46.

Cardenas M B, Wilson J L. 2007. Dunes, turbulent eddies, and interfacial exchange with permeable sediments. Water Resources Research, 43(8): 199-212.

Cardenas M B, Wilson J L, Haggerty R. 2008. Residence time of bedform-driven hyporheic exchange. Advances in Water Resources, 31(10): 1382-1386.

Coleman R L, Dahm C N. 1990. Stream geomorphology: Effects on periphyton standing crop and primary production. Journal of the North American Benthological Society, 9(4): 293-302.

Conant B, Cherry J A, Gillham R W. 2004. A PCE groundwater plume discharging to a river: influence of the streambed and near-river zone on contaminant distributions. Journal of Contaminant Hydrology, 73(1-4): 249-279.

Constantz J. 2008. Heat as a tracer to determine streambed water exchanges. Water Resources Research, 44: W00D10.

Duff J H, Triska F J. 1990. Denitrification in sediments from the hyporheic zone adjacent to a small forested stream. Canadian Journal of Fisheries & Aquatic Sciences, 47(6): 1140-1147.

Environment Agency. 2002. Resource Assessment and Management Framework Report and User Manual(Version 3), R&D Technical Manual W6-066M. Bristol: Environment Agency.

Environment Agency. 2004. IGARF1 V4 User Manual. Environment Agency Report NC/00/28. Bristol: Environment Agency.

Environment Agency. 2006. SIMCAT9.4-A Guide and Reference for Users. Wales Environment Agency of England and Wales.

Environment Agency. 2008. Numerical Modelling of the Impact of Groundwater Abstraction on River Flows. Environment Agency Science Report SC030233/SR1. Bristol: Environment Agency.

Ewen J, Parkin G, O'Connell P E. 2000. Shetran: Distributed river basin flow and transport modeling system. Journal of Hydrologic Engineering, 5: 250-258.

Fathi-Maghadam M. 1997. Nonrigid, nonsubmerged, vegetative roughness on floodplains. Journal of Hydraulic Engineering, 123 (1): 51-57.

Fischer H, Kloep F, Wilzcek S, et al. 2005. A river's liver-microbial processes within the hyporheic zone of a large low land river. Biogeochemistry, 76 (2): 349-371.

Fisher S G, Grimm N B, Marti E, et al. 1998. Material spiraling in stream corridors: a telescoping ecosystem model. Ecosystems, 1: 19-34.

Fuller C C, Harvey J W. 2000. Reactive uptake of trace metals in the hyporheic zone of a mining-contaminated stream, Pinal Creek, Arizona. Environmental Science and Technology, 34: 1150-1155.

Gabrielsen P J. 2012. Hyporheic Zone Process Controls on Dissolved Organic Carbon Quality. New Mexico: PhD Dissertation of New Mexico Institute of Mining and Technology.

Gandy C J, Smith J W N, Jarvis A P. 2007. Attenuation of mining derived pollutants in the hyporheic zone: a review. Science of the Total Environment, 373 (2-3): 435-446.

Gooseff M N, Bencala K E, Wondzell S M. 2008. Solute Transport Along Stream and River Networks. River Confluences, Tributaries and the Fluvial Network. John Wiley and Sons, Ltd.

Haggerty R, Argerich A, Martí E. 2008. Development of a "smart" tracer for the assessment of microbiological activity and sediment-water interaction in natural waters: the resazurin-resorufin system. Water Resources Research, 44: W00D01.

Hannah D M, Malcolm I A, Bradley C. 2009. Seasonal hyporheic temperature dynamics over riffle bedforms. Hydrological Processes, 23 (15): 2178-2194.

Harbaugh A W. 2005. MODFLOW-2005, the U.S. Geological Survey modular groundwater model—the Ground-Water Flow Process: U.S. Geological Survey Techniques and Methods 6-A16.

Hester E T, Doyle M W, Poole G C. 2009. The influence of in-stream structures on summer water temperatures via induced hyporheic exchange. Limnology and Oceanography, 54 (1): 355-367.

Hester E T, Gooseff M N. 2010. Moving beyond the banks: Hyporheic restoration is fundamental to restoring ecological services and functions of streams. Environmental Science and Technology, 44: 1521-1525.

Hill A R, Labadia C F, Sanmugadas K. 1998. Hyporheic zone hydrology and nitrogen dynamics in relation to the streambed topography of a N-rich stream. Biogeochemistry, 42 (3): 285-310.

Hlavacova E, Rulik M, Cap L. 2005. Anaerobic microbial metabolism in hyporheic sediment of a gravel bar in a small lowland stream. River Research and Applications, 21: 1003-1011.

Jones J B, Fisher S G, Grimm N B. 1995. Nitrification in the hyporheic zone of a desert stream ecosystem. Journal of the North American Benthological Society, 14: 249-258.

Jones J B, Holmes R M. 1996. Surface-subsurface interactions in stream ecosystems. Trends in Ecology and Evolution, 1: 239-242.

Kirby J T. 2005. Integrated environmental modeling: pollutant transport, fate, and risk in the environment. Journal of Virology, 61 (12): 3701-3709.

Kirchner J W, Feng X, Neal C. 2000. Fractal stream chemistry and its implications for contaminant transporting catchments. Nature, 403 (6769): 524.

Krause S, Hannah D M, Fleckenstein J H, et al. 2011. Inter-disciplinary perspectives on processes in the hyporheic zone. Ecohydrology, 4 (4): 481-499.

Krause S, Heathwaite A L, Binley A, et al. 2009. Nitrate concentration changes along the groundwater-surface water interface of a small Cumbrian river. Hydrological Processes, 23: 2195-2211.

Mason S J K, McGlynn B L, Poole G C. 2012. Hydrologic response to channel reconfiguration on Silver Bow Creek, Montana. Journal of Hydrology, 438-439: 125-136.

Miller M P, McKnight D M, Cory R M, et al. 2006. Hyporheic exchange and fulvic acid redox reactions in an alpine stream/wetland ecosystem, Colorado Front Range. Environmental Science and Technology, 40 (19): 5943-5949.

Moldovan O T, Levei E, Marin C, et al. 2011. Spatial distribution patterns of the hyporheic invertebrate communities in a polluted river in Romania. Hydrobiologia, 669: 63-82.

Mulholland P J, Marzolf E R, Webster J R, et al. 1997. Evidence that hyporheic zones increase heterotrophic metabolism and phosphorus uptake in forest streams. Limnology and Oceanography, 42 (3): 443-451.

Naranjo R C, Niswonger R G, Davis C J. 2015. Mixing effects on nitrogen and oxygen concentrations and the relationship to mean residence time in a hyporheic zone of a riffle-pool sequence. Water Resources Research, 51 (9): 7202-7217.

Navel S, Sauvage S, Delmotte S, et al. 2012. A modelling approach to quantify the influence of fine sediment deposition on biogeochemical processes occurring in the hyporheic zone. Annales de Limnologie-International Journal of Limnology, 48 (3): 279-287.

Nzengung V A, Penning H, O'Niell W. 2004. Mechanistic changes during phytoremediation of perchlorate under different root-zone conditions. International Journal of Phytoremediation, 6: 63-83.

Pinay G, Haycock N E, Ruffinoni C, et al. 1994. The role of denitrification in nitrogen removal in river corridors. //Mitsch W J. Global Wetlands: Old World and New. Amsterdam: Elsevier.

Rau G C, Andersen M S, McCallum A M, et al. 2014. Heat as a tracer to quantify water flow in near-surface sediments. Earth-Science Reviews, 129 (1): 40-58.

Reed S C, Brown D. 1995. Subsurface flow wetlands: a performance evaluation. Water Environment Research, 67 (2): 244-248.

Richardson C, Parr D. 2015. Non-point source pollution: a diffusional model. Hydraulic Engineering, ASCE.

Roley S S, Tank J L, Williams M A. 2012. Hydrologic connectivity increases denitrification in the hyporheic zone and restored floodplains of an agricultural stream. Journal of Geophysical Research, 117: G00N04.

Runkel R L. 1995. Simulation models for conservative and nonconservative solute transport in streams. IAHS Publications-Series of Proceedings and Reports-International Association Hydrological Sciences, 226: 153-160.

Runkel R L. 1998. One Dimensional Transport with Inflow and Storage (OTIS): A Solute Transport Model for Streams and Rivers. Denver, Colorado: U.S. Geological Survey Water-Resources Investigation Report.

Runkel R L, Chapra S C. 1993. An efficient numerical-solution of the transient storage equations for solute transport in small stream. Water Resources Research, 29 (1): 211-215.

Schindler J E, Krabbenhoft D P. 1998. The hyporheic zone as a source of dissolved organic carbon and carbon gases to a temperate forested stream. Biogeochemistry, 43 (2): 157-174.

Smith J W N. 2005. Groundwater-Surface Water Interactions in the Hyporheic Zone. Environment Agency Science Report SC030155/SR1.

Smith J W N, Lerner D N. 2008. Geomorphologic control on pollutant retardation at the groundwater-surface water interface. Hydrological Processes, 22: 4679-4694.

Stanford J A, Ward J V. 1993. An ecosystem perspective of alluvial rivers: connectivity and the hyporheic corridor. Journal of the North American Benthological Society, 12 (1): 48-60.

Stelzer R S, Bartsch L A, Richardson W B, et al. 2011. The dark side of the hyporheic zone: depth profiles of nitrogen and its processing in stream sediments. Freshwater Biology, 56 (10): 2021-2033.

Storey R G, Fulthorpe R R, Williams D D. 1999. Perspectives and predictions on the microbial ecology of the hyporheic zone. Freshwater Biology, 41: 119-130.

Storey R G, Williams D D, Fulthorpe R R. 2004. Nitrogen processing in the hyporheic zone of a pastoral stream. Biogeochemistry, 69 (3): 285-313.

Therrien R, McLaren R G, Sudicky E A, et al. 2004. HydroGeoSphere: a three-dimensional numerical model describing fully-integrated subsurface and surface flow and solute transport: user manual. http://www.science.uwaterloo.ca/~mclaren/public/ hydrosphere. pdf. [2019-7-13].

Tonina D, Buffington J M. 2009. Hyporheic exchange in mountain rivers I: mechanics and environmental effects. Geography Compass 3(3): 1063-1086.

Triska F J, Duff J H, Avanzino R J. 1993. Patterns of hydrological exchange and nutrient transformation in the hyporheic zone of a gravel-bottom stream-examining terrestrial aquatic linkages. Freshwater Biology, 29: 259-274.

Vervier P, Bonvallet-Garay S, Sauvage S, et al. 2009. Influence of the hyporheic zone on the phosphorus dynamics of a large gravel-bed river, Garonne River, France. Hydrological Processes, 23: 1801-1812.

Wallis S G, Manson J R. 2004. Methods for predicting dispersion coefficients in rivers. Water Management, 157(157): 131-141.

Williams D D, Febria C M, Wong J C Y. 2010. Ecotonal and other properties of the hyporheic zone. Fundamental and Applied Limnology, 176(4): 349-364.

Woessner W W, Thomas S A. 2008. Buffered, lagged, or cooled: disentangling hyporheic influences on temperature cycles in stream channels. Water Resources Research, 44: W09418.

Zarnetske J P, Haggerty R, Wondzell S M, et al. 2011. Dynamics of nitrate production and removal as a function of residence time in the hyporheic zone. Journal of Geophysical Research, 116: G01025.

Zheng C, Wang P P. 1999. MT3DMS: A Modular Three-Dimensional Multispecies Transport Model for Simulation of Advection, Dispersion and Chemical Reactions of Contaminants in Groundwater Systems; Documentation and User's Guide. Contract Report SERDP-99-1, US Army Corps of Engineers-Engineer Research and Development Center, 220.

第9章 河岸带潜流层生态系统与生态修复

9.1 生物组成与分布特征

9.1.1 生物组成

对潜流的认识源于对生物的认识（Boulton et al.，2010）。一些学者在对地下水系统调查时，发现了某些喜欢在地表水生活的无脊椎动物也出现在地下水中，甚至会到达深 1km 的地下，而且在地表水与地下水相互作用区域发现既存在地表栖息动物（如蜉蝣、石蝇、摇蚊），也存在地下水动物（如盲水螨、等足类动物、两栖类动物）（Karaman，1935；Chappuis，1942）。1959 年罗马尼亚动物学家 Orghidan 将出现在潜流层的生物定义为潜流生物，并将这个区域定义为"潜流生物圈"（hyporheic biotop）。可见，潜流层区域生活着一些特殊的生物物种，这些潜流生物能够在垂向、横向和纵向迁移，能生活于离河道几百米远的地方（Stanford and Gaufin，1974；Stanford and Ward，1988）。它们整个生命周期或者部分阶段生活在潜流层内（Boulton et al.，2010），如石蝇的整个幼虫期都在潜流层中度过，它们在返回河道求偶、交配、产卵之前会迁移相当长的距离。对潜流生物种类、生态特性、多方向的迁移变化研究，在很大程度上促进了生态学家深入研究有机物质和能量在潜流层侧向上的运动机理。

根据潜流生物在生命期内对潜流的依赖程度，河岸带潜流生物主要有三类：临时性潜流生物、两栖类潜流生物和永久性潜流生物等（袁兴中和罗固源，2003；Boulton，2007），其生活特点如图 9.1 所示。临时性潜流生物是为了生存、繁殖需要，在生命周期的某个阶段选择潜流层作为其生存区域。临时性潜流生物主要是一些蜕变期的昆虫。蜕变期结束后，它们会返回地表水。两栖类潜流生物是指既可生活于地表水中，又可生活于地下水中的生物，如石蝇类，它们能生存于潜流层中一年以上。永久性潜流生物是指整个生命期均生活于潜流层的生物，如线虫类、螨类、寡毛类、微甲壳类、轮虫类，以及其他完全生活于潜流层中的微小底栖类生物等（Hancock et al.，2005；Smith，2005）。

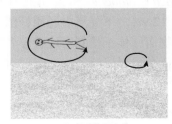 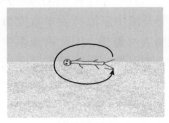 

   (a) 临时性潜流生物   (b) 两栖类潜流生物   (c) 永久性潜流生物

图 9.1　河岸带潜流层生物类型示意图

潜流层为黑暗生境，生物群落由微生物生物膜、原生生物和无脊椎动物组成（苏小四等，2019），以无脊椎动物和微生物为主。除了无脊椎动物群落以外，潜流层沉积物颗粒表层还包裹着一层生物膜，这是由细菌、真菌、原生动物、小型底栖动物等微型生物所组成的生物层（袁兴中和罗固源，2003）。潜流层中的微生物通常会出现在浮游生物区域（较大的自由水流中）、间隙性区域（既可以居留也可以自由运动）及生物膜区域（一种多糖性细胞物质或者一些微观生物）。

1. 原生生物

原生动物的大小通常在 10～50μm，但也能生长到 1mm，主要是纤毛虫、鞭毛虫和变形虫。它们生活在整个水体环境和土壤中，在整个营养等级上都会出现。主要包括原生菌类、原生藻类和原生动物。

2. 真菌

Bärlocher 和 Murdoch（1989）研究发现了潜流层中存在真菌。Bärlocher 等（2006）在研究加拿大安大略南部一条季节性河流时，详细观察了潜流层中真菌的特点，发现水生丝孢菌等真菌喜欢在潜流中扩散，由于潜流层中养分较为缺乏，所以这些真菌相对较为分散。

3. 细菌

浮游生物区域有很多自由游动的细菌，这些细菌往往与水中的泥沙含量有关，每毫升水体中通常生活有 10^6～10^8 个细菌。而在潜流层交界面，由于存在水流交换，水流渗入往往使得交界面细菌数量和生产力较高（Buss et al.，2009）。Brunke 和 Fischer（1999）在对瑞典的一条季节性河流调查时发现：在潜流层砂砾孔隙垂向水层中发现有 1.6×10^5～4.8×10^8 cells/ml 的细菌，其最大数量大约要高出大多数湖泊两个数量级，而且潜流无脊椎生物群落数量、丰富度及密度均与细菌数量和生产力呈正相关关系（Brunke and Fischer，1999）。

4. 微生物病原体

潜流层中也存在着微生物病原体。Halda-Alija 等（2001）的研究表明：潜流层中存在肠原杆菌，绝大多数肠原杆菌为阴沟肠杆菌（*Enterobacter cloacae*）和聚团肠杆菌（*E.agglomerans*），夏季，潜流上升流中肠原杆菌丰富度为 12.9%，下降流中肠原杆菌丰富度为 9.8%。由于病原体会威胁人类健康，因此潜流微生物病原体正受到河流管理者的高度关注，尤其是水源区、人口密集的滨岸区等重要区域正在引起广泛关注，需要对其开展深入研究（John and Rose，2005）。

5. 无脊椎动物

潜流层中生存着寡毛类、桡足类、线虫类、双翅昆虫类等多种无脊椎动物（Pryce，2011），它们主要生存在浅层，例如石蝇昆虫中很多体型较大的类群幼虫会在河道中生存并繁殖后代，但体型相对较小的类群幼虫，其大部分时间则生活在溪流潜流层及河漫滩

(Boulton et al., 2010)。一些处于早期生活史阶段的水生昆虫个体均较小，通常小于 0.5 mm。大多数无脊椎动物生活在潜流层沉积物的孔隙中，由于环境条件的改变，其形态和生理均会发生变化，例如眼睛退化、感觉附器延长、身体细小等，以适应黑暗生境。无脊椎动物的数量和分类在局部区域内呈现为一定的成片性和均一性。

6. 鱼类

在潜流层区域还发现了大型鲑鱼(Baxter and Hauer，2000)和大马哈鱼(Geist，2000)等鱼类。一些喜欢栖息在河岸带的鱼类通常会将鱼卵产在泥沙颗粒中，例如 DeVries (1997)研究发现鲑鱼会将鱼卵埋在 0.05～0.5m 深的泥沙中。Malcolm 等(2005)通过监测碱度和溶解氧浓度分析流域内潜流层鱼类产卵特征，将产卵位置分为三类：地下水为主型、地表水为主型及瞬时水位型。

9.1.2　生物多样性

由于受到地表水和地下水的影响，在泥沙厚度、水文交换类型的共同作用下，潜流区形成了水压力、溶质浓度、溶解氧浓度的梯度变化(Feris et al.，2003a，2004)，因此交界区内潜流生物组成、类型变化非常明显，具有较高的生物多样性。据统计，潜流层栖息着多达 80 多种无脊椎动物，包括浮游甲壳类、寡毛类、水螨类、石蝇及蜉蝣类等(Stanford and Ward，1988)。Andrushchyshyn 等(2007)在对加拿大安大略南部浅层地下水系统研究时共发现了 170 种纤毛虫，属于 89 属。潜流生物多样性表现为地形多样性、功能多样性、新陈代谢多样性、行为多样性及生态多样性。

潜流层生物多样性是由其栖息地条件决定的。当栖息地条件发生改变时，生态系统的群落数量、物种组成比例也会发生变化，群落数量和组成比例可以反映出优势物种的变化，一些优势主导型物种可能变为非优势物种，而一些非优势物种可能会变为优势物种，同时也可能会出现一些新的物种，从而形成了生物多样性。例如某些生物群落或物种易受温度、氧化还原等条件的影响，而其他一些物种并不受温度和氧化还原反应条件变化的影响。对于易受条件影响的生物而言，当生存条件并不是最优时，由于其自身的耐受能力，它们仍然能够继续生活，但是当条件超出其耐受限度时，生物可能会死亡，甚至一些物种会消失。当营养水平较低时，环境中大多数微生物是非常有限的，它们的个体大小会变小，活性会降低，细胞分裂时间会增加(当他们受到还原细胞分裂作用而发生分裂时，这些生物的个体大小会变小)。当营养水平提高时，会发生反方向的过程。研究发现，潜流生物的多样性还与拦河建筑物有关，如坝下游潜流层中无脊椎动物的数量和种类会有所减少，致密的泥沙具有过滤功能，使得坎坝头部的下降流中通常会发生强烈的化学变化，无脊椎动物会聚集在这一区域位置，而且大型无脊椎动物也主要出现在浅层区域(Pryce，2011)。因此，生物组成、物种丰富度的关键控制因子是与源头的距离、土壤水力传导性、深度、碱度、溶解氧等。

微生物具有很强的遗传适应性，能够根据环境条件，传递微生物种群基因。依靠生物多样性及遗传获得机制，保证了生态系统功能的多样性，使得功能具有更好的稳定性。从功能性群居的角度看，潜流生物具有功能多样性，特别是微生物、细菌具有明显的功能多样性和新陈代谢多样性，功能多样性和新陈代谢多样性能够使生物从原始物质中获得能量，而不是从有机碳中获得能量，能够使生物从其他电子受体中获得能量，而不是通过氧化过程获得能量。这些功能多样性和新陈代谢多样性也决定了潜流层生态系统的物种丰富性和栖息地多样性。系统中异养性细菌通常会起主要作用，尤其是在有氧条件下，细菌的控制作用更明显。正因为这一作用过程，生物可以直接利用有机碳，而且从简单的到复杂的化合物，它们都能消费。然而，当氧气耗尽，下层处于无氧状态时，碳只能依靠氧化还原环境实现循环。另外，有氧条件下微生物的分解速度比无氧条件下快，这也会影响潜流生态系统的生物多样性。

9.1.3　生物分布特征

　　潜流层生物的分布和组成在不同的时间和空间尺度上差异性较大。在纵向上，上游比下游生物组成丰富。在垂向上，植物根系可生长于浅层或深层，动物主要分布于浅层。潜流层浅层内微生物密度最大，新陈代谢活动最强烈（Buriánková et al.，2012）。在横向上，潜流生物的分布范围较宽，可延伸至河道外 10m，甚至更远（Stanford et al.，2005）。在时间上，不同水文周期内，生物分布也有所不同，例如干旱持续时间越长，潜流生物密度和丰富度都减少越明显（Datry，2012）；再如，洪水后，由于泥沙的运动，细沙填塞了所有空隙，潜流生物会失去一定的生存空间和食物来源，生物组成将会减少（Nataša et al.，2012）。潜流生物的恢复需要一定的时间。例如，无脊椎动物平均密度需要 2.5 个月左右才能恢复（Mori et al.，2011）。微生物群落（包括细菌、真菌和原生生物）的分布方式主要与泥沙颗粒大小（Chafiq et al.，1999）、位置特征（Cleven，2004；Sliva and Williams，2005；Bärlocher et al.，2006）、季节变化（Cleven and Konigs，2007；Hullar et al.，2006）、有效养分含量（McKnight et al.，2001）等因素相关，尤其是与 DOC 的来源和浓度变化关系密切（Brugger et al.，2001；Fischer et al.，2002；Findlay et al.，2003）。因此，可以用孔隙水流、粒子过滤、颗粒沉积等溶质输运、胶体交换的参数来研究潜流生物与环境因子之间的作用机制（Pickup et al.，2003；Searcy et al.，2006），这些影响机制仍有待进一步深入研究。

1. 原生生物分布

　　原生生物的物种丰富度具有明显的时空变化，潜流中鞭毛原生动物和纤毛原生动物的丰富度比地表泥沙中的要高（Andrushchyshyn et al.，2007）。一般而言，纤毛原生动物在 10～40cm 层内密度较高，鞭毛原生动物分布在所有深度上，但是洪水前在 30～40cm 层内密度最高。Andrushchyshyn 等（2007）对加拿大安大略南部 5 个位置调查后发现，纤毛门类原生动物主要分布在 20～60cm 层内。在 60cm 以下区域，丰富度将会减小（Andrushchyshyn et al.，2007）。Packroff 和 Zwick（1998）在调查沙性河床时也发现了类似现象，丰富性变化非常明显，纤毛虫的数量和生物量在地表泥沙中最大，越往下层，数量和生物量逐渐减小，纤毛虫数量平均为 0～895cells/ml，生物量平均为 0～5.3mg/ml。在所有深度层上，小型噬菌体纤毛虫（<50μm）为优势物种，也同时出现了杂食性和食肉性物种（平均密度可达 30%）（Packroff and Zwick，1998）。

2. 细菌分布

细菌数量和生产力与孔隙颗粒有机质含量密切相关。据研究，潜流层中细菌碳约占颗粒态有机碳的 0.06%～5.3%(Brunke and Fischer，1999)，颗粒态氮的含量对细菌数量和生产力变化的解释程度分别可达 75% 和 72%。因此，通常采用颗粒态氮作为衡量细菌数量和生产力的重要指标。另外，在潜流层垂向上，随着深度增大，细菌数量会减少。由于受孔隙介质的影响，潜流交换存在障碍时，细菌数量和生产力均存在一定的阻滞现象。

3. 真菌分布

随着深度的增大，真菌数量明显减少。另外，季节变化对真菌数量的影响不大。真菌通常会附着于粗颗粒粒子上，也会在生物膜中与细菌共存。真菌数量会随着粒子大小的变化而变化，在沉积的落叶表面真菌数量最高，在沉积的枯枝上数量最低(Bärlocher et al.，2006)。因此，真菌数量和活性与粗颗粒物质的出现密切相关。但分子研究表明，真菌的种系发育型明显受季节变化的影响，而深度变化对其影响不明显(Bärlocher et al.，2008)。季节和断面尺度对前 10 种出现频率最多的种系影响显著。随着温度逐渐升高，种系多样性会降低。

4. 微生物病原体分布

微生物病原体沿河空间差异性非常大，主要受温度、无机养分、缺氧带等因素的影响(Halda-Alija et al.，2001)。潜流中微生物病原体的栖息、迁移、繁殖等状况均与水流条件、生物细胞大小、源物质颗粒大小、孔隙率、泥沙颗粒间隙大小、地表面和生物膜的吸附能力、捕食率等因子密切相关(Pickup et al.，2003)，例如地表水流、河流汇流、隐孢子虫卵囊(*Cryptosporidiumn*)的出现等均可促进病原体进入潜流层。水流与泥沙之间的作用机制(如沉积过程)对潜流微生物病原体的运动具有一定的调节作用，会在泥沙中形成病原体库，在洪水期，会有大量病原体进入地表水中(Pickup et al.，2003；Searcy et al.，2006)。

5. 无脊椎动物分布

潜流层无脊椎动物群落结构时空变化显著。影响群落分布的因子有沿水流路径上潜流层的空间位置距离、溶解氧浓度、有机物浓度、温度、营养物、底质性质。在一些冲积河流中，甚至在离主河道较远(有时远至数公里)的侧向平行带中还能发现潜流动物。一方面说明在一些河流系统，潜流带的地理延伸范围较宽(袁兴中和罗固源，2003)；另一方面也说明无脊椎动物分布的空间异质性较大。

6. 鱼类分布

鱼类更喜好在上升流中产卵(Geist，2000)。鱼卵的孵化、胚胎存活与发育都会受到潜流层中泥沙运动过程、潜流交换的影响。例如鳟鱼胚胎发育需要持续不断的低温、清洁、富含氧气的水流，才能保证胚胎呼吸和冲洗新陈代谢的废物。正是由于孵化环境的复杂性，潜流鱼卵胚胎具有显著的时空变化差异性，但是如果潜流层中地下水滞留时间过长，溶解氧含量较低，则会影响胚胎正常发育，甚至导致胚胎死亡，从而会影响鱼类机能和鱼卵存活水平。

9.2　食物链与养分循环

9.2.1　食物链与食物网的结构特征

在河岸带潜流层生物地理化学循环中，生物不是独立的，而是相互作用的，形成完整的生物循环系统。河岸带潜流层在没有光合作用的条件下，依靠水动力交换过程和植被根系，将有机质(颗粒态有机质和溶解态有机质)、氧气输运进入潜流层中，微生物、原生生物、无脊椎动物可直接吸收和分解水体携带的养分和氧气。同时，原生生物以微生物为消费对象，无脊椎动物以微生物和原生动物为消费对象(Williams et al.，2010)。这种生物之间的消费关系形成了河岸带潜流层生态系统的食物链、食物网，如图9.2所示。通过食物链和食物网完成物质、能量转化和信息传递过程，由于在黑暗环境中，没有光合作用，河岸带潜流层生态系统食物链和食物网的结构较为简单(Sudheep and Sridhar，2012)。主要以微生物与无脊椎动物构成了潜流层食物网，在这个食物网中，优势营养群是食腐屑者和捕食者(Boulton，2000)。潜流层食物网不同于地表水生态系统，地表水生态系统主要由初级生产力维持植食者的取食，而在潜流层生态系统则是生物膜为各种不同的无脊椎动物提供营养源，如碳源、氮源的供应(袁兴中和罗固源，2003)

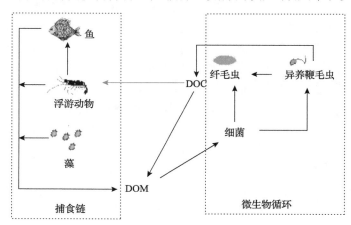

图 9.2　潜流层食物链(Buss et al.，2009)

无脊椎动物是微型或小型底栖生物的重要组成部分，它们以原生动物为捕食对象，原生动物是无脊椎动物的重要食物来源。细菌与原生生物之间也存在捕食-被捕食关系，其中原生生物为捕食者，它们可直接食用某些自由细菌，主要以单细胞或细丝状藻类、细菌及微型真菌为食，它们在食物链的分解者中发挥着食草性消费者的作用。因此，原生动物在控制细菌数量、生物量、细菌转化和藻类生产力方面发挥着重要生态功能，从而使得食物链能保持营养级的连续性(Buss et al.，2009)。但由于 99%的地下细菌是附着在沉积物表面的，因此，食物链中传递的能量都比较少。

　　由于受到外界输入溶解性有机质的影响，在河岸带潜流层生态系统的食物网中，除了部分化学细菌是自养型生物外，绝大部分潜流生物都属于异养型生物，对保持食物链、食物网的完整性发挥着重要作用，尤其是微生物具有重要生态作用。Fischer 等(2002)研究认为由于潜流微生物的出现，河道泥沙就像动物的肝脏那样，通过碳、氮循环发挥排毒作用。因此，微生物生态学对理解潜流层的作用非常关键。尽管人们已认识到微生物具有很强的影响，但是对潜流微生物活性的了解却非常少，尤其是对中小河流河岸带、交汇性河流河岸带潜流生物的认识很少，河岸带潜流层中微生物的组成、多样性、分布及其与水文过程、溶质迁移转化过程的作用机理仍有待深入探究。

9.2.2　营养循环与新陈代谢

1. 营养循环

　　潜流层生物群落在生态系统工程(生物群落共同作用改变其周围环境)、有机物转化过程及营养的级联效应、潜流层和地表沉积物之间的有机物质和养分的转化过程中起着重要作用(苏小四等，2019)。潜流层为潜流生物的生存提供了重要的营养来源，并在潜流层内完成营养循环。潜流层不存在光合作用，主要的能量源自下降流和上升流中的颗粒态有机质(particulate organic matter，POM)和溶解态有机质(dissolved organic matter，DOM)。DOM 和 POM 通过微生物的同化作用进入食物链，实现营养素的循环，并保持与地表水、地下水之间的连通性，如图 9.3 所示。DOM 是潜流生态系统食物网的主要能量来源(Wetzel，2001)。

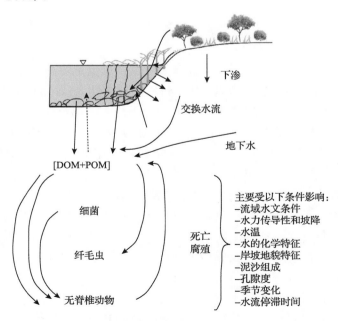

图 9.3　营养循环过程(参考 Williams et al.，2010)

　　虽然微生物新陈代谢能力受到 POM 的影响，但微生物群落组成与 DOM 的浓度关系更密切，而且在上升流和下降流、浅层、深层潜流层中，DOM 的分子特性、碳结构上都呈现出明显的空间变化(Sliva and Williams，2005)。因此，DOM 中碳占主要成分，碳会通过一些通道，如相联系的地表水体、植物根系、土壤的缓慢淋滤等迅速进入潜流层中，依靠生物膜转移给一级消耗者和二级消耗者，其来源和特性在微生物群落结构季节性脉冲变化过程中发挥着非常重要的作用。潜流层中碳素的存在形态主要有无机碳及有机碳。可利用的有机碳是食物网和生态系统中主要的营养物质。有机碳主要包括颗粒态有机碳(particulate organic carbon，POC)、溶解态有机碳(dissolved organic carbon，DOC)、甲烷(CH$_4$)等形态。颗粒态有机碳主要悬浮在水中、填充在沉积物空隙中或附着在介质表面，是水生生态系统中一些大型生物和微生物的直接养分和能量来源。颗粒态有机碳可直接水解为溶解态有机碳，在甲烷细菌作用下转化为甲烷，或被生物代谢为溶解态有机碳和无机碳。

　　大多数情况下，潜流层水流非常缓慢，颗粒性物质只能运移较短距离，因此，DOC是潜流层中碳的主要来源。很少有无脊椎动物能够直接利用 DOC 作为其碳源，DOC 的初始吸收主要是由微生物群落完成的。微生物群落和生物膜是潜流层生态系统中的主要消费者，它对潜流层生态系统的新陈代谢和能量输运起着主要作用(Atkinson et al.，2008)。微生物会直接吸收 DOC，而细菌和较高级的生物体可以消耗或分解有机物的微粒。当 Stygofauna 直接消耗有机物的微粒时，由于它们的排泄或死亡，会产生一些营养元素。细菌和动物群的呼吸作用产生二氧化碳，可以为需要无机碳的矿质营养细菌提供能量。生物膜也是主要养分源，而且潜流层生态系统内次级生产量在整个河流生态系统中占重要比例。另外，生物膜的捕食功能也会阻止生物的过渡繁殖，从而能够调节潜流环境中的碳、氮循环。

2. 新陈代谢与生产力

　　由于 DOM 是动态变化的，所以生态系统中生物量也是随季节变化的，这也反映在生态系统的新陈代谢及相关的生物地理化学过程的动态性上(Wong and Williams，2010)。Sliva 和 Williams(2005)研究指出生物的生产率在不同季节差异性较大。春天，细菌生产率是夏天的 3 倍多。碳从微生物转移到大型无脊椎动物的过程中，无脊椎动物(特别是较小型底栖生物)具有最高的消费率，它通过捕食消费有机质(包括大型动物的排泄物)，实现微生物和大型动物之间的能量传递。大多数淤积性河流中，由于水流变化较快，河流无脊椎动物对潜流生物具有很强的依赖性，通常以潜流生物作为它们的食物来源(Burrell and Ledger，2003)。小型无脊椎动物是捕食性底栖生物、大型无脊椎动物及幼鱼的主要捕食对象，是潜流层次级生产的主要贡献者，次级生产量在整个河流生态系统中占重要比例，约占整个河流总生产量的 60%(Robertson et al.，2008；Smock et al.，1992)。例如Collier 等(2004)在调查美国新泽西州一些河流时发现，高达 76%的年均生产量来源于潜流。因此，潜流无脊椎动物和微生物在潜流层有机碳的处理和消费中发挥着重要作用。这些微生物对潜流种群来说是其潜在的食物来源，它们的排泄物会成为其他生物的食物。

通常认为，由于潜流层生态系统的新陈代谢率较低，因此潜流基质中的有机碳更新较慢。POC 或 DOC 输运进入潜流泥沙是受地表水和地下水流条件限制的。在潜流干扰下，POC 容易被埋入基质中，只有在大颗粒物质的阻滞、有机质的消费及生物膜的作用下，这些碳才能被潜流无脊椎生物处理。而在潜流层交界面，由于存在水流交换，水流渗入使得交界面细菌数量往往较多，细菌生产力也往往是最高的（Buss et al.，2009）。潜流无脊椎生物群落数量、丰富度及密度均与细菌数量和生产力呈正相关关系。由于受孔隙介质的影响，潜流交换存在障碍时，细菌数量和生产力均存在一定的阻滞现象。潜流带中真菌具有重要的作用，真菌与细菌的代谢能力存在较大差异，不太好定量确定，这有待深入研究。

从恢复力来看，鞭毛类原生生物比纤毛类原生生物具有更高的恢复力。潜流层中大型鞭毛类原生生物及小于 50μm 的纤毛类原生生物的恢复力要比河床表明泥沙中两类生物的恢复力高。Neubacher 等（2008）的研究表明，纤毛类原生生物对细菌类型、大小和形态方面均没有明显的偏好，其捕食性特征对硝化细菌的丰富度和生长没有明显影响，而且细菌（硝化细菌）对纤毛类原生生物的捕食没有产生任何防御机制。Konigs 和 Cleven（2007）通过碳流变化研究纤毛类原生生物时，同样发现潜流纤毛虫的捕食对细菌生物量和生产力的影响非常低。

9.3　生态交错性与生态连通性

9.3.1　生态交错性

自然界中存在很多边界，边界区域往往发生生物、物理、化学特性的变化，使其生物、物理、化学特性不同于相邻区域。生态系统同样存在着一定的边界，它与相邻生态系统边界之间相互交错，形成一定的交错区，该区域称为生态交错带（ecotone）（Carpenter，1935；Marr，1948；朱芬萌等，2007）。

"Ecotone（生态交错带）"一词源于希腊词根"oikos（栖息地）"和"tonos（紧张）"（Kent et al.，1997；夏红霞等，2013）。Clements（1905）首次将生态交错带引入生态学研究中，并将其定义为"两个群落的交错区"。1971 年 Odum 在《生态学基础》一书中系统定义了生态交错带，是指两个或多个不同群落之间的过渡区，它是一种交互区或应力区，比毗邻生态系统的群落狭窄，通常包括多个交错群落，生态交错带中的物种数目、密度要比相邻系统大（Odum，1971；王庆锁等，1997）。20 世纪 80 年代后，随着景观生态学的兴起，生态系统间相互作用过程和相互关系的研究得到关注，生态交错带越来越受到重视。Forman 和 Godron（1986）从景观生态学角度将交错带定义为：存在于相邻的不同物质景观单元之间的异质性景观，它控制着生物和非生物要素的运移。1987 年，在法国巴黎召开的 SCOPE 会议上对生态交错带进行了系统定义：相邻生态系统之间的过渡带，其特征由相邻生态系统之间相互作用的空间、时间及强度所决定（Holland，1988）。这一概念强调了时间和空间尺度及与相邻生态系统的相互作用及强度。总之，生态交错带是指特定尺度下生态实体的过渡带。生态交错带具有宏观性、动态性和过渡性三个基本特征，其生态结构和功能在时间尺度和空间尺度上变化较大,区域异质性较高,是生物多样性体现区、全球变化敏感区、边缘效应表达区(王健锋和雷瑞德,2002)。

早期,人们重点关注了不同陆生生态系统的边界区域,研究了陆域生态系统的生态交错特性,而对水域生态交错带及水陆生态交错带的认识还处于起步阶段。显然,河岸带是一个典型的水陆交界区域(Naiman and Décamps,1990)。河岸带下层的潜流层区域在水文过程、泥沙运动的作用下,形成了独特的地理和水动力条件,为生物生存提供了良好的生存环境,很多生物选择潜流层作为其避难、栖息和繁殖的场所,它是一个独特的生物圈,具有独特的物理、化学和生物条件。其动态过程的独特性使得河岸带潜流层在生物组成、分布、多样性、食物链、新陈代谢等方面与地表水和地下水生态系统有较大差异。可见,河岸带潜流层在水动力作用、生物组成、生物生活史、溶质迁移转化、养分、温度、含氧量等方面均与陆域、地表水、地下水系统存在着显著差异性,表现出明显的纵向和侧向梯度、独特的生物组成和生态学特性,具有显著的生态交错性,是一个典型的动态生态交错带(dynamic ecotone)(Williams et al.,2010;夏继红等,2013)。

第一,河岸带潜流层是地表水与地下水之间的交界区域,从地表水向地下水或地下水向地表水逐渐过渡的区域,它具有明显的渐变性和瞬时性特征,同时,潜流的边界、水动力条件、水文变化等在时间和空间上都是动态变化的,具有明显的动态性和可预测性。潜流层水文调蓄、物质组成、生物组成等完全不同于相邻的地表水和地下水系统。与地表水生态系统相比,潜流层可以减缓水流流速,降低水温波动幅度(日或年平均)及形成物理化学梯度,增强溶质的稳定性等。与地下水生态系统相比,潜流层可以增大流速、提高水文波动、增强物理化学梯度。潜流生物对河流生态系统功能的发挥起着关键作用,例如潜流微生物群落占整个潜流生态系统呼吸量的70%,为水生生物提供食物,分解大量的有机物和水污染物质,是调节整个系统中养分循环的关键过程(Ranalli and Macalady,2010)。

第二,河岸带潜流层内栖息着很多生物,而且一些具有明显地表水或地下水指示性的生物也会频繁地出现、栖息于潜流层内。潜流层中有些生物是独特的,有些是从河流到地下的过渡生物,例如后生动物(地下水和地表水中均存在的物种)的主要生活周期是在潜流层中(Ward et al.,1998),而某些类群只能生存于潜流区域(Williams and Hynes,1974;Malard et al.,2003)。生物多样性高,种群密度大,系统内部物种与群落之间竞争激烈,彼此消长频率高,幅度大;抗干扰能力差,界面易发生变异,且系统恢复的周期长;自然波动与人为干扰相互叠加,易使系统承载能力超过临界阈值,导致系统紊乱甚至崩溃。

第三,河岸带潜流层具有相邻地表水或地下水生态系统的部分特征,能够满足生态系统特征要求,在自然或人为干扰下,其生态平衡发展存在双向性,或朝着生态质量水平提高(良性化)的方向发展,或向着生态质量水平降低(恶化)的方向发展。潜流层基质孔隙内的水流、生物之间相互作用,潜流层基质生物膜中的细菌、真菌、藻类、原生生物、无脊椎动物等会发生生物活动与营养物质的相互作用,其能量、物质是一个相对稳定的状态（Brunke and Gonser，1997；Williams et al.，2010）。当相邻边界区域发生变化时，原有的能量、物质将进行再分配，获得一个系统的同时，必然要失去另一个系统，相邻系统的此消彼长促使潜流层区域的发展也处于消长动态变化中，从而决定了其变化的双向性。

9.3.2　生态连通性

"连通性"一词最早出现于图论中，是空间或集合不间断连续的一种拓扑性质（夏继红等，2013）。自 20 世纪 60 年代以来，"连通性"作为一种数学工具已被运用于多个领域（岳天祥和叶庆华，2002）。Merriam（1984）将这一概念引入景观生态学中，提出了"景观连通性"。Amoros 和 Roux（1988）认为河流水系作为一种独特的景观类型，连通性也是它的重要特性，提出了"河流连通性"：指河流景观空间结构和功能上的关联性，用于度量景观单元相互关联的程度，表示景观功能的一个参数。到 20 世纪 90 年代末，这一概念已被广泛接受，很多学者从不同学科角度提出了景观连通性（Vanlooy et al.，2014）、水文连通性（Freeman et al.，2007）、生态连通性（McKay et al.，2013）、连通性修复（Kondolf et al.，2006；Stammel et al.，2016）等多个相关概念。在景观学上，景观连通性是由不同等级廊道和斑块组成的网状或树状景观结构，不同等级廊道之间及不同景观斑块之间的通畅性程度，它表现为结构连通性和功能连通性（Vanlooy et al.，2014）。水文连通性是指在水文过程的调节下，物质、能量和生物运移过程的通畅性程度，它取决于流路长度、流路组成、分叉汇合程度、流量、流速等参量（Pringle，2003）。将生态学范围内的连通性称为"生态连通性"（ecological connectivity）（杜建国等，2015）。生态连通性是指物质、能量与信息在各组成部分之间流动、扩散的通畅性程度（May，2006），主要表现为生物的迁徙、栖息、繁衍通道的畅通性。这既体现表面结构上景观中各单元之间相互联系的客观程度，也体现生态系统之间的相互作用，包括物理、化学、生物的相互作用。在空间生态学中，生态连通性重点关注生态各组分之间的空间关联性；在保护生物学中，其重点关注各保护区之间的空间关联性。

河岸带潜流层是河流生态系统的重要组成部分，它是地表水与地下水的过渡区，系统内部斑块之间、生物体功能之间及生物体与空间之间共同作用，决定了河岸带潜流层具有生态连通性，它是指河流地表水与地下水之间的水流、生物、溶质等的运移连通程度，既有结构连通性，也有功能连通性，主要通过生态流、生物迁移、营养物质运输、连通度、渗透性来体现，如图 9.4 所示。

第一，生态流。河岸带潜流层是地表和地下两个生态系统间的过渡区，是地表与地下生态系统的通道、过滤器、障碍、源、库等，两个生态系之间必然存在物质和能量的交换、流动，以及有机体的活动和信息的传递，这种现象称为生态流。由于水力梯度的作用，河流地表水会流入、流出河岸或河床，与地下水相互交换，形成上升流和下降流。下降流能为潜流生物群落提供溶解氧、养分、有机质，上升流能为地表水输送一些特殊的化学物质，可提高地表水生物的栖息地多样性，影响河流中的生物种群。河岸带潜流层生态流主要表现为生物迁移和溶质运输。

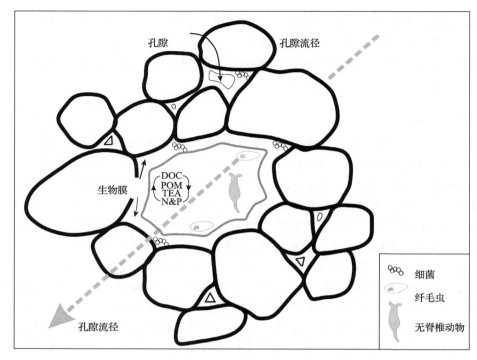

图 9.4　潜流层孔隙动态连通性（Williams et al.，2010）

　　第二，生物迁移。河岸带潜流层内生物迁移是生物体在不同生境之间的迁移，是生态连通性的最直接体现。微小潜流生物通常通过繁殖体的传播将散布在不同斑块内同一类型的生境在一定空间范围内形成连通。大型无脊椎动物可以通过迁移活动获得不同生活史阶段所需的食物来源，通过迁移到庇护场所降低被捕食的风险，增大幼体的扩布概率和存活概率，适应不同发育阶段生活史对策的变化，在不同栖息环境之间的迁移过程中形成连通（杜建国等，2015）。例如潜流层内部分鱼类产卵场和孵育场之间的连通性是种群资源补充的关键因素，能实现鱼类种群的有效补充。生物体迁移形成的连通性是集合种群生态动态的关键因子，为濒临灭绝的物种提供了新生境，为种群恢复提供了可能性。

　　第三，营养物质运输。地下水通过潜流层与地表水相连，在复杂水文过程的作用下，营养物质通过物理（水流运动）、化学（碳氮循环）、生物（生物迁移、食物链）方式在地表、地下、潜流层之间将物质运输到不同的生境斑块，增大了生物体在一个斑块内获得多种营养物质的可能性，为潜流生物提供了营养物质，以及生活、繁殖所需要的物理化学条件（Hynes，1983；Febria，2010）。营养物质可通过食物关系对食物网内各营养层级的生物产生影响，从而增强生态系统的稳定性。营养物质在传输过程中，可能会在某种阻碍下使得某个生境成为营养物质的富集区，形成营养物质含量差异的多样生境斑块，促进了生物种群的生长、繁殖及对环境的适应能力。

　　第四，连通度。生态连通性不仅是保障生态过程正常发展的前提，也是生态结构完整性和空间异质性的重要体现，在生物多样性保护与生物资源管理方面有重要意义。连通度是系统内各组成部分、空间结构单元连续性、连通性的量度，通常以生态学对象或过程的特征尺度(如生物传播距离、动物取食和繁殖活动的范围，以及养分循环的空间幅度等)来确定。一般对生态学过程(如种群动态、养分获取、物质输运、干扰蔓延等)而言，连通度均具有一定的临界阈值特征。当连通度较大时，生物群落在系统中迁徙觅食、交换、繁殖和生存较容易，受到的阻力较小；相反，则运动阻力大，生存困难，但并非越大越好，对于影响环境、生态、人类健康的物质、生物(如病毒、病原体等)，并不希望有较大的连通度。因此，确定适宜连通度时，需要针对观察尺度和所研究对象的特征尺度，既要考虑结构上的连通程度，也要考虑生态学过程、功能性连通度。

　　第五，渗透性。潜流层内不同斑块之间的能量、物质和生物等生态学过程存在着一定的临界连通度，所以潜流层的生态流、溶质运输、生物迁移在不同斑块之间会产生类似渗透过程的突变或阈限现象，例如潜流层中外来种入侵、病虫害爆发、流行病爆发与感染率、潜在被传染者和传播媒介之间的关系。当潜流层多孔介质所构成的有限单元中的连通度、渗透概率小于临界值时，生态流、溶质、生物等就驻留在介质内；而当连通度、渗透概率大于临界值时，水、生态流、溶质、生物就会穿越介质有限单元网格发生渗透，从连通路径的一端渗透到另一端。水流、溶质等的渗透主要与介质斑块结构有关，潜流生物个体在斑块中的"渗透"不但依赖于斑块结构，而且取决于动物的行为学特征。但目前对潜流层渗透性机理尚未完全掌握，尤其是对病原体、病毒等微生物通过潜流层渗透、传播的途径、机理没有深入研究。

　　潜流层在物理结构、生物组成、生物地理化学等方面均具有显著的时空变化特性，它能够很好地反映源头河道与骨干河道之间的地下动态连通性(Williams and Hynes，1974；Fraser and Williams，1997)，可通过研究河岸带潜流层内的水流条件、温度(Williams et al.，2010)、养分浓度(Triska et al.，1993；Storey et al.，2004)，以及大型无脊椎动物群落变化(Williams，1989；Malard et al.，2003)、细菌种群(Sliva and Williams，2005；Hullar et al.，2006)等水文、生物和化学的生态交错特性，深入掌握潜流层在地表水与地下水之间连通性的动态机理和生态交错特性。

9.4　潜流对生态系统的影响

9.4.1　潜流对生物食物来源的影响

　　潜流在河流生态系统的养分处理和保持中起着关键作用。在地表水和地下水的相互影响下，含有少量氧气和丰富养分的地下水可以在上升流的位置进入地表，或者含有富足的氧气和少量养分的地表水可以在下降流的位置进入地下，并将养分运输到养分缺乏的生境中去，由此来加快潜流层养分循环和生态系统的新陈代谢。有完整潜流层的河流比没有潜流层的河流能储存更多的水量，而且水的驻留时间也相对较长。因此，一些营养及其他类型的物质能够长时间停留在该区域内。因为生活在潜流层内的细菌、真菌及原生动物能将营养物质转化为食物，所以潜流层内具有很高的生产率。因为潜流层水体具有明显的驻留时间和存储延伸范围，所以潜流层内生物地理化学处理效率显著提高。

一些无机物随潜流重新进入河流水体中，能够促进藻类生长，可以使它们从洪灾及其他干扰或破坏中恢复。滨水区鲑鱼尸体的营养物质也可以通过潜流输运进入潜流层中，这可以促进河岸带植物的生长，提高河岸植物的生长效率。

据研究，潜流层生物和养分是很多地表水水体鱼类的食物来源。当水流流进潜流层时，水体携带着氧气，能为鱼卵的孵化提供理想环境，潜流层还是鲑鱼繁殖抚育的适宜场所。对于其他无脊椎动物，在急流条件下，潜流层是它们的躲避场所（Olsen and Townsend，2005）。另外，潜流交换有助于泥沙中鱼卵和胚胎的生存。人们发现大型鲑鱼（Baxter and Hauer，2000）和大马哈鱼（Geist，2000）的繁殖地点选择在发生潜流上升流、下降流的位置。因为潜流上升流能为生物提供适宜的温度和丰富的营养，所以鱼会选择潜流上升流位置作为产卵区（Geist，2000）。下降流中具有较高的溶解氧，所以下降流区也会成为鱼类的孵化区（Baxter and Hauer，2000）。鱼卵孵化过程中，溶解氧的供给量对胚胎发育和存活起关键作用。如果溶解氧低于临界浓度，胚胎死亡率就会增大，即使接近临界水平，胚胎发育也会受阻，出现畸形，幼鱼的孵化和到达河流的时间就会被延迟。

河岸带潜流层易受河岸防护方式、建筑物修建、人为侵占等人类活动的影响。Crenshaw 等（2010）利用示踪剂观测比较了人为改变的河流中潜流和表层/底栖空间的联系，进而解释了人为改变使河流养分不断上升的原因。研究发现，人为活动修改的河流地表水和地下水之间具有更强的作用，对潜流层养分的输运存在较大影响。因此，探讨不同土地利用、河流建设、管理方式对潜流过程的影响，掌握潜流层在河流中保存氮素的能力，将有利于对富余氮素的控制，以减少 NO_3^- 的运输，有利于对河流的持续性管理和保护。潜流在养分循环中的作用是一个新兴研究领域，对河流生态保护与修复具有重要意义，它正成为潜流研究重要热点问题之一。

9.4.2　潜流对生物栖息条件的影响

潜流层中物理化学条件具有明显的时空变化特征，它们会受到泥沙特征、内在生物化学过程、地表水-地下水相对贡献的影响。流径和驻留时间决定水的化学组成，决定土壤类型、地理特征、水流运动特性。研究发现坡降较小的细沙性河流中潜流层会仅仅局限于紧邻河床的浅层区域内（Duff et al.，1998）。相反，坡降较大的粗沙性河流中，潜流层可能会延伸到河床 1km 以下（Poole et al.，2008）。对生物生长发育、栖息来说，潜流生物栖息地的数量和环境条件取决于潜流交换量大小、交换范围及驻留时间等要素。在近岸坡面形态或紊流的作用下，地表水的交换会使水流在砾石中的停滞时间相对较短，时间长度大约是几秒到几个小时或几天，使得水质在短时间内不会发生明显变化。然而，地下水会在土壤或区域内滞留几年、几十年，甚至更长时间，这会影响潜流中溶解氧的含量，从而影响潜流生物的生长发育和栖息。可见，潜流交换形成了潜流层独特的物理、生物、化学条件，影响着物种组成、丰富度、微生物类群、小型底栖生物、大型无脊椎动物的功能属性和栖息条件。

河岸带潜流层生态过程与水文条件、季节、地形、土壤渗透性、溶解氧浓度、潜在食物源（硝酸盐、溶解有机碳、特殊颗粒态有机质及生物膜电子运输系统的活性）等密切相关（Dole-Olivier，2011；Nataša et al.，2012）。近岸区水压力梯度及地下水水流条件的变化会影响潜流与河道水流的水温、溶质浓度的高低和变化；泥沙组成、地表水、潜流及深层地下水之间混掺交换量的大小等也会影响潜流温度、pH、电导率、溶解性物质的浓度等，从而影响对潜流生物敏感的物理化学物质浓度梯度的变化（Buss et al.，2009）。由于物理化学物质浓度梯度的变化，会形成多种复杂环境和生物生境，影响多种生物的栖息地条件，从而影响生物多样性，例如水流交换也为依赖于河床繁殖的鱼类产卵、孵化、幼鱼早期发育提供了必要的栖息条件（Wondzell，2011）。根据生物对环境的亲和性和适应性，潜流层中的生物群落可分为三种类型（Boulton，2007；Buss et al.，2009；苏小四等，2019）：其一是不亲和地下水生境的生物（Stygoxenes），但是这些生物偶尔也会由于入渗而进入地下水；其二是较亲和潜流层环境并能积极利用潜流层资源和生境环境（如为避开不良的环境或逃避食肉动物而进入潜流带）的生物；其三是适宜生活在地下的生物，而且地下水生境（包括潜流带、含水层和洞穴）是它们必不可少的栖息地。

　　整个河流中潜流交换过程并不是完全一致的，而是呈现出一定的斑块性，不同的斑块会形成不同的上升流环境或下降流环境。上升流与地表水存在着显著的热学或化学方面的差异性，主要由于受太阳直射的地表水与温度不变的地下水发生交换，温度发生变化。这一作用过程与潜流交换强度、泥沙质地及河岸带位置特征等密切相关（Hester and Gooseff，2010）。温度的动态变化是栖息地异质性的重要驱动因素，它直接影响着相关物理化学参数，如 pH、氧化还原反应、溶质浓度、微量金属元素梯度等，从而影响无脊椎动物及微生物活性（Mosley et al.，2014）。夏季潜流交换会使河道主槽、近岸区、远岸区存在较大的温度变化，潜流上升流可为冷水性鱼类提供良好的躲避场所（Ebersole et al.，2003；Arrigoni et al.，2008）。潜流层富含硝酸盐，以及较高的藻类生物量，而且洪水过后，上升流中的藻类生物量会比下降流中的藻类生物量恢复得更快（Vaktt et al.，1994）。另外，潜流层中部分细菌对重金属含量具有较强的响应过程，可以调节氧化还原反应过程（Smith，2005）。这也表明潜流生物种群结构是衡量潜流层中重金属污染的有效方法。因此，即使潜流交换量占整个河流交换量的比例很小，甚至都无法测量出温度、养分浓度的变化，但是潜流交换为营造适宜的生物栖息调节，建立河流生态系统的关键生境斑块发展着重要作用。但是这一影响方式、动态过程和机理仍需深入研究。

9.4.3　潜流层生物变化对邻近区域生态的影响

　　图 9.2 表示碳从微生物水平释放到富集水平的流动过程。发生在潜流层中的溶解性或颗粒性养分的微生物转化往往会对大型无脊椎动物及藻类聚集产生一定影响，并对河岸带植被的生产率具有一定作用。潜流层为活性微生物群落在养分循环和养分阻滞过程中发挥着重要作用，这些生物群落是急流生态系统生物量和活性的重要组成部分。因此，Feris 等（2003b）指出潜流层中溶解性或颗粒性养分的微生物转化会影响大型无脊椎动物和藻类群落，更会影响急流生态系统的生产率。

　　生物扰动作用又反作用于沉积物，可以改变沉积物物理、化学、生物性质，影响沉积物的结构、孔隙度、有机质含量、渗透性等特性。潜流层生物活动会对河流、海洋中原生沉积物的结构产生非常明显的扰动效果，使得沉积物中物质的循环、迁移速率发生改变。潜流层中的大型无脊椎动物、小型动物和原生生物(例如纤毛虫和鞭毛虫)的生命活动(钻行、捕食、筑巢、排泄和躲避危险)导致优先流路径，增大生物膜表面和细菌密度，增强沉积物渗透性、沉积物的呼吸和细菌活动。底栖生物扰动会提高颗粒物在主要氧化-还原带之间的传输，使得沉积物中氧化-还原作用加强，进而促进矿化作用。沉积物孔隙间的生物膜积聚会降低沉积物的渗透系数和有效孔隙度，从而导致潜流交换量减少。微生物促进各种反应，如有机碳的氧化或营养物的矿化导致在具有广泛低流量的溪流中溶质化学过程的局部变化(苏小四等，2019)。

9.5　河岸带潜流层生态修复

9.5.1　生态修复的重要性

河岸带潜流层是河岸带以下地表水与地下水混合的区域，它的结构特征与动态过程决定了河岸带潜流层具有丰富的保护功能，其独特的物理、化学、生物特性通常与地表水和深层地下均不同，为生物建立了一个独特的栖息环境，能够有效调蓄洪水、净化水质，特别是它是河流系统和地下水系统的重要保护屏障和生物迁徙廊道，可以处理养分、矿化毒素、热缓冲等，能够有效控制面源污染，这些功能对下游地表水生态系统和人们的生活都是有益的。潜流层的水流交换对大多数潜流过程起决定性作用，而且直接或间接地影响着潜流生物群落的分布，为生物提供了良好的食物来源和栖息条件，尤其是潜流濒绝生物的分布是受潜流流径控制的。因此，维护潜流层生态平衡、健康运行对河流生态系统具有重要意义。

洪泛平原的改造、土地的开垦、河岸带的开发、大坝建设、渠道化工程、砍伐森林等人类活动，以及洪灾、泥石流等自然灾害的影响，使得河道简化、细沙减少等，造成潜流层功能有所减弱(Hester and Gooseff，2010)。近 20 年来，人们正努力改善受损河流系统的生态条件，河岸带作为河流系统的重要组成部分，也一直是河道建设和生态修复的重要内容之一。一些河流生态修复工程通常都通过改变河道的地貌形态来改善栖息地结构。这些修复工程在不同程度上都会增大河床、河岸带的粗糙度，使得水力传导系数异质性明显，近河岸水流的紊动性及河道的弯曲程度发生明显改变，这些变化将会影响潜流交换的发生。过去，河流修复主要关注了地表水系统和河流的纵向连接性，然而侧向和垂向上的连通性却被忽略了(Boulton，2007；夏继红等，2013)。尽管一些河岸带修复措施具有促进潜流交换的潜在功能，但在建设和修复中往往忽略了潜流层的功效，也未考虑河岸带修复措施对潜流层的影响(Ward et al.，2011)。这使得修复措施并未能达到预期效果。由于河流中完整的潜流层是河流健康的基础，当潜流层受到人类活动破坏时，就必须对其实施修复。因此，为了有效保护地表水系统与地下水系统健康，必须准确界定河岸带潜流层范围，实施河岸带潜流层生态修复，保证河岸带综合功能的有效发挥，维护河流系统的健康运行(Hester and Gooseff，2011；单楠等，2012；夏继红等，2013)。

9.5.2　生态修复目标与步骤

1. 生态修复目标

河岸带潜流层生态修复是以水动力学及恢复生态学为理论基础，在对一定生境条件下潜流层生态退化的原因及退化机理进行诊断的基础上，运用生物、生态工程的技术与方法，依据人为设定的目标，使潜流层的结构、功能和动态过程尽可能恢复到原有的或更高的水平。显然，潜流层生态修复过程是人为或自然因素破坏过程的逆向演替，人工恢复和重建只是加速这一逆向演替的过程。因此，河岸带潜流层生态修复的根本目标是恢复河岸带潜流层水动力、生态、物质迁移转化等动态过程的连通性，包括纵向连通性(河岸带上下游的连通性)、横向连通性(河岸带横断面上的连通性)、垂向连通性(地表与地下土壤之间的连通性)(夏继红等，2010，2013)。要实现这一过程，首先，必须认识潜流层退化的生态过程及其影响因素。其次，根据不同的水动力、生态、溶质迁移转化的动态性规律、生态演替及生态位原理选择适宜的修复措施，构造种群和生态系统，实现土壤、植被与生物同步分级恢复，逐步使退化河岸带潜流层生态系统恢复到一定的功能水平。开展潜流层修复时应重点考虑以下几方面因素。

(1) 从系统的角度研究生态修复，不能将潜流层独立考虑，而应将其放在河岸带系统、河流系统中系统考虑，应与周围毗邻的生态系统横向或纵向全面连通，恢复的潜流层系统类型与毗邻的生态系统类型需统筹考虑。

(2) 潜流层潜流水动力学过程是生态修复的基础，水动力动态过程是生态过程、溶质迁移转化过程的驱动机制，因此，必须在系统掌握潜流交换动态机理的基础上准确掌握生物生存、溶质迁移转化、污染物变化机制，才能采取有效的生态修复措施。

(3) 全面掌握潜流层的本底生物组成与生境条件是生态修复的关键，生物多样性越高，生态系统的潜能就越大。

(4) 不能忽视潜流层评估，通过评估可以更深入地了解影响潜流层功能的过程。模拟整个系统自然或干扰条件下的三维连通性，重点关注潜流交换对健康河流生态系统的支撑作用，预评估三维修复后会在科学上和经济上产生什么潜在结果，定量评价治理成效。

2. 生态修复的基本步骤

河岸带潜流层生态修复是根据潜流层健康状况和潜流作用机理，有效组合河岸带元素，选择适宜的措施，促进潜流交换，充分发挥河岸带潜流层的主要功能，从而有效保护河流系统和地下水系统的动态平衡和健康发展。因此，河岸带潜流层生态修复的基本步骤(图 9.5)包括以下几点。

首先，认识河岸带潜流层的价值和功能，开展河岸带潜流层现状评估和健康诊断，明确主要问题与主要病症。

其次，识别关键因子，掌握主要致病因子和致病机理，制定详细的生态修复目标。

再次，开展生态修复方案设计，比选修复技术，确定适宜的生态修复措施，并加以实施。

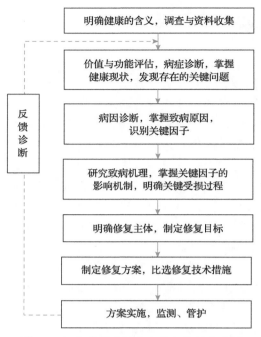

图 9.5　河岸带潜流层生态修复的基本步骤

　　最后，开展监测和管理，实施修复成效评估。如果仍存在问题，则需要开展反馈诊断，修正修复方案。

　　虽然近来已有很多学者关注了潜流层及其功能，也出现了较多的关于修复工作的资料，但关于潜流层修复目标、修复过程、修复措施及评价方法方面的研究结果还比较缺乏，目前还缺少潜流层修复导则（Hester and Gooseff，2011）。因此，需要从流域、河流、河段等不同尺度深入探讨河岸带潜流层生态修复方法。

　　3. 健康现状诊断

　　河岸带潜流层健康是指在各种复杂环境的交互影响下，潜流层具有通畅的连通结构、完整多样的生物群落、完善的调节机制，能充分发挥其自然调节、生态服务和环境缓冲等功能，能保持河流的健康平衡。吴健等（2006）、Boulton 等（2010）指出潜流层健康评价是河流生态修复的重要工作之一。只有在定量掌握和了解了潜流层的健康现状和存在问题后，才能有针对性地提出有效的生态修复措施。河岸带潜流层健康诊断是针对河岸带潜流层的特点，综合分析影响其健康状况的内源性因素和外源性因素，通过建立科学的诊断指标体系，应用合适的诊断数学模型，评估潜流层的健康现状，诊断存在的病症，并进一步定量分析引起病症的主要原因。因此，科学诊断河岸带潜流层健康状况是河岸带潜流层生态修复的基础性工作。

4. 致病机理分析

河岸带潜流层健康受到众多因素的影响，不同因素的作用对象和影响程度不同，有的改变了水文交换特性，有的直接污染水体环境，有的破坏了生物多样性(Kasahara et al.，2009)，例如河岸带的弯曲程度、植被分布方式、砾石粒径大小、结构形式、建设材料、建筑物等因子对潜流交换、生物分布、物质输运等影响方式和影响程度差别较大。其中某些因子对河岸带健康起主要控制作用，为主要控制因子。须针对主要控制因子，根据其影响过程、影响程度、影响方式的不同科学制定有效的修复策略。因此，生态修复中应根据健康诊断结果，通过野外监测、室内试验和数学模拟，进一步深入探索各控制因子对垂向、横向和纵向上潜流流径、交换范围、交换强度、滞留时间、溶质运移、生物多样性等方面的影响，明确各控制因子的作用机理，从而为实施合理的修复措施提供理论依据。

9.5.3　生态修复措施

根据河岸带的构成和河流生态系统特征，河岸带潜流层的生态修复主要包括生物恢复、生境恢复(水动力条件、土壤组成、水环境条件)两方面内容。在健康诊断和致病机理分析的基础上，选择适宜措施，提高地表水-地下水间水力梯度、土壤水力传导性，促进潜流交换，提供养分，改善生物栖息条件。主要措施包括地形塑造措施、自然植被措施和适宜硬质措施(夏继红和严忠民，2009)。

1. 地形塑造措施

通过在河岸带内设置浅滩、原木坎、台阶、河湾等措施有效塑造河岸带自然弯曲、起伏的地形，使地表水、地下水间形成水力梯度，促进潜流交换的发生。这些措施既可以保证河岸带稳定性，又可以增强河岸带的连通性，拦截枯枝、树叶等有机质，增加碳源和氧化还原反应梯度，充分发挥河岸带潜流层的功能，还可以提高河岸带自然景观价值。在实际应用中，应根据具体位置特点，适当选择，并控制好相关参数，使其最大限度地促进潜流交换的形成。

2. 自然植被措施

通过在河岸带水边缘区栽种适宜的植被，或者铺设安放树干或树根等自然植被措施，利用根系、秆茎与土壤的相互作用，提高地表与地下的连通性，保证水流、氧气、溶质和生物迁徙的通畅性，促进潜流交换的发生和污染物的削减。这一措施也可以有效提高河岸带稳定性，为水体形成树荫，降低水温，为生物提供生物栖息地，改善景观效果。同时，该项措施还可以提供特有有机物质，这些物质可以随着水沙运动进入河床泥沙中，可以形成碳源和氧化还原反应梯度，从而有利于潜流功能的发挥。在实际应用中，应考虑当地条件，选择适宜的植被物种、布置方式、尺寸大小，例如横躺于河中的大树干会使河道纵向上形成跌水，从而促进潜流交换的发生，使得垂向潜流交换量增加一倍，潜流区域面积也会增加(Mutz et al.，2007)，进一步证明了 Mutz 和 Rohde(2003)提出的恢复河流中木头的自然水平会增强潜流交换的观点。但对这些影响机理和过程仍未完全掌握，因此，我们需深入研究关键驱动因子对潜流修复效果的影响和响应机理（Kasahara et al.，2009；Boulton et al.，2010）。

3. 适宜硬质措施

对于一些容易发生淘刷、崩塌和稳定性较差的河岸段，保证河岸带稳定性是生态修复的首要要求。因此，必须采取适宜的硬质化措施，在保证结构稳定的基础上，保证潜流交换的通畅。主要措施包括大块砾石、格宾网石笼、生态混凝土、三维植被网、镂空式预制块、生态袋等。这些措施在保证河岸带结构稳定的同时，还为植被生长提供有利条件，克服了全坡面封闭式硬质化措施的弊端，使河岸带地表和地下之间保持了一定的连通性，有利于促使潜流交换过程的完成，保证生物活动和物质运移通道的通畅性。

参 考 文 献

杜建国, 叶观琼, 周秋麟, 等. 2015. 近海海洋生态连通性研究进展. 生态学报, 35(21): 6923-6933.

单楠, 阮晓红, 冯杰. 2012. 水生态屏障适宜宽度界定研究进展. 水科学进展, 23(4): 581-589.

苏小四, 师亚坤, 董维红, 等. 2019. 潜流带生物地球化学特征研究进展. 地球科学与环境学报, 41(3): 337-351.

王健锋, 雷瑞德. 2002. 生态交错带研究进展. 西北林学院学报, 17(4): 24-28.

王庆锁, 王襄平, 罗菊春, 等. 1997. 生态交错带与生物多样性. 生物多样性, 5(2): 126-131.

吴健, 黄沈发, 唐浩, 等. 2006. 河流潜流带的生态系统健康研究进展. 水资源保护, 22(5): 5-8.

夏红霞, 朱启红, 宫渊波. 2013. 生态交错带物种多样性研究综述. 福建林业科技, 40(1): 221-226.

夏继红, 陈永明, 王为木, 等. 2013. 河岸带潜流层动态过程与生态修复. 水科学进展, 24(4): 589-597.

夏继红, 林俊强, 姚莉, 等. 2010. 河岸带结构特征及边缘效应. 河海大学学报(自然科学版), 38(2): 265-269.

夏继红, 严忠民. 2009. 生态河岸带综合评价理论与修复技术. 北京: 中国水利水电出版社.

袁兴中, 罗固源. 2003. 溪流生态系统潜流带生态学研究概述. 生态学报, 23(5): 133-139.

岳天祥, 叶庆华. 2002. 景观连通性模型及其应用. 地理学报, 57(1): 67-75.

朱芬萌, 安树青, 关保华, 等. 2007. 生态交错带及其研究进展. 生态学报, 27(7): 3032-3042.

Amoros C, Roux A L. 1988. Interaction between water bodies within the floodplain of large rivers: function and development of connectivity. Munstersche Geographische Arbeiten, 29: 125-130.

Andrushchyshyn O P, Wilson K P, Williams D D. 2007. Ciliate communities in shallow groundwater: seasonal and spatial characteristics. Freshwater Biology, 52: 1745-1761.

Arrigoni A S, Poole G C, Mertes L A K, et al. 2008. Buffered, lagged, or cooled? Disentangling hyporheic influences on temperature cycles in stream channels. Water Resources Research, 44: W09418.

Atkinson B L, Grace M R, Hart B T, et al. 2008. Sediment instability affects the rate and location of primary production and respiration in a sand-bed stream. Journal of the North American Benthological Society, 27: 581-592.

Bärlocher F, Murdoch J H. 1989. Hyporheic biofilms-A potential food source for interstitial animals. Hydrobiologia, 184: 61-67.

Bärlocher F, Nikolcheva L G, Wilson K P, et al. 2006. Fungi in the hyporheic zone of a spring brook. Microbial Ecology, 52: 708-715.

Bärlocher F, Seena S, Wilson K P, et al. 2008. Raised water temperature lowers diversity of hyporheic aquatic hyphomycetes. Freshwater Biology, 53: 368-379.

Baxter C V, Hauer F R. 2000. Geomorphology, hyporheic exchange, and selection of spawning habitat by bull trout(Salvelinus confluentus). Canadian Journal of Fisheries and Aquatic Sciences, 57: 1470-1481.

Boulton A J. 2000. The subsurface macrofauna. //Jones J, Mulholland P. Streams and Ground Waters. New York, USA: Acdemic Press.

Boulton A J. 2007. Hyporheic rehabilitation in rivers: restoring vertical connectivity. Freshwater Biology, 52: 632-650.

Boulton A J, Datry T, Kasahara T, et al. 2010. Ecology and management of the hyporheic zone: Stream-groundwater interactions of running waters and their floodplains. Journal of the North American Benthological Society, 29(1): 26-40.

Brugger A, Wett B, Kolar I, et al. 2001. Immobilization and bacterial utilization of dissolved organic carbon entering the riparian zone of the alpine Enns River, Austria. Aquatic Microbial Ecology, 24: 129-142.

Brunke M, Fischer H. 1999. Hyporheic bacteria-relationships to environmental gradients and invertebrates in a prealpine stream. Archiv Fur Hydrobiologie, 146: 189-217.

Brunke M, Gonser T. 1997. The ecological significance of exchange processes between rivers and groundwater. Freshwater Biology, 37: 1-33.

Buriánková I, Brablcová L, Mach V, et al. 2012. Methanogens and methanotrophs distribution in the hyporheic sediments of a small lowland stream. Fundamental and Applied Limnology, 181(2): 87-102.

Burrell G P, Ledger M E. 2003. Growth of a stream-dwelling caddisfly (Olinga feredayi: Conoesucidae) on surface and hyporheic food resources. Journal of the North American Benthological Society, 22: 92-104.

Buss S, Cai Z, Cardenas B, et al. 2009. The Hyporheic Handbook—A handbook on the groundwater-surface water interface and hyporheic zone for environment managers. Environment Agency, UK, Integrated Catchment Science Programme Science Report: SC050070. www.environment-agency.gov.uk.

Carpenter J R. 1935. Fluctuations in biotic communities I Prairie-forest ecotone of Central Illinois. Ecology, 16: 203-212.

Chafiq M, Gibert J, Claret C. 1999. Interactions among sediments, organic matter, and microbial activity in the hyporheic zone of an intermittent stream. Canadian Journal of Fisheries and Aquatic Sciences, 56: 487-495.

Chappuis P A. 1942. Eine neue methode zur Untersuchung der Grundwasser-fauna. Acta Scientiarum Mathematicarum et Naturalium, 6: 3-7.

Clements F E. 1905. Research Methods in Ecology. Nebraska: Nebraska University Publishing Company.

Cleven E J. 2004. Seasonal and spatial distribution of ciliates in the sandy hyporheic zone of a lowland stream. European Journal of Protistology, 40: 71-84.

Cleven E J, Konigs S. 2007. Growth of interstitial ciliates in association with ciliate bacterivory in a sandy hyporheic zone. Aquatic Microbial Ecology, 47: 177-189.

Collier K J, Wright-Stow A E, Smith B J. 2004. Trophic basis of production for a mayfly in a North Island, New Zealand, forest stream: contributions of benthic versus hyporheic habitats and implications for restoration. New Zealand Journal of Marine and Freshwater Research, 38: 310-314.

Crenshaw C L, Grimm N B, Sheibley R W, et al. 2010. Dissolved inorganic nitrogen dynamics in the hyporheic zone of reference and human-altered southwestern U. S. streams. Fundamental and Applied Limnology, 176: 391-405.

Datry T. 2012. Benthic and hyporheic invertebrate assemblages along a flow intermittence gradient: effects of duration of dry events. Freshwater Biology, 57(3): 563-574.

DeVries P. 1997. Riverine salmonid egg burial depths: review of published data and implications for scour studies. Canadian Journal of Fisheries and Aquatic Sciences, 54: 1685-1698.

Dole-Olivier M J. 2011. The hyporheic refuge hypothesis reconsidered: a review of hydrological aspects. Marine and Freshwater Research, 62(11): 1281-1302.

Duff J H, Murphy F, Fuller C C, et al. 1998. A mini drivepoint sampler for measuring pore water solute concentrations in the hyporheic zone of sand-bottom streams. Limnology and Oceanography, 43: 1378-1383.

Ebersole J L, Liss W J, Frissell C A. 2003. Thermal heterogeneity. stream channel morphology, and salmonid abundance in northeastern Oregon streams. Canadian Journal of Fisheries and Aquatic Sciences, 60: 1266-1280.

Febria C M. 2010. The Molecular Ecology of Hyporheic Zones: Characterization of Dissolved Organic Matter and Bacterial Communities in Contrasting Stream Ecosystems. Toronto: PhD Dissertation of University of Toronto.

Feris K P, Ramsey P W, Frazar C, et al. 2003a. Differences in hyporheic-zone microbial community structure along a heavy-metal contamination gradient. Applied and Environmental Microbiology, 69: 5563-5573.

Feris K P, Ramsey P W, Frazar C, et al. 2003b. Structure and seasonal dynamics of hyporheic zone microbial communities in free-stone rivers of the western United States. Microbial Ecology, 46: 200-215.

Feris K P, Ramsey P W, Frazar C, et al. 2004. Seasonal dynamics of shallow-hyporheic-zone microbial community structure along a heavy-metal contamination gradient. Applied and Environmental Microbiology, 70: 2323-2331.

Findlay S E G, Sinsabaugh R L, Sobczak W V, et al. 2003. Metabolic and structural response of hyporheic microbial communities to variations in supply of dissolved organic matter. Limnology and Oceanography, 48: 1608-1617.

Fischer H, Sachse A, Steinberg C E W, et al. 2002. Differential retention and utilization of dissolved organic carbon by bacteria in river sediments. Limnology and Oceanography, 47: 1702-1711.

Forman R T T, Godron M. 1986. Landscape Ecology. New York: John Wiley and Sons.

Fraser B G, Williams D D. 1997. Accuracy and precision in sampling hyporheic fauna. Canadian Journal of Fisheries and Aquatic Sciences, 54: 1135-1141.

Freeman M C, Pringle C M, Jackson C R. 2007. Hydrologic connectivity and the contribution of stream headwaters to ecological integrity at regional scales. Journal of the American Water Resources Association, 43(1): 5-14.

Geist D R. 2000. Hyporheic discharge of river water into fall Chinook salmon (*Oncorhynchus tshawytscha*) spawning areas in the Hanford Reach, Columbia River. Canadian Journal of Fisheries and Aquatic Sciences, 57(8): 1647-1656.

Halda-Alija L, Hendricks S P, Johnston T C. 2001. Spatial and temporal variation of Enterobacter genotypes in sediments and the underlying hyporheic zone of an agricultural stream. Microbial Ecology, 42: 286-294.

Hancock P J, Boulton A J, Humphreys W F. 2005. Aquifers and hyporheic zones: towards an ecological understanding of groundwater. Hydrogeology Journal, 13: 98-111.

Hester E T, Gooseff M N. 2010. Moving beyond the banks: hyporheic restoration is fundamental to restoring ecological services and functions of streams. Environmental Science and Technology, 44: 1521-1525.

Hester E T, Gooseff M N. 2011. Hyporheic restoration in streams and rivers. Geophysical Monograph Series, 194: 167-187.

Holland M M. 1988. SCOPE/MAB technical consultations on landscape boundaries: report on a ACOPE/MAB workshop on ecotones. Biology International (Special Issue), (17): 47-106.

Hullar M A J, Kaplan L A, Stahl D A. 2006. Recurring seasonal dynamics of microbial communities in stream habitats. Applied and Environmental Microbiology, 72: 713-722.

Hynes H B N. 1983. Groundwater and stream ecology. Hydrobiologia, 100: 93-99.

John D E, Rose J B. 2005. Review of factors affecting microbial survival in groundwater. Environmental Science and Technology, 39: 7345-7356.

Karaman S L. 1935. Die Fauna unterirdischen Gewässer Jugoslawiens. Verhandlungen der Internationalen Vereinigung für theoretische und angewandte Limnologie, 7: 46-53.

Kasahara T, Datry T, Mutz M, et al. 2009. Treating causes not symptoms: restoration of surface-groundwater interactions in rivers. Marine and Freshwater Research, 60: 976-981.

Kent M, Gill W J, Weaver R E, et al. 1997. Landscape and plant community boundaries in biogeography. Progress in Physical Geography, 21: 315-353.

Kondolf G M, Noulton A J, O'Daniel S, et al. 2006. Process-based ecological river restoration: visualizing three-dimensional connectivity and dynamic vectors to recover lost linkages. Ecology and Society, 11(2): 5.

Konigs S, Cleven E J. 2007. The bacterivory of interstitial ciliates in association with bacterial biomass and production in the hyporheic zone of a lowland stream. Fems Microbiology Ecology, 61: 54-64.

Malard F, Galassi D, Lafont M, et al. 2003. Longitudinal patterns of invertebrates in the hyporheic zone of a glacial river. Freshwater Biology, 48: 1709-1725.

Malcolm I A, Soulsby C, Youngson A F, et al. 2005. Catchment scale controls on groundwater-surface water interactions in the hyporheic zone: implications for salmon embryo survival. Rivers Research and Applications, 21: 977-998.

Marr J W. 1948. Ecology of the forest-tundra ecotone on the east coast of Hudson Bay. Ecological Monographs, 18: 117-144.

May R. 2006. "Connectivity" in urban rivers: conflict and convergence between ecology and design. Technology in Society, 28: 477-488.

McKay S K, Schramski J R, Conyngham J N, et al. 2013. Assessing upstream fish passage connectivity with network analysis. Ecological Applications, 23(6): 1396-1409.

McKnight D M, Boyer E W, Westerhoff P K, et al. 2001. Spectrofluorometric characterization of dissolved organic matter for indication of precursor organic material and aromaticity. Limnology and Oceanography, 46: 38-48.

Merriam G. 1984. Connectivity: A fundamental ecological characteristic of landscape pattern. // Brandt J, Agger P. Proceedings First International Seminar on Methodology in Landscape Ecological Research and Planning. Theme I: International Association for Landscape Ecology. Roskilde: Roskilde University.

Mori N, Simčič T, Lukančič S, et al. 2011.The effect of in-stream gravel extraction in a pre-alpine gravel-bed river on hyporheic invertebrate community. Hydrobiologia, 667: 15-30.

Mutz M, Kalbus E, Meinecke S. 2007. Effect of instream wood on vertical water flux in low-energy sand bed flume experiments. Water Resources Research, 43: W10424.

Mutz M, Rohde A. 2003. Processes of surface-subsurface water exchange in a low energy sand-bed stream. Internationale Review of Hydrobiology, 88: 90-303.

Naiman R J, Décamps H. 1990. The ecology and management of aquatic terrestrial ecotones. Paris: UNESCO Paris and The Parthenon Publishing Group.

Nataša M, Tatjana S, Uroš Ž, et al. 2012. The role of river flow dynamics and food availability in structuring hyporheic microcrustacean assemblages: a reach scale study. Fundamental and Applied Limnology, 180(4): 335-349.

Neubacher E, Prast M, Cleven E J, et al. 2008. Ciliate grazing on Nitrosomonas europaea and Nitrospira moscoviensis: is selectivity a factor for the nitrogen cycle in natural aquatic systems. Hydrobiologia, 596: 241-250.

Odum E P. 1971. Fundamentals of Ecology (Third Edition). Philadelphia: W. B. Saunders Co.

Olsen D A，Townsend C R. 2005. Flood effects on invertebrates, sediments and particulate organic matter in the hyporheic zone of a gravel-bed stream. Freshwater Biology, 50(5): 839-853.

Packroff G, Zwick P. 1998. The ciliate fauna of an unpolluted German foothill stream, the Breitenbach, 2: quantitative aspects of the ciliates(Ciliophora, Protozoa) in fine sediments. European Journal of Protistology, 34: 436-445.

Pickup R W, Rhodes G, Hermon-Taylor J. 2003. Monitoring bacterial pathogens in the environment: advantages of a multilayered approach. Current Opinion in Biotechnology, 14: 319-325.

Poole G C, O'Danel S J, Jones K L, et al. 2008. Hydrologic spiraling: the role of multiple flow paths in stream ecosystems. River Research and Applications, 24: 1018-1031.

Pringle C M. 2003. What is hydrologic connectivity and why is it ecologically important. Hydrological Processes, 17: 2685-2689.

Pryce D J. 2011. The hyporheic zone of Scottish rivers: its ecology, function and importance. Canadian Journal of Fisheries and Aquatic Sciences, 41(11): 1664-1677.

Ranalli A J, Macalady D L. 2010. The importance of the riparian zone and in-stream processes in nitrate attenuation in undisturbed and agricultural watersheds: a review of the scientific literature. Journal of Hydrology (Amsterdam), 389(3-4): 406-415.

Robertson A L, Johns T, Smith J W N, et al. 2008. A review of the subterranean aquatic ecology of England and Wales. Science report SC030155/SR20: 1-64.

Searcy K E, Packman A I, Atwill E R, et al. 2006. Deposition of cryptosporidium oocysts in streambeds. Applied and Environmental Microbiology, 72: 1810-1816.

Sliva L, Williams D D. 2005. Exploration of riffle-scale interactions between abiotic variables and microbial assemblages in the hyporheic zone. Canadian Journal of Fisheries and Aquatic Sciences, 62: 276-290.

Smith J W N. 2005. Groundwater-Surface Water Interactions in the Hyporheic Zone. UK, Environment Agency, Science Report SC030155/SR1.

Smock L A, Gladden J E, Riekenberg J L, et al. 1992. Lotic macroinvertebrate production in three dimensions: channel surface, hyporheic, and floodplain environments. Ecology, 73: 876-886.

Stammel B, Fischer P, Gelhaus M. 2016. Restoration of ecosystem functions and efficiency control: case study of the danube floodplain between Neuburg and Ingolstadt (Bavaria/Germany). Environment Earth Science, 75: 1174.

Stanford J A, Gaufin A R. 1974. Hyporheic communities of two Montana rivers. Science, 185: 700-702.

Stanford J A, Lorang M S, Hauer F R. 2005. The shifting habitat mosaic of river ecosystems. Verhandlungen der Internationalen Vereinigung für Limnologie, 29: 123-136.

Stanford J A, Ward J V. 1988. The hyporheic habitat of river ecosystems. Nature, 335: 64-66.

Storey R G, Williams D D, Fulthorpe R R. 2004. Nitrogen processing in the hyporheic zone of a pastoral stream. Biogeochemistry, 69: 285-313.

Sudheep N M, Sridhar K R. 2012. Aquatic hyphomycetes in hyporheic freshwater habitats of southwest India. Limnologica-Ecology and Management of Inland Waters, 42(2): 87-94.

Triska F J, Duff J H, Avanzino R J. 1993. The role of water exchange between a stream channel and its hyporheic zone in nitrogen cycling at the terrestrial aquatic interface. Hydrobiologia, 251: 167-184.

Vaktt H M, Fisher S G, Grimm N B, et al. 1994. Vertical hydrologic exchange and ecological stability of a desert stream ecosystem. Ecology, 75: 548-560.

Vanlooy K, Piffady J, Cavillon C, et al. 2014. Integrated modelling of functional and structural connectivity of river corridors for European otter recovery. Ecological Modelling, 273: 228-235.

Ward A S, Gooseff M N, Johnson P A. 2011. How can subsurface modifications to hydraulic conductivity be designed as stream restoration structures? Analysis of Vaux's conceptual models to enhance hyporheic exchange. Water Resources Research, 47: W08512.

Ward J V, Bretschko G, Brunke M, et al. 1998. The boundaries of river systems: the metazoan perspective. Freshwater Biology, 40: 531-569.

Wetzel R G. 2001. Limnology: Lake and River Ecosystems (3rd edition). San Diego: Academic Press.

Williams D D. 1989. Towards a biological and chemical definition of the hyporheic zone in 2 Canadian rivers. Freshwater Biology, 22: 189-208.

Williams D D, Febria C M, Wong J C Y. 2010. Ecotonal and other properties of the hyporheic zone. Fundamental and Applied Limnology, 176(4): 349-364.

Williams D D, Hynes H B N. 1974. Occurrence of benthos deep in substratum of a stream. Freshwater Biology, 4: 233-255.

Wondzell S M. 2011. The role of the hyporheic zone across stream networks. Hydrological Processes, 25(22): 3525-3532.

Wong J C Y, Williams D D. 2010. Sources and seasonal patterns of dissolved organic matter (DOM) in the hyporheic zone. Hydrobiologia, 47: 99-111.